Heimbold

Einführung in die Automatisierungstechnik

AF827527

Tilo Heimbold

Einführung in die Automatisierungstechnik

Automatisierungssysteme, Komponenten, Projektierung und Planung

2., aktualisierte und erweiterte Auflage

HANSER

Über den Autor:
Prof. Dr.-Ing. Tilo Heimbold lehrt Automatisierungstechnik an der Fakultät Ingenieurwissenschaften der HTWK Leipzig.

MIX
Papier | Fördert gute Waldnutzung
FSC® C016368

Print-ISBN: 978-3-446-48019-3
E-Book-ISBN: 978-3-446-48111-4

Bibliografische Information der Deutschen Nationalbibliothek:
Die Deutsche Nationalbibliothek verzeichnet diese Publikation in der Deutschen Nationalbibliografie; detaillierte bibliografische Daten sind im Internet unter http://dnb.d-nb.de abrufbar.

Vilshofener Straße 10 | 81679 München | info@hanser.de
www.hanser-fachbuch.de
Lektorat: Frank Katzenmayer
Herstellung: Frauke Schafft
Coverkonzept: Marc Müller-Bremer, www.rebranding.de, München
Covergestaltung: Thomas West
Titelmotiv: © shutterstock / SWKStock
Satz: Eberl & Koesel Studio, Kempten
Druck: Elanders Waiblingen GmbH, Waiblingen
Printed in Germany

Vorwort

Automatisierungssysteme sind vielfältig, uns allgegenwärtig, und nicht selten im Verborgenen arbeitend. Automatisierte Anlagen produzieren Lebensmittel, steuern die Fahrgeschäfte auf Jahrmärkten, regeln den Bahn- und Straßenverkehr, überwachen gefährliche Bereiche und unterstützen den Menschen im täglichen Leben. Man setzt einfach voraus, dass alles funktioniert; doch der eine oder andere möchte vielleicht mehr erfahren, z. B.:

Was gehört zu einem Automatisierungssystem? Welche Komponenten werden benötigt? Wie werden Informationen übertragen? Wie werden die Messdaten erfasst? Wie erfolgt die Steuerung? Was sind Feldbussysteme? Sind die Anlagen sicher?

Dies sind nur einige der Fragen, die sich stellen, wenn man sich mit dem großen und breiten Gebiet der Automatisierungstechnik näher befassen möchte.

Dieses Lehrbuch soll vor allem Lesern, welche sich das erste Mal mit Automatisierungssystemen auseinandersetzen, einen Einblick bzw. eine Einführung in die Automatisierungstechnik geben. Der Verfasser hofft, damit das Interesse auf das spannende Thema der Automatisierung zu wecken. Dem Leser werden vielfältige Möglichkeiten und Wege zur Automatisierung technischer Prozesse aufgezeigt. Zum intensiveren Studium spezieller Teilgebiete wird auf die entsprechende Fachliteratur hingewiesen. Ergänzt wird der Inhalt durch eine tiefere Behandlung der Projektierung und Planung von Automatisierungsanlagen. Dazu werden die notwendigen Beschreibungen und Dokumente gezeigt und anhand von Beispielen näher beschrieben. Abschließend erfolgt die Vorstellung eines CAE-Werkzeuges zur Planung von Automatisierungsvorhaben.

Bedanken möchte ich mich bei Frau Franziska Jacob, M. A., Frau Mirja Werner, M. A. und Frau Dipl.-Ing. (FH) Franziska Kaufmann vom Hanser Verlag für die aufgeschlossene und vertrauensvolle Zusammenarbeit.

Herrn Dipl.-Ing. Helmut Rauschendorf der RTI GmbH danke ich für die überaus konstruktive Zusammenarbeit und die zur Verfügung gestellten Dokumente für Kapitel 7.

Herrn M.Eng. Tobias Rudloff gilt mein Dank für die unzähligen intensiven und anregenden Diskussionen und die technische Unterstützung.

Ganz besonders danken möchte ich abschließend meiner Familie für das ungebremste Verständnis bei der Realisierung dieses Buchprojektes.

Leipzig, im August 2014

Tilo Heimbold

Vorwort zur 2. Auflage

Auch auf dem Gebiet der Automatisierungstechnik hat sich in den letzten Jahren vieles getan. So wurden u. a. die Gerätetechnik weiterentwickelt, die Leistungsfähigkeit der Anlagen gesteigert und neue Technologien eingeführt. In der vorliegenden Auflage wurden einige Themen ergänzt bzw. aktualisiert und Fehler beseitigt.

Herzlichen Dank an Frau Christina Kubiak und Herrn Dipl.-Volksw. Frank Katzenmayer vom Carl Hanser Verlag für die angenehme Zusammenarbeit und ihre Geduld.

Herrn Dipl.-Ing. Sebastian Helbig der RTI Automation GmbH danke ich für die aktualisierten Dokumente zu Kapitel 7.

Herrn M. Eng. Tobias Rudloff und Herrn M. Sc. Tobias Haft möchte ich für die konstruktiven Gespräche und die technische Unterstützung danken.

Leipzig, im Januar 2025

Tilo Heimbold

Auf *plus.hanser-fachbuch.de* stehen weitere Aufgaben samt Lösungen zur Verfügung. Den dafür notwendigen Zugangscode finden Sie auf der ersten Buchseite.

Inhalt

1 Einführung

Im Kapitel 1 erfolgt eine Einführung in das breite Fachgebiet der Automatisierungstechnik. Es werden Grundbegriffe, verschiedene Strukturen und unterschiedliche Ausprägungen von Automatisierungssystemen vorgestellt. Dazu erfolgt auch ein Einblick in die zu automatisierenden Prozesse und die damit verbundenen Anforderungen. Weiterhin werden die einzelnen Automatisierungsebenen behandelt. Jeder Ebene sind die vielfältigen Aufgaben und entsprechenden Zeitanforderungen zugeordnet. Zum Abschluss findet man einige Wiederholungsfragen zur Festigung des Stoffes.

1.1 Grundlagen/Begriffe

Die Vorsilbe „auto" kommt aus dem Griechischen und steht für selbst bzw. selbsttätig. Automatisieren heißt somit künstliche Mittel einsetzen, damit ein Vorgang von selbst abläuft. Bei einer technischen Anlage bedeutet dies, sie mit Automaten so auszurüsten, dass sie automatisch arbeitet. Die Begriffe Automat und Automatisieren sind nach DIN 19233 wie folgt definiert:

Ein Automat ist ein künstliches System, das selbsttätig ein Programm befolgt. Auf Grund des Programms trifft das System Entscheidungen, die auf der Verknüpfung von Eingaben mit den jeweiligen Zuständen des Systems beruhen und Ausgaben zur Folge haben.

Automatisieren heißt künstliche Mittel einsetzen, damit ein Vorgang automatisch abläuft. Bei einer Anlage bedeutet dies, sie mit Automaten so auszurüsten, dass sie automatisch arbeitet. Die Automatisierung ist das Ergebnis des Automatisierens.

Erste automatisierungstechnische Anwendungen liegen schon über 2000 Jahre zurück. Unterschiedliche Beispiele findet man unter [Kri_95]. Im Laufe der Jahre hat sich der Einsatz von Automatisierungsgeräten gravierend verändert und ist immer tiefer in den Lebens- und Arbeitsprozess des Menschen vorgedrungen. Dieser Vorgang hat sich in drei groben Schritten vollzogen [Lang_04]. In Bild 1.1 sind diese Entwicklungsschritte dargestellt.

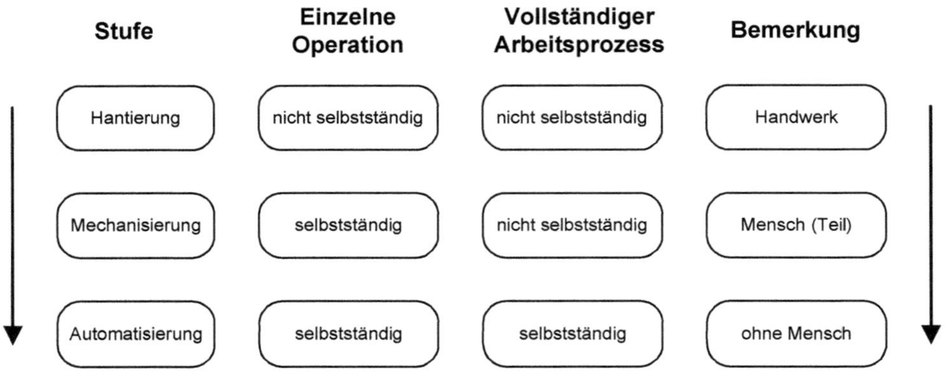

Bild 1.1 Entwicklungsschritte der Automatisierungstechnik

Dass die Automatisierung von Anlagen schon vor vielen Jahren Anwendung fand, sieht man an einer Vielzahl von Beispielen aus der Geschichte. Beispielgebend soll hier der „Tempeltüren öffnende Automat" des Heron von Alexandria genannt werden [Fes_94]. Diese Apparatur ist um das Jahr 62 nach Christus. realisiert worden. Bild 1.2 zeigt das Funktionsprinzip der Türsteuerung in einer Skizze dargestellt. Heron von Alexandria gilt als einer der bemerkenswertesten Persönlichkeiten unter den „alten" Erfindern seiner Zeit. Er widmete sich der Mathematik, Mechanik, Physik und der Natur.

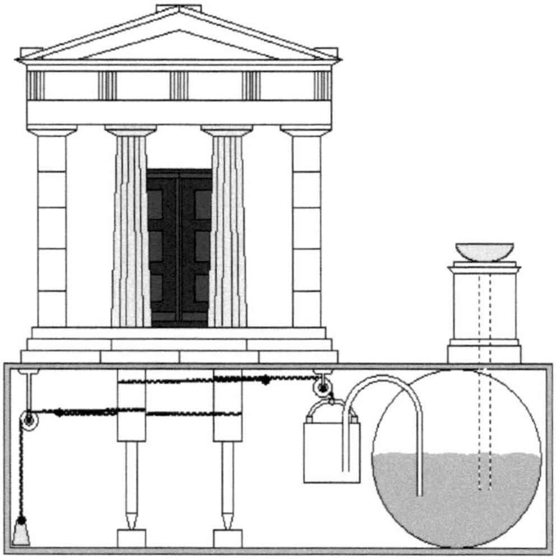

Bild 1.2 Tempeltüren öffnender Automat

Wie bewegten sich nun die Tempeltüren? Sie konnten geöffnet und wieder geschlossen werden, ohne dass Menschen oder Tiere an den gewaltigen Tempeltüren zogen. Das Schauspiel war beeindruckend, allerdings nur für die Nichtwissenden. Die Gelehrten, Konstrukteure und Erbauer kannten das Geheimnis. Die Tempeltüren wurden automatisch bewegt - und nicht durch Götter, wie es dem Volk suggeriert werden sollte.

Das mysteriöse Schauspiel der sich automatisch öffnenden Tempeltüren ging auf einfache Überlegungen des antiken Mathematikers Heron von Alexandria zurück, der zwischen 200 vor und 100 nach Christus lebte. Er hatte sich für seine Maschine die Kraft des Feuers zunutze gemacht. Unter einem Opferfeuer neben dem Tempel war ein halb mit Wasser gefüllter Behälter angebracht. Die Wärme des Feuers dehnte die Luft darin aus, sodass das Wasser über einen Schlauch in einen weiteren Topf floss, der immer schwerer wurde. Je tiefer der Topf sank, desto weiter öffneten sich die Türen, da sie über Ketten und Rollen an dem Topf befestigt waren. Wurde das Feuer gelöscht, entstand ein Unterdruck im Behälter, und der Prozess vollzog sich in umgekehrter Richtung - die Türen verschlossen sich wieder [Sp_09].

Weitere Beispiele eindrucksvoller älterer Automatisierungen sind:

- Weckwerk von Platon (400 v. Chr.)
- Wasseruhr des Ktesibios (280 v. Chr.)
- Bratenwender nach Leonardo da Vinci (um 1500)

1.1.1 Ziele der Automatisierung

Welche Ziele werden nun aber mit der Automatisierung von Anlagen verfolgt. Nachfolgend sind die vier wichtigen Kernziele aufgezeigt.

Steigerung der Qualität:

Maschinen können in vielen Bereichen schneller, beständiger und vor allem präziser arbeiten als der Mensch. Nehmen wir z. B. die Fertigung von Getriebeteilen für die PKW-Produktion. Die vom Markt geforderte Stückzahl und gleichbleibend hohe Qualität ist nur mit entsprechenden automatisierten Produktionsmaschinen möglich.

Humanisierung:

Automatisierungssysteme können in Bereichen eingesetzt werden, in denen der Mensch Gesundheitsrisiken ausgesetzt wäre oder sehr eintönige Arbeiten verrichtet. Denken wir hier an ermüdende Fließbandarbeiten oder große Lackierereien.

Sicherheit:

Arbeitsfelder, die ein Sicherheitsrisiko für den Menschen bergen, werden von der Automatisierungstechnik durchdrungen, um die Sicherheit des Menschen am Arbeitsplatz zu erhöhen. Dazu gehören u. a. geschützte Bereiche bei Roboterzellen und Presswerken, um den Menschen vor Gefahren zu schützen.

Rationalisierung:

Der Einsatz von Automatisierungsanlagen kann in vielen Bereichen die Produktivität steigern. Diese Rationalisierungsmaßnahmen können einerseits Arbeitsplatz vernichtend wirken, andererseits sichern sie die Produktion bei Fachkräftemangel bzw. halten den Produktionsstandort stabil.

Das Erreichen dieser Ziele hat natürlich Auswirkungen auf den Menschen und dessen Umfeld. Hier entstehen sowohl positive Auswirkungen (beabsichtigt) als auch negative Auswirkungen (unbeabsichtigt) [Lau_99].

Zu den positiven Auswirkungen gehören u. a.:

eine einfache und bequeme Handhabung (Automatisierung einer Waschmaschine, Automatisierung einer Heizungsanlage), die Erzeugung besserer, billigerer, gleichmäßiger Produkte mit weniger Arbeitseinsatz (Automatisierung chemischer Verfahrensanlagen, Automatisierung von Produktionsanlagen), die Verringerung von Gefährdungen für den Menschen (Sicherungseinrichtungen, Automatisierung gefährlicher Prozesse), die Humanisierung von Arbeitsbedingungen (Automatisierung einer Lackiererei oder Gießerei und die Sicherung von Arbeitsplätzen durch Verbesserung der Wettbewerbsfähigkeit (Einsatz von Robotern in der Automobil-Fertigung).

Zu den unbeabsichtigten Auswirkungen (negativ) gehören u. a.:

das Freisetzen von Arbeitskräften kann zu Arbeitslosigkeit führen (Einsatz von Robotern in der Fertigung), die berufliche Umstrukturierung von Arbeitsplätzen durch die Veränderung von Arbeitsabläufen und Arbeitsinhalten (Niedriger-/Höherqualifizierung von Arbeitsplätzen, Wegfall von Hilfskräften, Zunahme von Dienstleistungsberufen), die Verringerung der menschlichen Kontakte (Einführung von Fahrkarten- und Auskunftsautomaten/Bankautomaten), die Erhöhung des Stresses und Verringerung von entspannenden Tätigkeiten (Automatisierung von Prüffeldern) sowie eine Überforderung in schwierigen Situationen (sicherheitskritische Entscheidungen).

Somit hat die Automatisierung Auswirkungen auf:

- Menschen
- Gesellschaft
- Umwelt
- Energie und Rohstoffe

Dieser Verantwortung sollte und muss sich der Automatisierungsingenieur bewusst sein. Er trägt damit eine direkte, unmittelbare Verantwortung (Schäden in von ihm entworfenen Automatisierungssystemen, Verletzung von anerkannten Bestimmungen und Regeln der Technik, Sicherheit der Automatisierungssysteme) und eine indirekte, mittelbare Verantwortung (unbeabsichtigte Nebenwirkungen). Es gilt immer die Abwägung von Nutzen und Schaden.

1.1.2 Begriffe

Nachfolgend werden einige Begriffe der Automatisierungstechnik vorgestellt und teilweise mit Beispielen untersetzt [Lau_99], [Lang_04].

Automatisierungsobjekte

Objekte, welche automatisiert werden können, wurden in drei Hauptgruppen unterteilt. In Tabelle 1.1 sind diese drei Gruppen mit entsprechenden Beispielen aufgelistet. Bild 1.3 soll verdeutlichen, wer an der Automatisierung solcher Objekte beteiligt ist.

Tabelle 1.1 Automatisierungsobjekte (Auswahl)

Anlagen	Maschinen	Geräte
Fertigungsanlagen	Druckmaschinen	Drucker
Postverteilanlagen	Werkzeugmaschinen	Hausgeräte
Raffinerien	Verpackungsmaschinen	Medizinische Geräte
Chemieanlagen	Textilmaschinen	Analysegeräte
Zuckerfabriken	Förder- und Lagersysteme	Kfz-Elektronik
Baustofffabriken	Kunststoffmaschinen	Antriebe
Kraftwerke	Papiermaschinen	

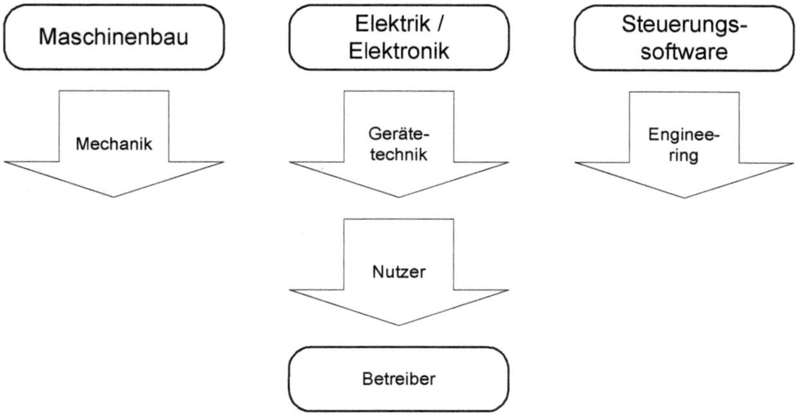

Bild 1.3 Wer ist an der Automatisierung beteiligt?

Hauptsächlich sind drei Fachdisziplinen an der Umsetzung eines Automatisierungsprojektes beteiligt. Der Maschinenbau realisiert und errichtet alle mechanischen Komponenten einer Anlage. Dazu gehören u. a. Behälter, Rohrleitungen, Trassen, Bühnen und alle weiteren mechanischen Aufbauten. Seitens der Elektrotechnik/Elektronik erfolgt die Installation der Automatisierungstechnik wie Feldgeräte, Verkabelung, Schaltschränke, Verdrahtung und Leittechnikkomponenten. Zur Planung der Anlage und die Implementierung der Automatisierungsfunktionen ist das Engineering notwendig. Hier erfolgen alle vorbereitenden Arbeiten (Projektierung) über die Programmierung der Automatisierungsrechner bis zur Inbetriebnahme der Anlage. Abschließend (nach der Abnahme) übernimmt der Betreiber als Nutzer die gesamte Anlage.

Automatisierungsfelder

Man unterscheidet zwischen zwei Automatisierungsfeldern: der Automatisierung technischer Abläufe und der Automatisierung technischer Tätigkeiten (siehe Tabelle 1.2).

Tabelle 1.2 Automatisierungsfelder

	Automatisierung technischer Abläufe	Automatisierung technischer Tätigkeiten
Ort/ Umsetzung	Geräte	Konstruktion
	Maschinen	Schaltungstechnik
	Aggregate	Entwicklung
	Anlagen	Fertigung
Vorgänge	Messen	Konstruieren
	Steuern	Schaltbilder zeichnen
	Regeln	Software erstellen
	Überwachen	Projektieren
	Archivieren	Prüfen

Automatisierungsgrad

Der Automatisierungsgrad beschreibt den Umfang der in die Automatisierung einbezogenen Vorgänge. Mit wachsendem Einsatz von automatisierten Vorgängen steigt der Automatisierungsgrad (siehe Bild 1.4 und Bild 1.5).

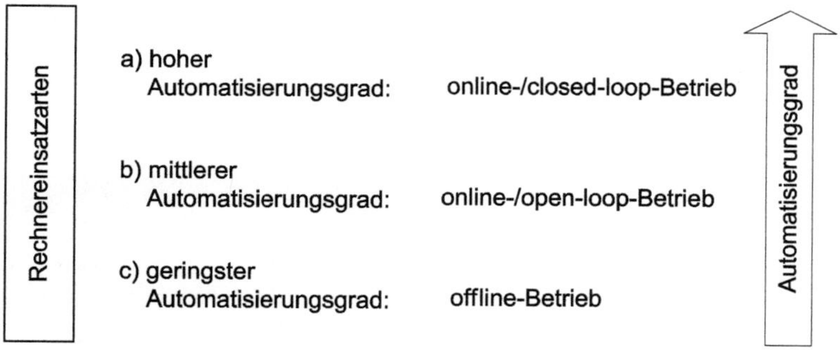

Bild 1.4 Automatisierungsgrad

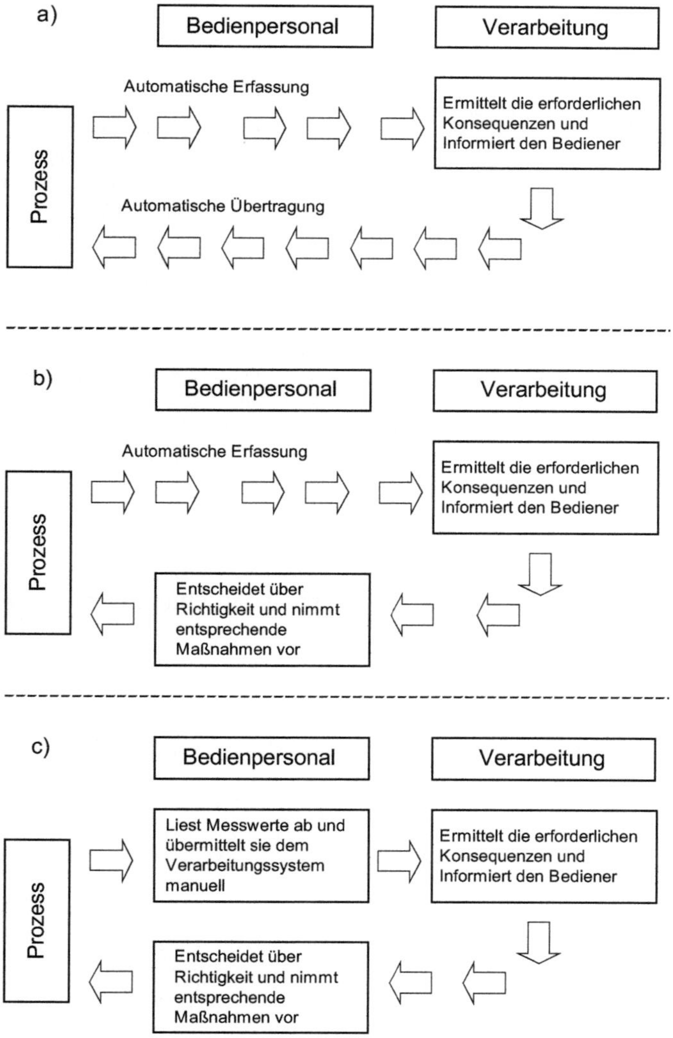

Bild 1.5 Automatisierungsgrade

Tabelle 1.3 zeigt die Vor- und Nachteile von unterschiedlichen Automatisierungsgraden.

Tabelle 1.3 Vor- und Nachteile der unterschiedlichen Automatisierungsgrade

	Vorteile	Nachteile	Bemerkungen
Offline-Betrieb	Letzte Entscheidung bleibt beim Bedienpersonal; Entlastung von Routinearbeiten; der Computer gibt Entscheidungshilfen	Menschliche Fehler wirken stärker; Fehler bei Datenübermittlung können leichter entstehen; hohe Reaktionszeiten; Protokollierung ist aufwendig; Personalkosten sind sehr hoch	Einsatz vor allem im Rahmen der Vorbereitung weitgehender Automatisierungsvorhaben, um das Verhalten eines technischen Prozesses genauer kennenzulernen.
Online-/Open-Loop-Betrieb	Letzte Entscheidung bleibt beim Bedienpersonal; stärkere Entlastung von Routinearbeiten	Menschliche Fehler wirken noch verstärkt; Fehler bei Datenübermittlung können noch leicht entstehen; Reaktionszeit immer noch groß	Keine entscheidenden Vorteile gegenüber Offline-Betrieb. Einsatz vor allem im Rahmen zeitlich begrenzter Übergangsperioden, um Erfahrungen über ein geplantes Automatisierungsprojekt zu sammeln.
Online-/Closed-Loop-Betrieb	Höhere Arbeitsgeschwindigkeit; Personalaufwand sinkt; automatischer Alarm und Protokollierung möglich	Für Systemausfälle müssen Maßnahmen vorbereitet sein; hohe Investitionen nötig; erhöhte Komplexität	Sinnvoll bei kontinuierlich über längere Zeitspannen laufenden Vorgängen (Amortisationsdauer).

Produktautomatisierung

Automatisierungssysteme, bei denen der technische Prozess in einem Gerät oder einer einzelnen Maschine abläuft.

Anlagenautomatisierung

Automatisierungssysteme, bei denen der technische Prozess aus einzelnen Teilvorgängen (Teilprozessen) besteht, die auf größeren, z. T. auch räumlich ausgedehnten technischen Anlagen ablaufen (siehe Tabelle 1.4).

Tabelle 1.4 Beispiele für Produktautomatisierung und Anlagenautomatisierung

Produkte bei der Produktautomatisierung	Technische Anlagen bei der Anlagenautomatisierung
Heizungssysteme	Kraftwerksanlagen
Waschmaschinen	Energieversorgungsnetz
Küchengeräte	Hochregallager
Filmkameras	Walzwerkanlagen
Spielzeug	Klär- und Wasserwerke
Messgeräte	Labors und Prüffelder

Kennzeichen bei der Produktautomatisierung

- technischer Prozess in einem Gerät oder einer Maschine
- dedizierte Automatisierungsfunktionen
- Automatisierungscomputer; meist Mikrocontroller oder SPS
- wenige Sensoren und Aktuatoren
- Automatisierungsgrad bis zu 100%
- sehr hohe Stückzahlen (Serienprodukte)
- Engineering- und Softwarekosten spielen eine untergeordnete Rolle (Stückzahlen)

Bild 1.6 zeigt ein Beispiel für die Produktautomatisierung.

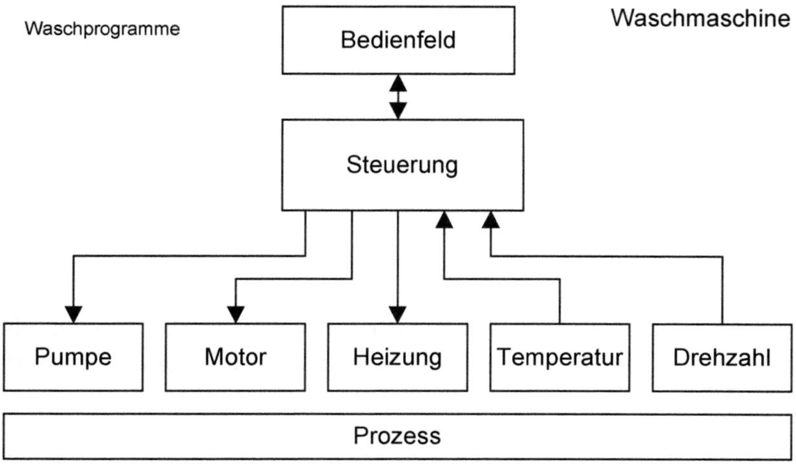

Bild 1.6 Beispiel für eine Produktautomatisierung

Kennzeichen bei der Anlagenautomatisierung

- technischer Prozess in einer oft räumlich ausgedehnten industriellen Anlage
- umfangreiche und komplexe Automatisierungsfunktionen
- SPS, PC oder Prozessleitsysteme
- sehr viele Sensoren und Aktuatoren
- mittlerer bis hoher Automatisierungsgrad
- Einmal-Systeme/Anlagen
- Engineering- und Softwarekosten sind für die Gesamtkosten entscheidend

Bild 1.7 zeigt ein Beispiel für eine Anlagenautomatisierung.

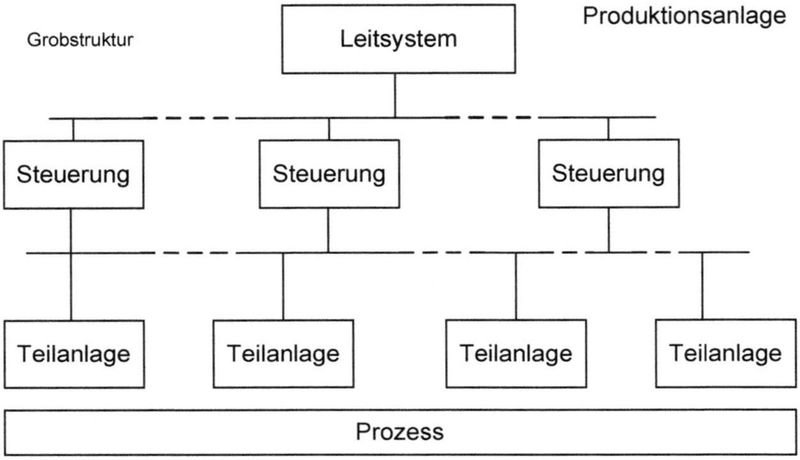

Bild 1.7 Beispiel für eine Anlagenautomatisierung

1.2 Technische Prozesse

Die folgenden Ausführungen zum Prozessbegriff verdeutlichen das Verständnis hinsichtlich unterschiedlicher Arten von Prozessen und deren Einordnung in Automatisierungssysteme.

1.2.1 Begriffsbestimmung

Ein Prozess ist nach DIN 66201 die Umformung und/oder der Transport von Materie, Energie und/oder Information. Nach dieser Norm versteht man im Weiteren unter einem *Technischen Prozess,* dass dessen Zustandsgrößen (Eingangs- und

Ausgangsgrößen) mit technischen Mitteln gemessen, gesteuert und/oder geregelt werden können (siehe Bild 1.8).

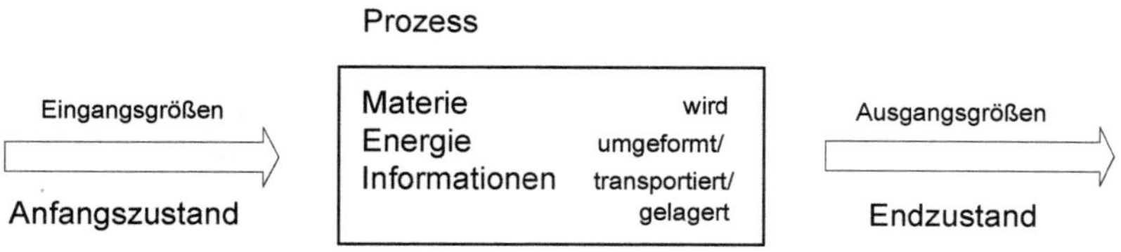

Bild 1.8 Technischer Prozess

Charakterisiert wird der Prozess selbst durch seine Zustandsgrößen (Prozessgrößen), welche binär oder analog sein können. Nachfolgend einige Beispiele für Prozesszustandsgrößen.

Analog: Temperatur, Druck, Geschwindigkeit, Füllstand, Mischungsverhältnis, Drehzahl, Durchfluss

Binär: Schalterstellung, Ventilstellung, Schwimmerschalter, Tür- oder Fensterüberwachung (geöffnet/geschlossen)

Für die Automatisierung eines technischen Prozesses ist es notwendig, dass die Ausgangsgrößen gemessen (Sensorik) und die Eingangsgrößen beeinflusst (Aktuatorik) werden können. Aufgaben der Automatisierungstechnik sind somit: das Steuern, Regeln, Führen und Optimieren eines technischen Prozesses durch Beeinflussung der Eingangsgrößen unter Berücksichtigung der Ausgangsgrößen.

Technische Prozesse sind sehr vielfältig in ihrer Ausprägung, die Spanne reicht von einfach bis sehr komplex (z.B. Waschmaschine, Kraftwerk). In Abhängigkeit von der Komplexität der technischen Prozesse bzw. deren Art werden unter Umständen diese Prozesse in Teilprozesse gegliedert.

Typische Eigenschaften von Teilprozessen sind:

- Teilprozesse sind nicht unabhängig voneinander.
- Teilprozesse sind durch Energie- und Massenströme stark verkoppelt und dadurch regelungstechnisch oft schwer beherrschbar.

Dadurch werden auch höhere Anforderungen an die Automatisierungseinrichtungen gestellt:

- hohe Verfügbarkeit
  (Vermeidung von langwierigen und teuren An- und Abfahrvorgängen)
- intelligente Überwachung und Steuerung der Prozesse
  (Störungsfrüherkennung, Condition Monitoring)
- Einsatz höherer Regelungsalgorithmen sowie von Mehrgrößenregelungen (bessere regelungsdynamische Beherrschung)

Tabelle 1.5 zeigt einige typische technische Prozesse und die damit verbundenen Vorgänge.

Tabelle 1.5 Verschiedene technische Prozesse

Prozess	Vorgang
Stahlerzeugung	Umformung und Transport von Materie
Energieverteilung	Transport von Energie
PKW-Produktion, Fertigungsautomaten	Umformung von Materie
Hochregallager, Krananlage	Transport von Materie
Bahnsignalwesen, Ampelanlage	Umformung von Information
Kraftwerk, Heizung	Umformung von Energie
Kommunikationssystem, Fernsprechnetz	Transport von Information
Flugsicherung	Transport und Umformung von Information

Wie bereits dargestellt, hat nun die Automatisierungstechnik die Aufgabe, technische Prozesse nach spezifischen Anforderungen und Vorgaben zu beeinflussen. Zur Umsetzung dieser Automatisierungsaufgabe wird ein technisches System benötigt. Diesen Gesamtablauf nennt man auch technischen Vorgang. In Tabelle 1.6 sind Beispiele für technische Vorgänge unterschiedlichster Anwendungen aufgeführt [Lau_99].

Tabelle 1.6 Technische Vorgänge

Anfangszustand	Technischer Prozess	Technisches System	Endzustand
niedrige Raumtemperatur	Beheizung des Raumes	Ölheizungsanlage	erhöhte Raumtemperatur
verschmutzte Wäsche	Waschvorgang	Waschmaschine	saubere Wäsche
einzulagernde Bauelemente	Lagervorgänge	Hochregallager	Bauelemente eingelagert
Teile ohne Bearbeitung	Bohrvorgang, Gewinde schneiden, Oberfläche schleifen	Bohrmaschine	Teile bearbeitet
fossile Brennstoffe	Energieerzeugung	Kraftwerk	Energiebereitstellung

Um diese Aufgaben zu erfüllen, ist jeder technische Prozess mit einem technischen System verbunden. Bild 1.9 soll das Zusammenwirken verdeutlichen. Weiterhin sind die Hauptkomponenten sowie die Informationsflüsse dargestellt. Das technische System erhält mittels Sensorik Informationen aus dem Prozess und verarbeitet diese. Die berechneten Ergebnisse werden über Stellsignale zur Prozessbeeinflussung an die Aktuatoren übertragen. Die gerätetechnische Umsetzung des Systems ist stark von dem technischen Prozess und dessen Anforderungen abhängig.

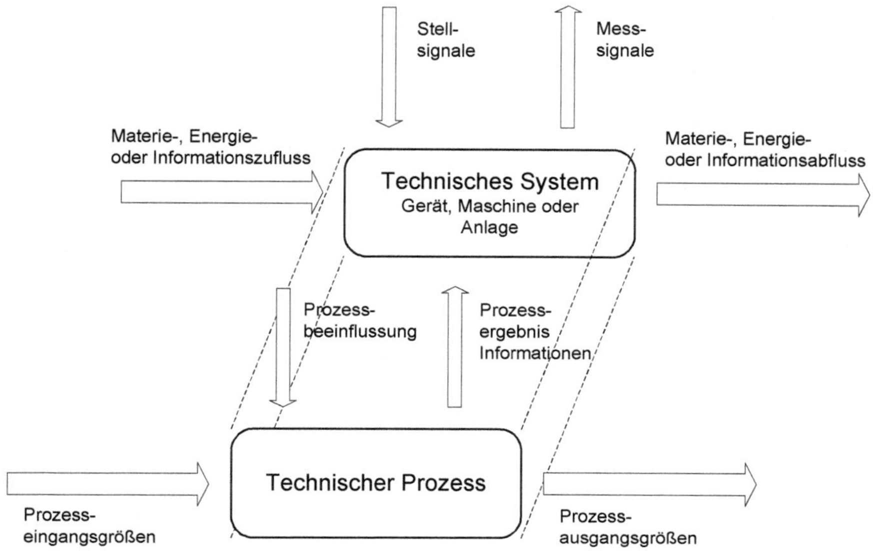

Bild 1.9 Technischer Prozess und technisches System [Lau_99]

1.2.2 Klassifizierung technischer Prozesse

Die Einteilung der technischen Prozesse kann unter ganz unterschiedlichen Gesichtspunkten erfolgen. Abhängig von der Betrachtungsweise ergeben sich verschiedene Unterscheidungsmerkmale. So sind z. B. Einteilungen nach den Einsatzgebieten oder dem Medium möglich. Eine Klassifizierung technischer Prozesse ist durchaus sinnvoll, da man Prozesse häufig mit ähnlichen Verfahren beschreiben und automatisieren kann. Mit Bild 1.10 wird versucht, eine Klassifizierung von technischen Prozessen vorzunehmen.

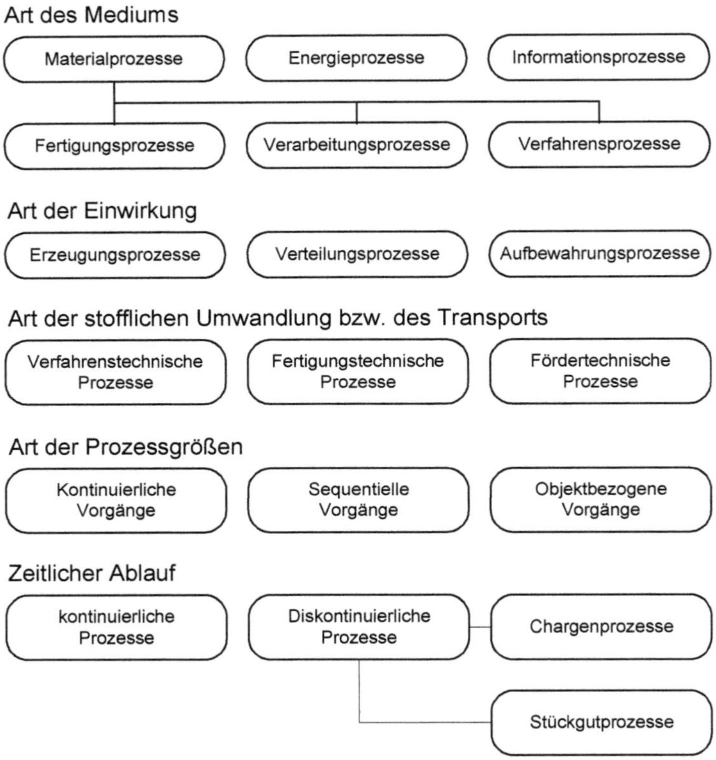

Bild 1.10 Klassifizierung technischer Prozesse

Die einzelnen Unterscheidungsmerkmale werden nachfolgend näher beschrieben.

Nach Art des Mediums

Materialprozesse:

Fertigungsprozesse: Fertigung von Teilen nach Konstruktionsunterlagen mit Vorgaben wie Festigkeit, Form Oberflächenbeschaffenheit. Vorrangig: Bearbeitungs- und Montageprozesse. Beispiele: Maschinenbau, Optik, Elektrotechnik.

Verarbeitungsprozesse: Verarbeitung vorwiegend nichtmetallischer Materialien. Vorrangig erfolgt Bearbeitung, weniger Stoffänderung. Beispiele: verarbeitende Industrie für Papier, Textilien, Holz.

Verfahrensprozesse: Im Vordergrund stehen Stoffänderungen und Stoffumwandlungen. Beispiele: chemische Industrie, Metallurgie, Biotechnologie.

Energieprozesse:

Umwandlung und Transport aller möglichen Energieformen zum Ziele der Nutzung. Beispiele: Prozesse der Energiegewinnung, Wärmeenergieerzeugung, Verteilung und Transport von Elektroenergie.

Informationsprozesse:

Sammeln, Archivieren, Sortieren und Verteilen von Informationen. Beispiele: Nachrichtentechnik, Funk und Fernsehen, Datenverarbeitung, Telekommunikation.

Nach Art der Einwirkung

Erzeugungsprozesse:

Diese Prozesse findet man in der Fertigungs- und Verfahrenstechnik. Es erfolgen Zustandsänderungen bei physikalischen und chemischen Größen wie z. B. Abmaße, Stoffzusammensetzung, Eigenschaften, Geometrie. Beispiele: Drehen, Fräsen, Gießen, Destillieren, Vulkanisieren, Reagieren.

Verteilungsprozesse:

Materialien, Energie und Informationen werden räumlich und zeitlich verteilt. Beispiele: Postbetrieb, Materialtransport, elektrische Energieversorgungsnetze, Telekommunikationsnetze, Gasnetze.

Aufbewahrungsprozesse:

Lagerung unterschiedlicher Materialien in beliebigen Mengen. Beispiele: Hochregallager, Datenbanken, Schüttgutbunker, Gasspeicher.

Nach Art der Prozessgröße

Kontinuierliche Vorgänge:

Vorgänge, bei denen zeitabhängige kontinuierliche Prozessgrößen (physikalische Größen) auftreten. Werden durch Differentialgleichungen und Übertragungsfunktionen beschrieben. Diese Vorgänge sind typisch für verfahrenstechnische Prozesse. Beispiele: Umformvorgänge, Energieerzeugung, Stahlproduktion, chemische Prozesse

Sequentielle Vorgänge:

Vorgänge, bei denen Folgen von verschiedenen, unterscheidbaren Prozesszuständen auftreten. Diese sind gekennzeichnet durch binäre Prozessgrößen, die das Eintreten der diskreten Prozesszustände melden oder bewirken sowie den Prozesszuständen zugeordnete kontinuierliche Größen. Werden durch Flussdiagramme, Funktionspläne, Zustandsmodelle und Petrinetze beschrieben. Diese Vorgänge sind typisch für fertigungstechnische Prozesse. Beispiele: Fertigung mit Werkzeugmaschinen, Prüfprozesse, Automobilbau.

Objektbezogene Vorgänge:

Vorgänge, bei denen einzelne identifizierbare Objekte umgeformt, transportiert oder gespeichert werden. Diese sind gekennzeichnet durch physikalische Größen und nichtphysikalische Größen (z. B. Ident.-Nr.). Werden durch Simulationsmodelle, Warteschlangenmodelle, Graphen und Petrinetze beschrieben. Diese Vorgänge sind typisch für fördertechnische Prozesse. Beispiele: Lagervorgänge, Warentransport, Verkehrsprozesse, Verkehrsüberwachung.

Nach dem zeitlichen Ablauf

Kontinuierliche Prozesse:

Es erfolgt ein ständiger Zu- und Abfluss von Materie, Energie oder Information. Vorrangige Aufgabe ist das Regeln des kontinuierlichen Prozesses. Beispiele: Verfahrenstechnik, Kraftwerke etc.

Diskontinuierliche Prozesse:

Chargenprozesse: Prozesse vorrangig in der Verfahrenstechnik, die zur Herstellung von abgegrenzten Stoffeinheiten führen, indem Mengen von Einsatzstoffen innerhalb eines abgegrenzten Zeitraums einer geordneten Folge von Prozessaktivitäten unterzogen werden. Beispiele: Hochofen, chemische Prozesse, Lebensmittelindustrie.

Stückgutprozesse: Bearbeitung, Verarbeitung und Transport von Stoffen, Materialien und Informationen als Stückgut zu unterschiedlichen diskreten Zeitpunkten. Beispiele: Fertigungsprozesse, Ein- und Auslagerungen, Montageprozesse, Gerätetests.

Bei all diesen vorgestellten Unterscheidungsmerkmalen wird schnell ersichtlich, dass ein bestimmter technischer Prozess nicht grundsätzlich nur einem Vorgangstyp zuzuordnen ist. Ein Beispiel hierzu kommt aus der Lebensmittelindustrie, im Speziellen der Schokoladenproduktion. Zu Beginn der Herstellung ist eindeutig ein kontinuierlicher Vorgang erkennbar. Die einzelnen Zutaten werden vermengt und nach einer entsprechenden Rezeptur zubereitet. Es liegt nun Schokolade im flüssigen Zustand vor und wird so als Fließgut zwischen den einzelnen Bearbeitungsstationen transportiert und weiterverarbeitet, wie z.B. das Mischen mit weiteren Zutaten (Nüsse, Mandeln). Dies geschieht bis zu der Stelle, wenn die Schokolade ihre endgültige Form (z.B. Tafel, Figur) erhält. Ab jetzt erfolgen Arbeitsschritte wie Verpacken, Stapeln, Transportieren, Zählen und Palletieren. Typische Handlungen aus dem Bereich der sequentiellen Vorgänge. Da die Produkte auch Kennungen (z.B. Herstellungsnummer) erhalten, fließen ebenfalls Elemente von objektbezogenen Vorgängen mit ein.

Tabelle 1.7 zeigt Beispiele unterschiedlicher technischer Prozesse und die darin vorkommenden Vorgangstypen.

Tabelle 1.7 Zuordnung

Technischer Prozess	Vorgangstyp
energietechnische Prozesse	kontinuierliche Vorgänge, sequentielle Vorgänge
verfahrenstechnische Prozesse	kontinuierliche Vorgänge, sequentielle Vorgänge
fertigungstechnische Prozesse	kontinuierliche Vorgänge, sequentielle Vorgänge, objektbezogene Vorgänge
fördertechnische Prozesse	kontinuierliche Vorgänge, sequentielle Vorgänge, objektbezogene Vorgänge

Prozessbeeinflussung

In Bild 1.11 sind die zwei grundsätzlichen Verfahren zur Prozessbeeinflussung dargestellt. Man trennt üblicherweise in einen offenen und geschlossenen Wirkungsablauf. Beim offenen Wirkungsablauf wird der Prozess nach einem vorgegebenen Algorithmus beeinflusst. Anwendung findet diese Wirkungsweise, wenn keine wesentlichen zufälligen Störgrößen vorhanden sind. Der technische Aufwand ist gering und es gibt keine Stabilitätsprobleme, weil der Wirkungsweg offen ist. Störgrößen werden nicht erfasst und die Zusammenhänge der Steuerstrecke müssen genau bekannt sein. Währenddessen werden beim geschlossenen Wirkungsablauf die Prozessgrößen gemessen und mit vorgegebenen Sollwerten verglichen. Aus der Abweichung werden nach einer vorher festgelegten Reglerstrategie Stellsignale berechnet und ausgegeben (messen - vergleichen - stellen). Anwendung findet die Wirkungsweise, wenn laufend mit mehreren wesentlichen und/oder zufälligen Störgrößen zu rechnen ist, die sich messtechnisch schlecht oder überhaupt nicht erfassen lassen. Der Sollwert wird genauer eingehalten und die Störgrößen werden fortwährend ausgeregelt. Allerdings ist der Geräteaufwand höher als bei einem offenen Wirkungsablauf und es sind grundsätzlich Messvorgänge erforderlich [FESTO_PA].

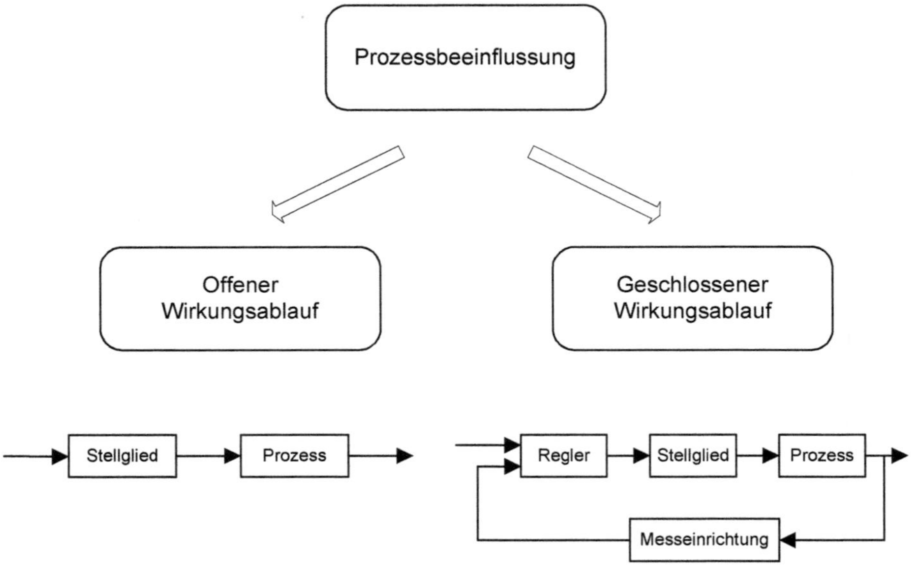

Bild 1.11 Möglichkeiten zur Prozessbeeinflussung

Oft werden diesen beiden Wirkungsabläufen direkt die Begriffe Steuerung und Regelung zugeordnet, was bei einer näheren Betrachtung nicht vollständig zutreffend erscheint. Nachfolgend sollen verschiedene Verfahren zur Prozessbeeinflussung dargestellt werden.

Regelung

Bei der Regelung handelt es sich nach DIN 19226 um einen Vorgang, bei dem kontinuierlich die zu regelnde Größe x (Regelgröße) erfasst, mit einer Führungsgröße w verglichen und mit dem Ziel einer Angleichung an die Führungsgröße, durch Ausgabe der Stellgröße y, beeinflusst wird. Kennzeichen der Regelung ist ein geschlossener Wirkungsablauf. Die Regelgröße wird fortlaufend von sich selbst beeinflusst. Eingesetzt werden Regelungen zur Prozessstabilisierung, um u. a. Prozessgrößen innerhalb eines vorgegebenen Toleranzbandes zu halten. Dazu gehören z. B. Füllstände, Drücke, Temperaturen, Durchflüsse und Positionen. Bild 1.12 zeigt das Signalflussbild einer Regelung [Tö96].

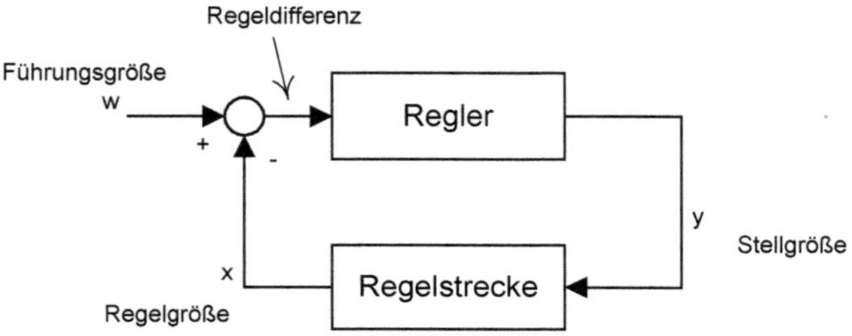

Bild 1.12 Regelung

Stetige Steuerung

Bei der stetigen Steuerung handelt es sich um einen Vorgang, bei dem die Eingangsgrößen die Ausgangsgrößen in einem System nach vorgegebenen Gesetzmäßigkeiten beeinflussen. Kennzeichen der stetigen Steuerung ist der offene Wirkungsablauf als sogenannte Steuerkette (siehe Bild 1.13). Es erfolgt keine Rückwirkung auf die Eingangsgrößen. Ein Anwendungsbeispiel ist die Steuerung einer Raumtemperatur durch Erfassen der Außentemperatur. Die Innentemperatur wird nicht berücksichtigt. Der zu stellende Heizstrom richtet sich nach der gemessenen Außentemperatur, Störquellen wie geöffnete Fenster beeinflussen die Steuerung nicht. Ein weiteres Anwendungsbeispiel ist die klassische Zeitsteuerung. Unabhängig vom Prozesszustand wird die Steuerung nach einem fest vorgegebenen Zeitplan ausgeführt.

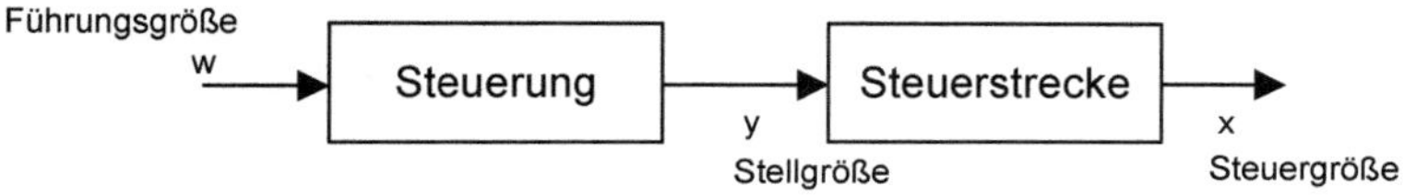

Bild 1.13 Stetige Steuerung

Werden die Führungs- und Stellgrößen durch analoge Signale dargestellt, dann spricht man auch von einer analogen Steuerung [Tö_96].

Binäre Steuerung

Bei einer binären Steuerung (Binärsteuerung) handelt es sich um einen Vorgang, bei dem in der Steuerung aus binären Eingangssignalen durch logische Verknüpfungen binäre Stellsignale generiert werden, die in der Steuerstrecke entsprechende Aktionen auslösen, wobei deren Wirkung wiederum über Messung erfasst und der Steuerung in Form von binären Eingangssignalen zurückgemeldet werden können (siehe Bild 1.14). Kennzeichnend ist auch hier ein geschlossener Wirkungsablauf. Haupteinsatzgebiet binärer Steuerungen sind z. B. Ablaufsteuerungen.

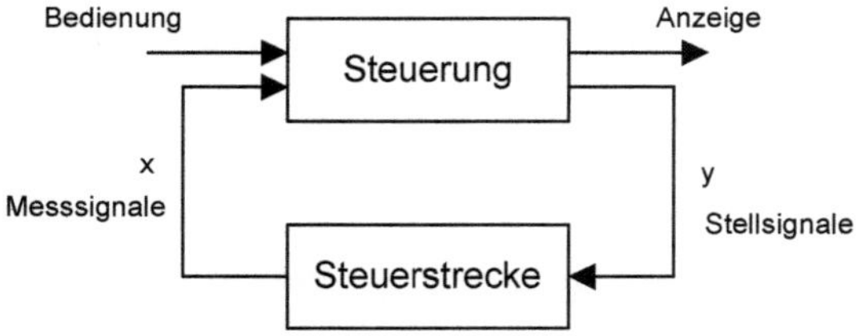

Bild 1.14 Binärsteuerung

Bild 1.15 zeigt ein Anwendungsbeispiel. Ziel ist es, den Füllstand in einem Behälter zu steuern. Der obere und untere Füllstand wird von den beiden Schwimmerschaltern S1 und S2 binär erfasst. Wird der jeweilige Pegel überschritten, erfolgt eine entsprechende Meldung an die Binärsteuerung. Bei Erreichen des unteren Füllstandes wird das Ventil V geöffnet und der Behälter bis zum Erreichen des oberen Füllstandes aufgefüllt.

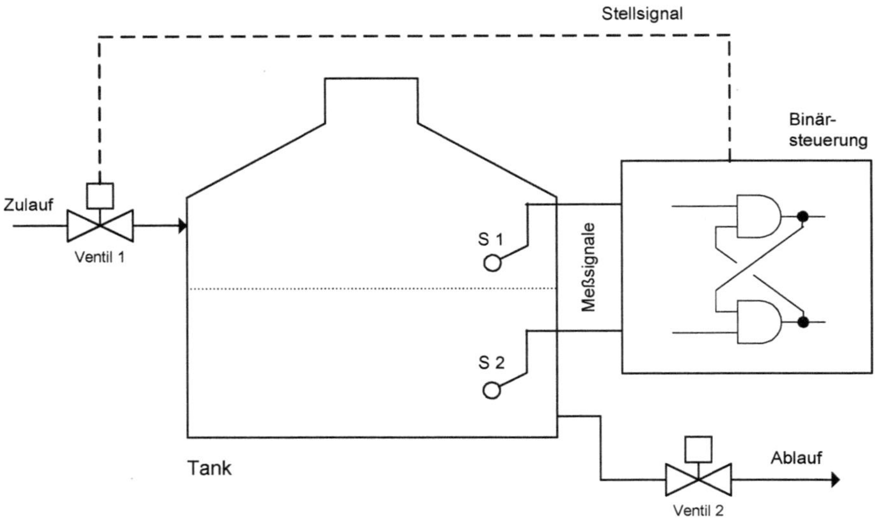

Bild 1.15 Anwendungsbeispiel Füllstand

Prozesssteuerung

Bei einer Prozesssteuerung handelt es sich um einen Oberbegriff für Automatisierungseinrichtungen, welche vorrangig für kontinuierliche Prozesse in der Verfahrenstechnik Anwendung finden. Eingeschlossen sind hier Automatisierungsaufgaben wie Prozessführung, Prozessüberwachung, Prozessoptimierung und Prozessstabilisierung (siehe auch Abschnitt 1.3).

Prozesszustand

Der Prozesszustand beschreibt den aktuellen Status des technischen Prozesses. Während der Lebenszeit einer Produktionsanlage kann der Prozess fünf verschiedene Zustände einnehmen (Tabelle 1.8).

Tabelle 1.8 Prozesszustände

Prozesszustand	Bemerkungen
Anfahren	Start der Produktion, Inbetriebnahme
Betrieb	laufender Produktions- bzw. Fertigungsprozess
Abfahren	Beenden oder Unterbrechen der Produktion
Wartung	Zeitraum für Wartungsarbeiten
Fehler	Unterbrechung oder Einschränkungen durch Fehlerfall Inbetriebsetzung

Prozessmodell

Um einen Prozess zielführend beeinflussen zu können, ist es unabdingbar, alle wichtigen Prozessvorgänge und Eigenschaften zu kennen. Hierbei kommt der Begriff des Modells zum Tragen. Denn die Analyse des Verhaltens und der Eigenschaften technischer Prozesse, aber auch Maschinen, Aggregaten und Anlagen bezeichnet man als Modellbildung. Im Ergebnis steht ein Modell als vereinfachtes Abbild existierender oder gedachter Realität. Nach DIN 19226 ist ein Modell wie folgt definiert:

Ein Modell ist die Abbildung eines Systems oder Prozesses in ein anderes begriffliches oder gegenständliches System, das aufgrund der Anwendung bekannter Gesetzmäßigkeiten, einer Identifikation oder auch getroffener Annahmen gewonnen wird und das System oder den Prozess bezüglich ausgewählter Fragestellungen hinreichend genau abbildet.

Prozessmodelle beschreiben den Zusammenhang zwischen Eingangs- und Ausgangsgrößen eines Prozesses. Bild 1.16 stellt zwei Arten von Modellen dar.

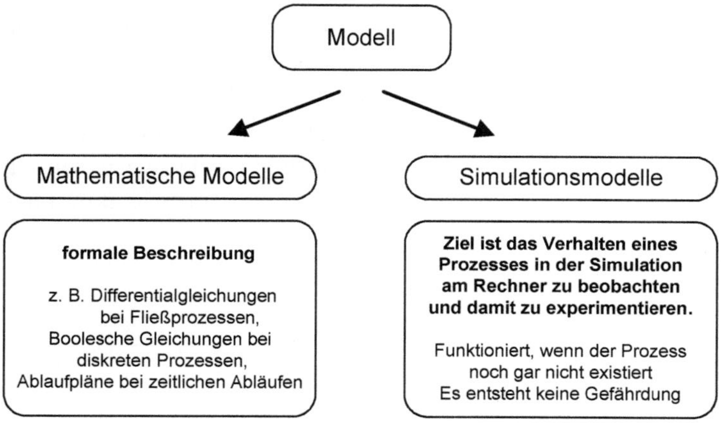

Bild 1.16 Modellarten

Mit der Modellbildung und einer damit verbundenen Simulation wird der zu betrachtende technische Prozess von der Realität auf ein abstrahiertes Abbild verlagert und kann so auf anderem Wege gelöst werden. So können Erkenntnisse erlangt werden, die in der Realität nicht oder nur mit wesentlich höherem Aufwand experimentierbar sind. Es können zeitnah Aussagen über Fragestellungen wie:

- Dynamik (zu langsam, zu schnell),
- Dimensionen (zu klein, zu groß),
- Zugriff (reale Systeme nicht verfügbar) und
- Sicherheit (zu gefährlich)

erzielt werden.

Von enormem Vorteil ist, dass virtuelle Experimente beliebig wiederholbar sind. Eine erhebliche Reduzierung von Zeit und Kostenaufwand für das Gesamtprojekt bildet einen weiteren Vorteil. In Tabelle 1.9 sind einige Chancen, aber auch Risiken bei der Anwendung von Modellen aufgezeigt.

Tabelle 1.9 Chancen und Risiken der Modellbildung

Chancen	Risiken
Strategiebestimmung, Entscheidungshilfen	Datenmangel, Fehleranfälligkeit
Erfassung der Systemkomplexität	Vermischung von Modell und Realität
verbessertes Systemverständnis	Realitätsferne
Alternative zu realen Experimenten	hoher Konstruktionsaufwand bei der Modellerstellung
Gefahrenvermeidung	Computerglaubwürdigkeit
Zeitersparnis	

Modellbildung und Simulation sind für die gesamte Lebenszeit eines technischen Systems wichtig (siehe Bild 1.17). Schon bei ersten Ideen ist ein Modell zum Nachweis der Machbarkeit sehr hilfreich. Im Weiteren sind Modelle für eine nachfolgende Prognose und Entscheidungshilfe nützlich. Hier können Informationen für zukünftige Produktentwicklungen gewonnen werden. Bereits bei Entwurf und vor Realisierung der ersten Prototypen kann man Informationen zur Funktionsfähigkeit erhalten. Damit besteht die Möglichkeit, schon während des Entwurfs zeitnah Änderungen durchzuführen. Dies trifft auch für den Zeitraum der Produktion des Produktes zu.

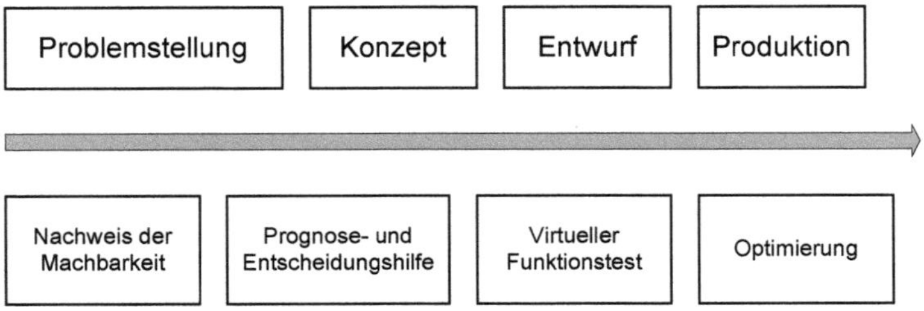

Bild 1.17 Bedeutung für die Produktlebenszeit

Der Weg zum Modell führt über die Prozessidentifikation:

Theoretische Analyse: Aufgrund physikalischer oder chemischer Gesetze des Prozesses wird das Modell ermittelt.

Experimentelle Analyse: Das Modell wird aufgrund von Messungen der Eingangs- und der Ausgangsgrößen ermittelt.

Kombination aus theoretischer und experimenteller Analyse: Die Struktur des Prozesses wird mit theoretischer Analyse ermittelt und die Parameter für den Prozess mit experimenteller Analyse.

Bild 1.18 soll abschließend die Notwendigkeit von und den Umgang mit Modellen verdeutlichen.

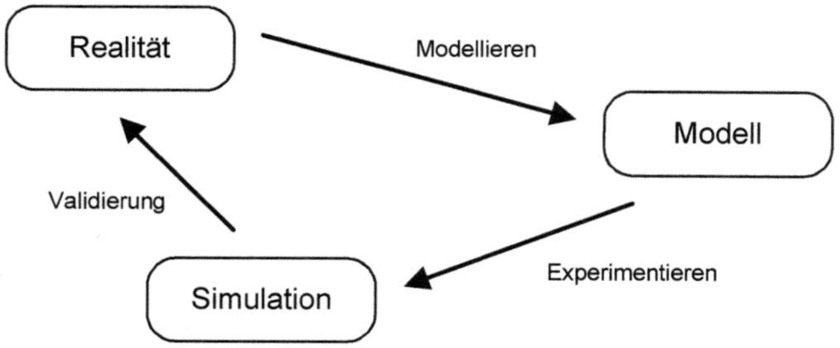

Bild 1.18 Modell und Simulation

1.3 Prozessleittechnik

Nach DIN 19222 umfasst die Leiteinrichtung alle für die Aufgabe des Leitens verwendeten Geräte und Programme sowie im weiteren Sinne auch Anweisungen und Vorschriften. Bild 1.19 zeigt die Einordnung der Leittechnik zu Prozess und Mensch [DIN 19222].

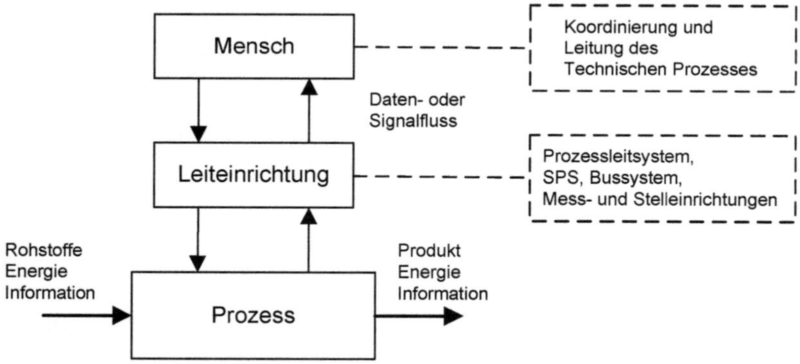

Bild 1.19 Leiten eines Prozesses

Zur Begriffsbildung: Im Jahr 1980 wurde der Begriff „Prozessleittechnik" in der Bayer AG für die Zusammenführung der klassischen MSR-elektronischen Gruppen eingeführt. Diese vorerst firmeninterne Lösung verbreitete sich sehr schnell auch außerhalb der Bayer AG. Heute steht diese Bezeichnung für die ganzheitliche Betrachtung von Aspekten der Mess-, Steuer- und Regelungstechnik, der Informationstechnik und Informatik sowie der informationsorientierten Betrachtung von industriellen Produktionsprozessen [Pol_92]. Moderne Prozessleitsysteme sind modular aufgebaut. In Abhängigkeit von den unterschiedlichen Aufgabenstellungen ergeben sich Systeme unterschiedlicher Struktur und Komplexität.

Wie viele andere Begriffe hat auch dieser unterschiedliche Interpretationen erfahren. Das aktuelle Verständnis sei nachfolgend dargestellt (siehe Bild 1.20).

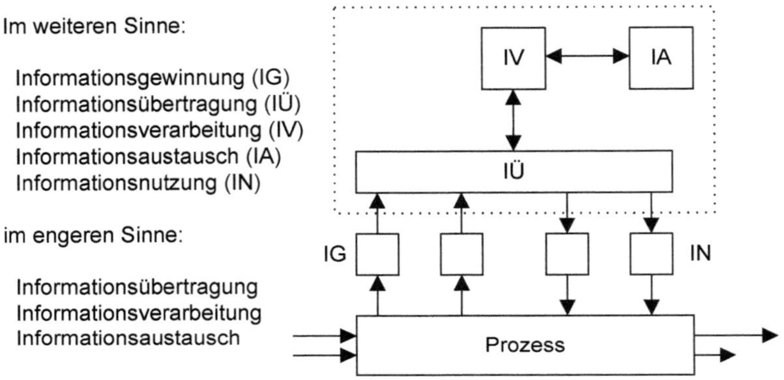

Bild 1.20 Einordnung/Begriffsbildung Prozessleittechnik

Zu den Aufgaben der Prozessleittechnik zählen:

- Bereitstellung von Information über den Prozess und das Produkt (Messwerterfassung, Sensorik)
- Informationsverarbeitung (Prozessdatenverarbeitung) zwecks direkter und indirekter Prozessbeeinflussung (Überwachen, Steuern, Regeln)
- Aufprägung von Informationen auf den zu beeinflussenden Prozess (Aktuatorik)
- Informationstransport zwischen den Systemen und Geräten der Prozessleittechnik (Kommunikation)
- Informationsdarstellung für den Bediener und Informationseingabe durch den Bediener (MMK, Visualisierung)
- Informationshandling zum Einrichten und Betreiben des Prozessleitsystems (Planung, Inbetriebnahme, Instandhaltung), (siehe auch Bild 1.21 und Bild 1.22).

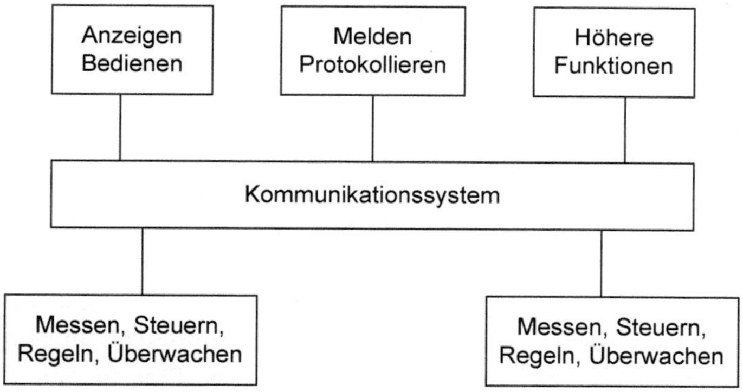

Bild 1.21 Aufgaben der Prozessleittechnik

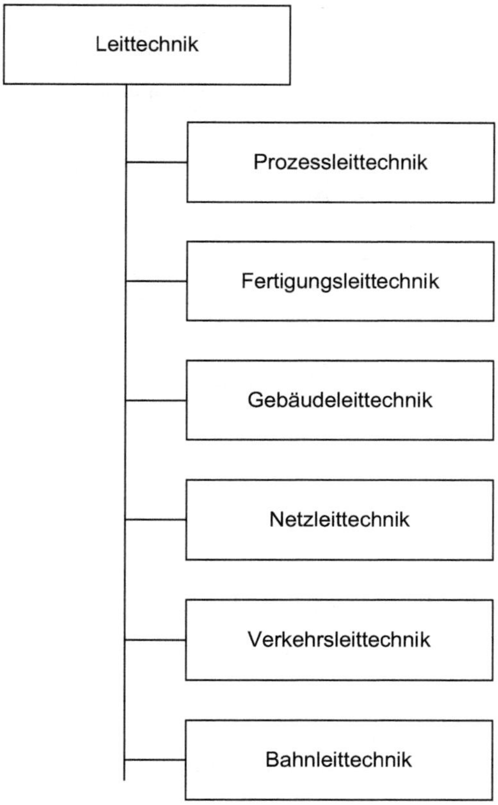

Bild 1.22 Arten/Varianten der Leittechnik

1.4 Ebenenmodelle

1.4.1 Automatisierungspyramide

Mit dem Ziel, komplexe Systeme übersichtlicher darzustellen, werden auch Automatisierungssysteme in verschiedene Ebenen strukturiert. In Bild 1.23 ist eine daraus resultierende Automatisierungspyramide bestehend aus fünf Ebenen abgebildet. Jeder Ebene sind die entsprechenden Funktionen und relevanten Daten zugeordnet. Die Trennung in fünf Ebenen zeigt auch deutlich die unterschiedlichen Anforderungen und Aufgabenfelder in den jeweiligen Bereichen. Eine genauere Beschreibung der Funktionsinhalte zeigt die nachfolgende Aufstellung.

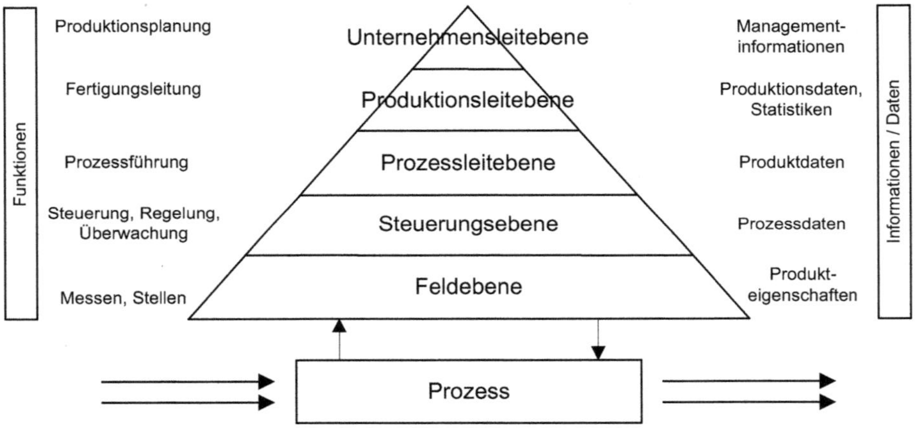

Bild 1.23 Ebenenmodell

Unternehmensleitebene:

- strategische Planung
- logistische Planung (Auftragsabwicklung, Bestandsführung, Disposition, Beschaffung)
- Informationssysteme
- Vertrieb (Umsatz, Partner, Vertriebsplanung)
- Produktionsplanung grob, Kapazitätsplanung, Investitionsplanung
- Qualitätssicherung
- betriebliches Rechnungswesen
- Personalwesen

Produktionsleitebene:

- Verwaltung und Abarbeitung von Lieferaufträgen
- Produktionsplanung

- Beschaffung von Einsatzprodukten
- Bestandsführung
- Terminüberwachung
- Langzeitsicherung/-archivierung von Daten
- Mengenabrechnungen
- Kostenanalyse
- Planung des Personaleinsatzes
- Mensch-Maschine-Kommunikation
- Bilanzrechnungen
- Ausbeuteberechnungen

Prozessleitebene:

- Qualitätskontrolle
- Überwachung von Wartungsintervallen
- Rezepturverwaltung (Chargenprozessen)
- Prüfaufträge
- Mensch-Maschine-Kommunikation
- erweiterte Protokollierung/Archivierung
- koordinierende Funktionen (bei Störung bzw. Umstellung)
- komplexe Regelungen
- Optimierung

Steuerungsebene:

- Regeln, Steuern, Überwachen
- Auswerten/Aufzeichnen/Protokollieren
- Schützen, Eingreifen
- Daten erfassen/Daten eingeben/Daten ausgeben
- Daten übertragen, Daten verarbeiten
- Mensch-Maschine-Kommunikation

Feldebene:

- Messen
- Stellen
- Anzeigen (vor Ort)
- Bedienen (vor Ort)
- Daten erfassen
- Daten ausgeben

- Hilfsenergieversorgung für Messumformer und Stellglieder
- Übertragung von Mess- und Stellsignalen

Zeitliche Anforderungen

Zur Kommunikation zwischen den unterschiedlichen Ebenen existieren auch unterschiedliche Anforderungen an die verwendeten Kommunikationssysteme. Von der Feldebene bis zur Unternehmensleitebene werden deshalb auch verschiedene Kommunikationssysteme eingesetzt. Während mit höherer Automatisierungsebene die Anforderung an eine schnelle Übertragungszeit abnimmt, steigt das Datenvolumen je durchgeführter Übertragung deutlich. Weiterhin wird in Bild 1.24 dargestellt, welche Gerätetechnik in der jeweiligen Ebene zum Einsatz kommt.

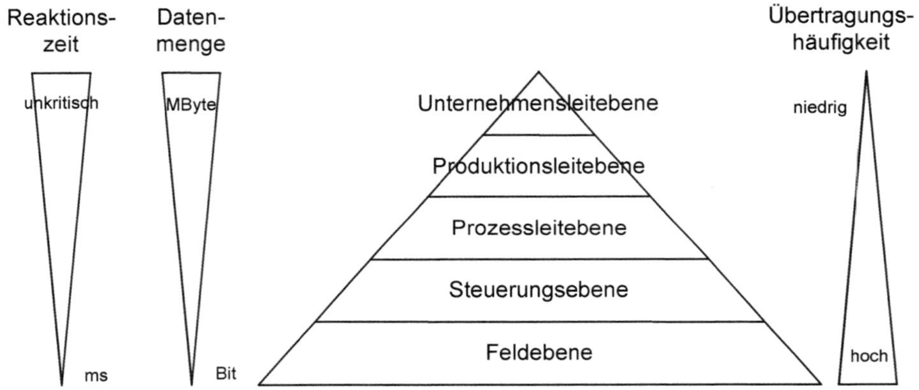

Bild 1.24 Zuordnung zu den Leitebenen

Zur näheren Untersetzung der zeitlichen Anforderungen sind in Bild 1.25 den Ebenen Zeitbereiche zugeordnet und in Tabelle 1.10 gebräuchliche Abtastzykluszeiten dargestellt.

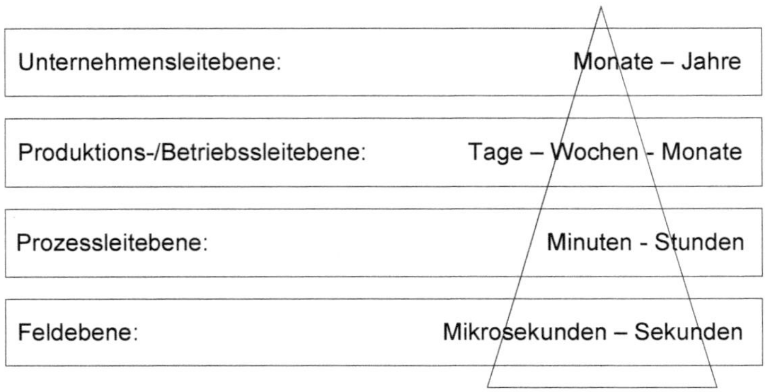

Bild 1.25 Zeitbereiche

Tabelle 1.10 Gebräuchliche Werte der Abtastzykluszeit

Prozessgröße	Abtastzykluszeit
Durchfluss	0,1 s / 1 s / 2 s
Füllstand	5 s
Druck	0,5 s / 1 s / 5 s / 10 s
Temperatur	5 s / 20 s / 30 s / 2 min
Mischung	> 20 s
Bedieneingriffe	1 s

1.4.2 Referenzarchitekturmodell Industrie 4.0

Im Zuge von Industrie 4.0 wurde das Referenzarchitekturmodell Industrie 4.0 (RAMI 4.0) entwickelt. Dieses Modell soll als Orientierungshilfe für Industrie 4.0 dienen und alle Teilnehmer von Industrie 4.0 einbinden sowie eine gemeinsame Perspektive geben. RAMI 4.0 steht für eine dreidimensionale Zusammenführung der wichtigsten Aspekte von Industrie 4.0. In Bild 1.26 ist das RAMI 4.0 dargestellt.

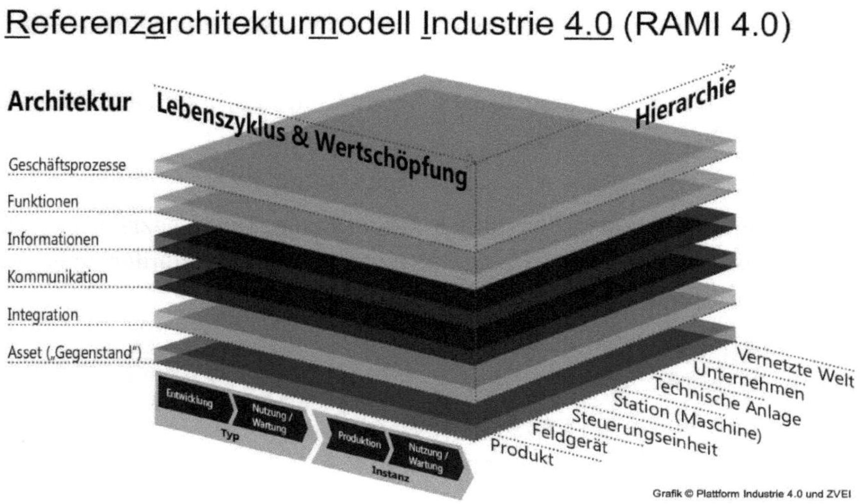

Bild 1.26 RAMI 4.0

Die drei Dimensionen des Modells sind:

1. **Lebenszyklus und Wertschöpfung**

   Hier geht es um die Beschreibung des Produkts von der ersten Idee über die gesamte Lebensdauer bis zur Demontage.

Dazu gehören:

- Bauplan (Entwicklung, Konstruktion, Prototyp ...)
- Modellpflege (Bedienungsanleitung, Software, Updates ...)
- Herstellung (Produkt, Qualität ...)
- Service (Wartung, Optimierung, Recycling ...)

Ziel ist die Abbildung des vollständigen Lebenszyklus und der Wertschöpfung, was eine einheitliche Planung und Nachverfolgung ermöglicht.

2. **Architektur** (Grundfragen zur Geschäftsidee/IT-Sichten)

   Bei der zweiten Dimension geht es um Grundfragen zur Geschäftsidee. Im Einzelnen werden folgende Layer betrachtet:

   - Business: Organisation und Geschäftsprozesse (strategische Entscheidungen)
   - Functions: die angebotenen Funktionen (Automatisierung des Prozesses)
   - Information: die notwendigen Daten (Verarbeitung und Verwaltung)
   - Communication: der Zugriff auf Informationen (Netzwerkprotokolle und Standards)
   - Integration: Übergang von der physischen die cyber-physische Welt (Verbindung physischer Objekte mit der digitalen Welt)
   - Asset: das reale Element in der physischen Welt (Maschinen, Geräte, Produkte)

   Die klare Trennung in Schichten soll die Modularität und Interoperabilität der Systeme erleichtern.

3. **Hierarchie** (Fabrikhierarchie/Automatisierungspyramide)

   Die dritte Dimension beschreibt die Fabrikhierarchie. Diese bezieht sich auf die Ebenen der Automatisierungspyramide und wird um die Anforderungen von Industrie 4.0 erweitert. Dazu gehören:

   - Produkt (das physische Produkt selbst)
   - Feldgerät (Sensoren, Aktoren)
   - Steuerung (SPS und Steuerungssysteme)
   - Station (einzelne Maschinen und Anlagen)
   - Arbeitszelle/Linie (Gruppen und Stationen)
   - Fabrik (Gesamtheit aller Anlagen in der Produktion)
   - Unternehmen (die übergeordnete Ebene)

   Ziel ist die Darstellung der verschiedenen organisatorischen Ebenen, welche in der Industrie untereinander verknüpft sind.

Die drei Dimensionen des RAMI-4.0-Modells bieten somit eine umfängliche Darstellung von Industrie-4.0-Systemen:

- **Produktlebenszyklus und Wertschöpfungskette**
- **Grundfragen der Geschäftsidee**
- **Fabrikhierarchie**

Durch das Zusammenspiel der Dimensionen wird eine strukturierte und standardisierte Implementierung von Industrie-4.0-Technologien ermöglicht [RAMI_40].

1.5 Übungsaufgaben zu Kapitel 1

Wiederholungsfragen

- Welche Ziele werden mit der Automatisierung verfolgt?
- Nennen Sie Beispiele für Automatisierungsobjekte.
- Welche Automatisierungsgrade sind Ihnen bekannt?
- Was unterscheidet Produkt- und Anlagenautomatisierung?
- In welche Vorgänge wird bei technischen Prozessen unterschieden? Benennen Sie Beispiele.
- Wie kann man technische Prozesse klassifizieren?
- Welche Möglichkeiten der Prozessbeeinflussung sind Ihnen bekannt?
- Welchen Zweck erfüllen Modelle?
- Nennen Sie die Hauptaufgaben der Prozessleittechnik.
- Wie verhalten sich Datenmenge und Übertragungshäufigkeit im Ebenenmodell?
- Nennen Sie die hauptsächlichen Aufgaben jeder Ebene.

Übung 1.1

- Skizzieren Sie einen Prozess (Block) mit seinen Ein- und Ausgangsgrößen und nennen Sie Beispiele technischer Prozesse.

Übung 1.2

- Zeichnen Sie das Ebenenmodell und benennen Sie die entsprechenden Ebenen.

2 Aufbau und Struktur von Automatisierungssystemen

Kapitel 2 widmet sich den unterschiedlichen Strukturen und deren möglichen Umsetzungen.

Zu Beginn wird kurz auf die Entstehung von Automatisierungsstrukturen eingegangen und deren Entwicklung hin zu den heutigen Strukturen vorgestellt. Hierzu erfolgt die Darstellung unterschiedlicher Grundstrukturen und deren Ausprägungen. Ebenfalls wird eine Einordnung in die Automatisierungshierarchien durchgeführt. Zur Vertiefung der verschiedenen Strukturen werden die unterschiedlichen Topologien „verteilter Systeme" näher vorgestellt. Die Behandlung klassischer Redundanzstrukturen schließt den Kreis zum Themengebiet „Aufbau und Struktur von Automatisierungssystemen".

2.1 Automatisierungsstrukturen

Seit der Errichtung erster Automatisierungsanlagen bis in die heutige Zeit haben diese unterschiedlichste Ausprägungen erfahren. In Abhängigkeit von den jeweiligen Anforderungen aus dem zu automatisierenden Prozess, den Anforderungen der Betreiber, aber auch durch die sich immerwährend fortsetzende technische Entwicklung sind verschiedenste Automatisierungsstrukturen entstanden.

Bis 1910 wurden die Sensoren und Aktuatoren an den entsprechenden Stellen (Orten) in der Anlage installiert. Die Feldgeräte waren somit über die gesamte Fabrikanlage verstreut. Dadurch entstanden sehr häufig große Entfernungen zwischen den einzelnen Feldgeräten. Die Bedienung der Aktuatoren, wie z. B. Stellventile zur Beeinflussung von Prozessgrößen erfolgte vorrangig von Hand (siehe Bild 2.1). Von einer „geschlossenen" Automatisierung, wie wir sie heute kennen, war man noch weit entfernt.

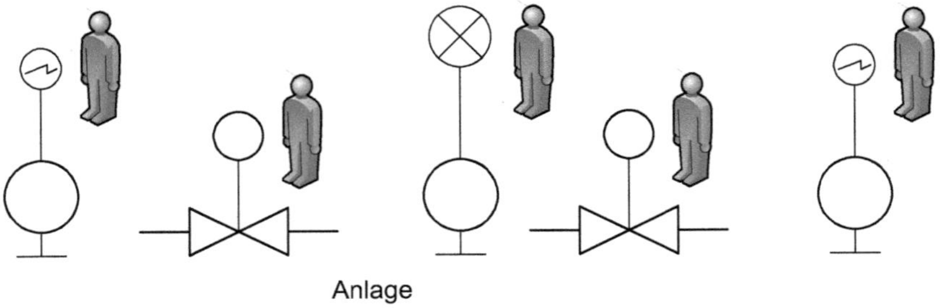

Bild 2.1 Erste Anlagen

Ein weiterer Entwicklungsschritt vollzog sich in den Jahren 1940 bis 1950. An der Anlage wurde ein sogenannter Leitstand errichtet. Hierzu wurde eine Wand montiert, welche zum einen zur Zentralisierung der Geräte dient und zum anderen ein Schutz für das Bedienpersonal darstellt. Die immer größer werdenden Produktionskomplexe wurden damit überschaubarer und konnten besser beherrscht werden. Die Bedienhebel der Aktuatoren wurden verlagert und die Leitungen der Sensoren zur Wand verlegt. Somit wurde das Messen und Stellen vom Leitstand aus ermöglicht. Man hatte so eine bessere Übersicht und die Bedienung wurde erleichtert. Durch ein schnelleres Ablesen konnten die Reaktionszeiten verkürzt werden. Auch befand sich das Bedienpersonal in einer sicheren Umgebung und es war möglich, die Anlage mit weniger Personalaufwand zu fahren (siehe Bild 2.2).

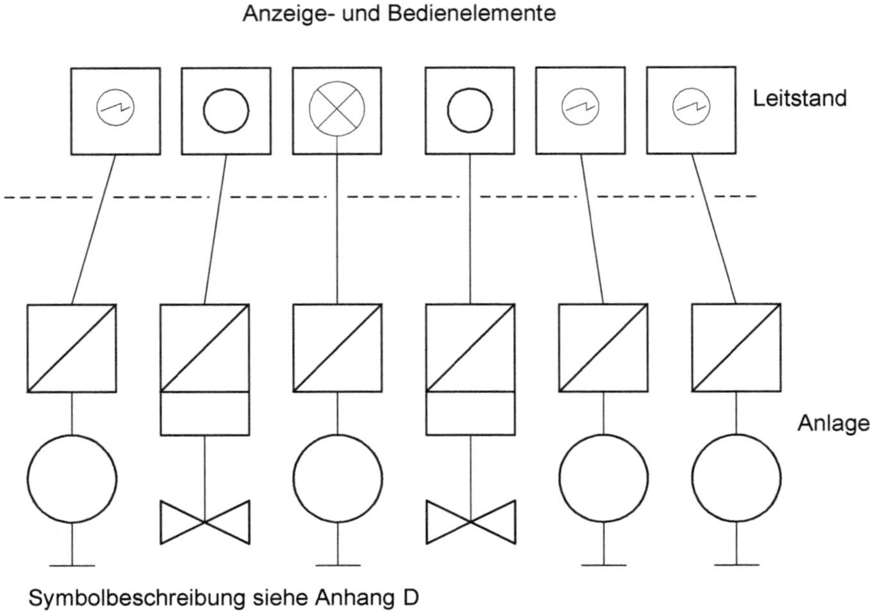

Bild 2.2 Erste Automatisierungsstrukturen

Von 1950 bis 1960 wurden Sensoren, Aktuatoren (jetzt fernbedienbar) und Messwarten installiert. Messwarten bestanden aus einer Anzeigetafel und einem Bedienpult. Man hatte eine komplette Übersicht über den aktuellen Prozesszustand, da auch die Werte der Ausgangsgrößen in der Messwarte angezeigt wurden. Für spätere Änderungen oder Erweiterungen konnte die Anzahl von Messanzeigen und Stellmöglichkeiten erhöht werden. Im Weiteren erfolgte der Einsatz von Reglern. Der Prozess kann hier nun ohne ständiges Eingreifen des Personals ablaufen. Der Kreis ist geschlossen. In der Messwarte wird dem Regler ein Sollwert vorgegeben. Dieser Sollwert wird von dem Regler mit dem Istwert des Sensors, der Messeinrichtung verglichen. Wird eine Abweichung zwischen Soll- und Istwert festgestellt, erfolgt ein Eingriff in den Prozess, um den Sollwert wiederherzustellen. Dies geschieht durch Änderung des Stellwertes wie z. B. der Ventilstellung, des Heizwertes oder der Motordrehzahl (siehe Bild 2.3).

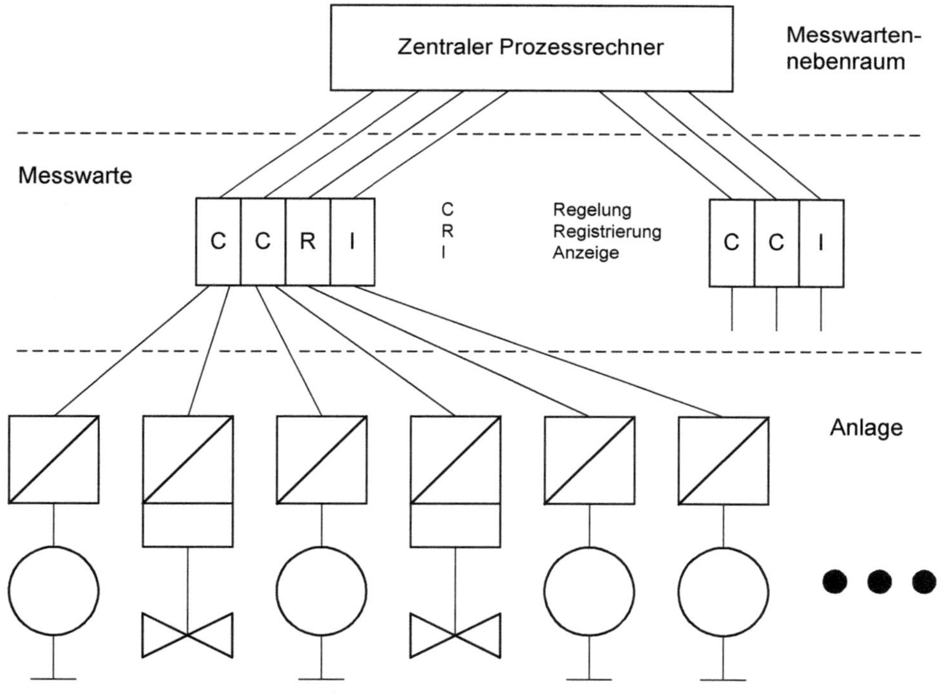

Bild 2.3 Parallelverdrahtung und zentraler Prozessrechner

Durch die Einführung weiterer Bausteine wie z. B. Grenzwertmelder und Schreiber wird dem Wartenpersonal die Arbeit zusätzlich erleichtert. Mit der Verknüpfung solcher Bausteine können diese für spezielle Aufgaben genutzt werden. Erste Datenerfassungssysteme entstanden. Ab 1960 erfolgte nun die Automatisierung durch den Einsatz von zentralen Prozessrechnern (Bild 2.3). Sie zeichneten sich durch eine höhere Leistungsfähigkeit und Flexibilität aus. Ab 1975 hielten auch Mikrorechner Einzug in die Automatisierungstechnik. Es war somit möglich, kleine und kostengünstige Recheneinheiten herzustellen. Diese ersetzen zunehmend die bisherigen Regler und tauschen Prozessdaten untereinander und mit dem zentralen Prozessrechner aus. Die Mikrorechner bearbeiten selbstständig ihre speziellen Aufgaben. Dadurch entwickelt sich eine teilweise Dezentralisierung des Automatisierungssystems (siehe Bild 2.4).

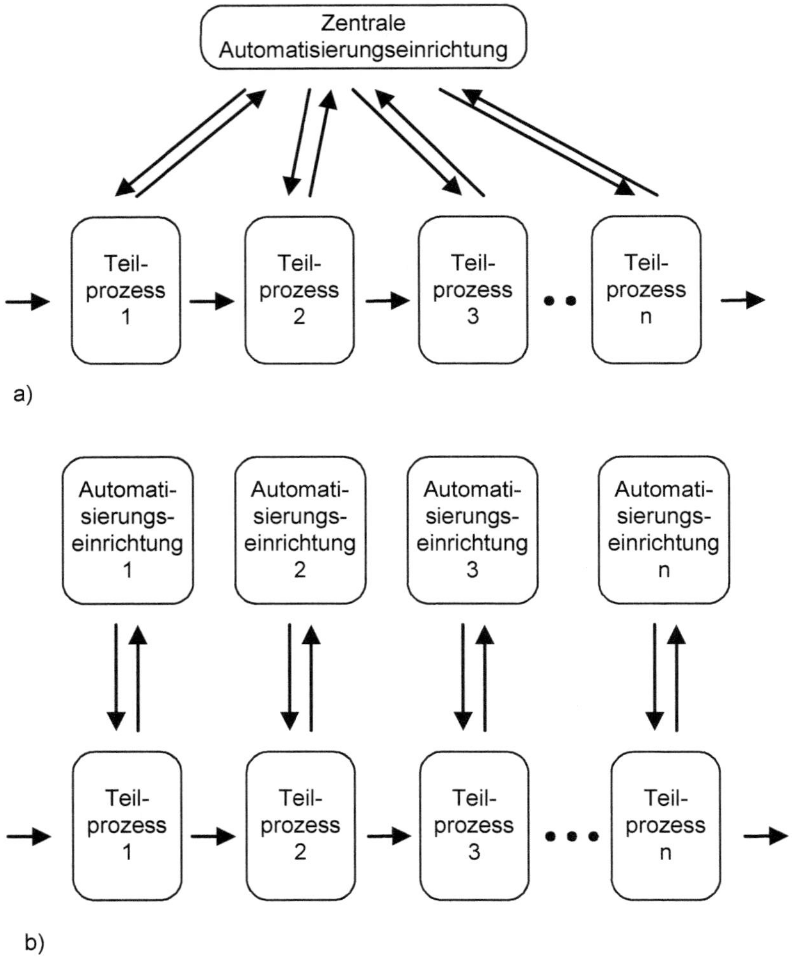

Bild 2.4 Automatisierungsstrukturen [Lau_99] a) zentrale Struktur, b) dezentrale Struktur

Bei Ausfall einzelner Geräte besteht immer noch die Möglichkeit, die Anlage in einen sicheren Zustand zu fahren. Die noch aktiven Mikrorechner organisieren den Übergang in einen stabilen Systemzustand. Es setzte sich immer mehr eine Modularisierung durch. Intelligente Module wurden entwickelt und die Forderung nach klaren einheitlichen Schnittstellen wurde laut. Im Zuge der Modularisierung entstanden überschaubare Teilprogramme und wieder verwendbare Teilsysteme. Erste Verfahren für eine herstellerübergreifende Diagnose entstanden.

Als Vorteile dezentraler Automatisierungsstrukturen sind u.a. zu nennen:

- geringere Projektierungs- und Betriebskosten
- schnellere Realisierung
- größere Verfügbarkeit
- höhere Diagnosefähigkeit
- höhere Flexibilität (z.B. bei Erweiterungen)

Zur Wahl einer entsprechenden Automatisierungsstruktur sollten die folgenden Vergleichskriterien dienen:

- Kosten für die Geräte, die Verkabelung, die Software, die Pflege und Wartung
- Teilverfügbarkeit bei Hardwareausfällen oder bei Softwarefehlern
- Flexibilität bei Änderungen
- Koordinierung der Teilprozesse und Optimierung des Gesamtprozesses
- Bedienbarkeit

Mit der Entwicklung der industriellen Datenkommunikation wurden die Mikrorechner miteinander vernetzt. Verbunden über Bussysteme entstehen so völlig neue Strukturen (Bild 2.5) (Kapitel 5).

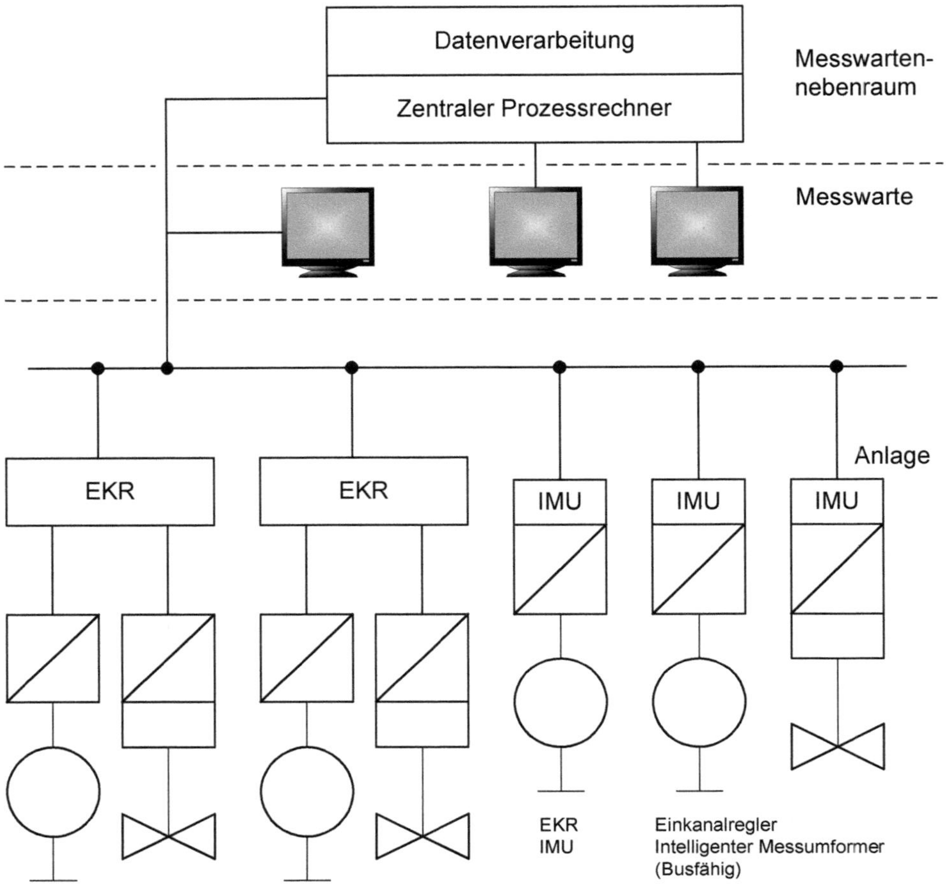

Bild 2.5 Erster Einsatz von Bussystemen

Die Automatisierungsgeräte bilden im Verbund unterschiedlichste Topologien. Es sind Linien-, Ring-, Stern- und Mischstrukturen möglich. Diese Strukturen werden „verteilte Systeme“ genannt (Abschnitt 2.3). In Bild 2.6 ist eine mögliche Mischstruktur dargestellt. Diese aktuell angewendeten Strukturen haben unterschiedlichste Auswirkungen auf die Gerätetechnik, das Engineering und den laufenden Betrieb. Einige Beispiele sind nachfolgend aufgeführt:

- Signalverarbeitung in den intelligenten Feldgeräten
- Bussystem statt Punkt-zu-Punkt-Verbindung
- räumliche Verteilung der Gerätetechnik
- mögliche Wiederverwendung von Programmmodulen
- Verringerung von Steckern und Kabeln

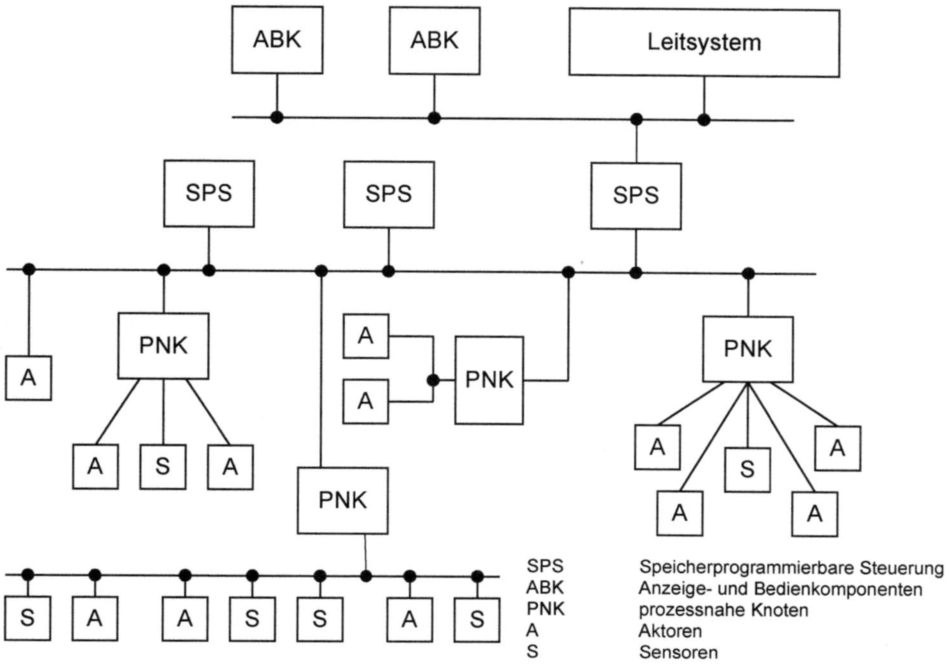

Bild 2.6 Mögliche Mischstruktur heutiger Anlagen

Die in Bild 2.6 dargestellten Gerätegruppen ABK (Anzeige- und Bedienkomponenten) und PNK (prozessnahe Knoten) führen im Wesentlichen die folgenden Aufgaben aus bzw. bestehen beispielgebend aus den aufgeführten Einzelkomponenten:

ABK

- Rezepte/Batch-Abläufe erstellen/modifizieren
- aktuelle Werte ändern
- Kommunikation mit dem Prozess
- Alarme und Bedienanforderungen bearbeiten
- Prozessvisualisierung
- Schnittstelle zu Datenbanksystemen (Protokollierung)

PNK

- Automatisierungsrechner (SPS, IPC)
- dezentrale Peripherie
- Feldgeräte (Sensoren, Aktuatoren)

2.2 Automatisierungshierarchien

Der Begriff „Hierarchie“ charakterisiert die Rangordnung verschiedener Elemente eines Systems. Diese Elemente sind entsprechend ihrer Bedeutung einander über- oder untergeordneter Hierarchieebenen zugeordnet. In der Automatisierungstechnik sind dies in der Rangfolge vom prozessnahen Bereich (Feld) bis hin zur Unternehmensebene (Management) - von unten nach oben aufsteigend - folgende Hierarchieebenen: prozessnahe Ebene, Koordinierungsebene, Leitebene (siehe Bild 2.7 und Bild 2.8). Je nach Branche und Größe des Automatisierungssystems können Bezeichnung und Anzahl der einzelnen Ebenen variieren.

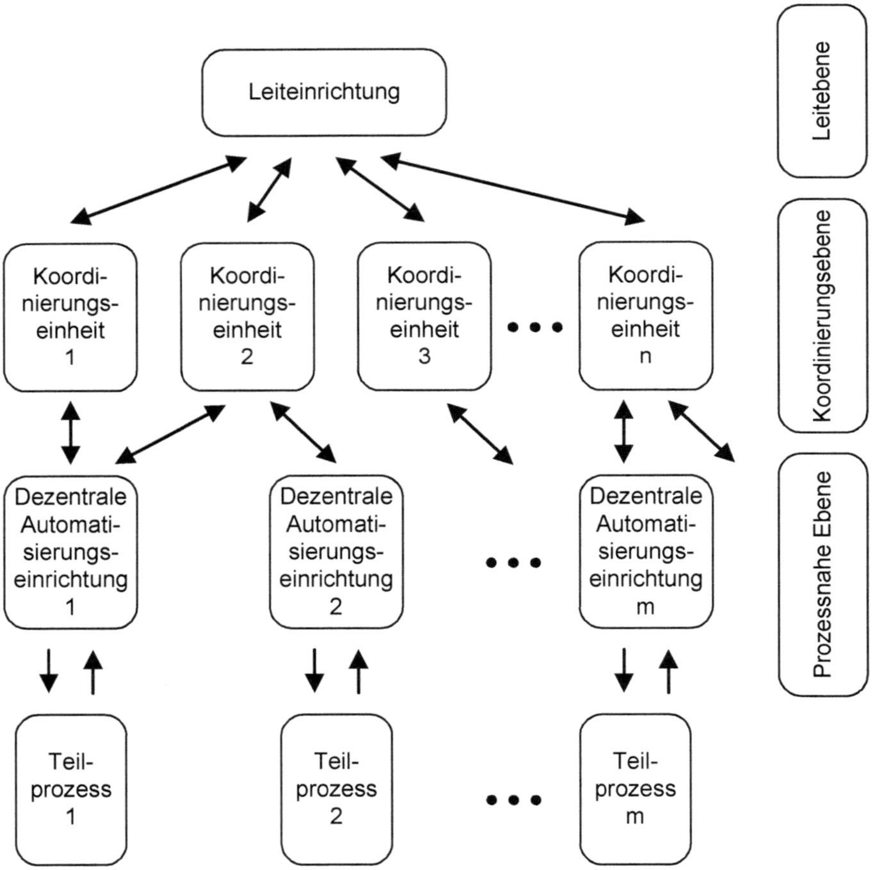

Bild 2.7 Automatisierungshierarchien [Lau_99]

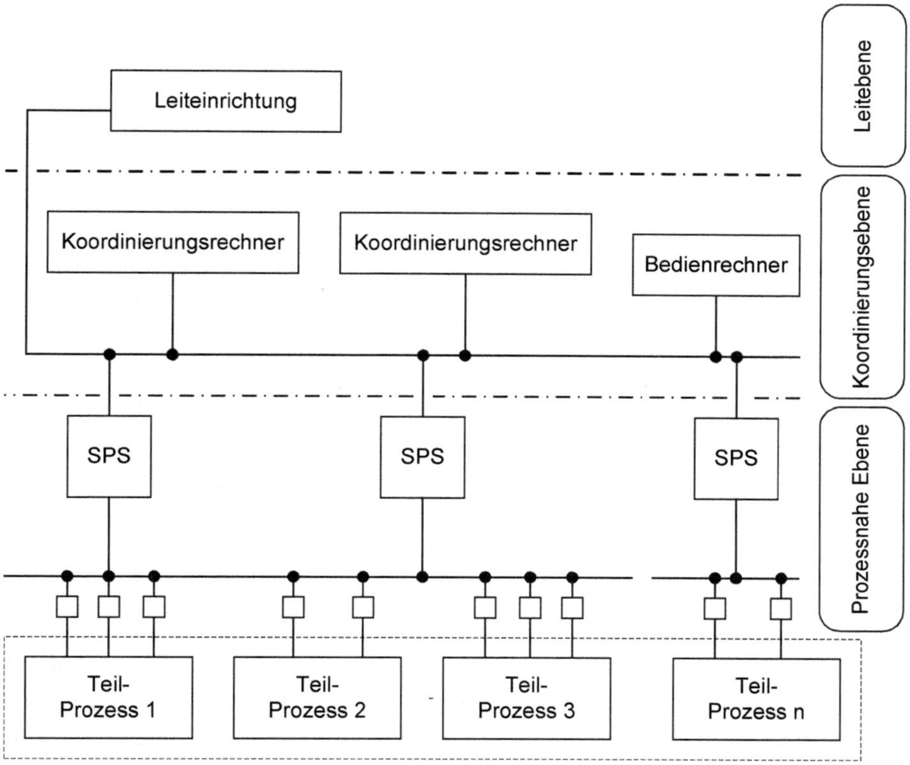

Bild 2.8 Einordnung in Automatisierungsstrukturen

Mit Einführung der Automatisierungshierarchien erfolgt auch die Zusammenführung zentraler und dezentraler Strukturen.

Die Aufgaben der prozessnahen Ebene werden von den dezentralen Automatisierungseinheiten erfüllt. Hier gelten u. a. hohe Anforderungen an die Verfügbarkeit der Feldgeräte. Die Koordinierungseinheiten realisieren die Automatisierungsfunktionen wie z. B.

- Optimierung
- Koordinierung der Teilprozesse
- Prozessüberwachung und -sicherung

In der Leitebene werden vorrangig zentrale Aufgaben (Abschnitt 1.4) umgesetzt.

Bei der Realisierung und Anwendung von Automatisierungshierarchien sollte eine mögliche Strukturierung in folgenden Schritten erfolgen:

- Gliederung des technischen Prozesses in Teilprozesse
- Einsatz von intelligenten Automatisierungseinheiten
- Kommunikationssystem zwischen Automatisierungseinheiten

Je nach Größe des Unternehmens und Umfang des technischen Prozesses können Zwischenebenen eingeführt werden bzw. Ebenen vereinigt werden.

■ 2.3 Verteilte Systeme

Bei verteilten Systemen handelt es sich um dezentralisierte Strukturen, welche mit zusätzlichen Eigenschaften ausgestattet sind. Vor allem werden deren Beschränkungen hinsichtlich der Kooperationsfähigkeiten ihrer Komponenten aufgehoben. Die Abgrenzung zwischen dezentralisierten und verteilten Systemen wird in der Literatur jedoch von verschiedenen Autoren unterschiedlich gehandhabt. Tanenbaum schlägt zum Beispiel in [Tan_05] die folgende Definition für verteilte Systeme vor:

Ein verteiltes System ist ein System, das auf einer Menge von Rechnern ausgeführt wird, die nicht über einen gemeinsamen Speicher verfügen, und das sich dem Benutzer wie ein einzelner Rechner darstellt.

Die Verknüpfung von dezentralen Automatisierungseinheiten mit übergeordneten Rechnern erfolgt über ein Kommunikationssystem, wobei Hierarchien vermieden werden. Die einzelnen Einheiten kommunizieren ausschließlich mit der nächst höheren Ebene. Nur prozessnahe Informationsaufgaben werden dezentral ausgeführt.

Damit lassen sich für verteilte Systeme folgende Vorteile darstellen:

- Hohe Zuverlässigkeit (Fehlertoleranz)
- Ausfall einer dezentralen Komponente führt nicht zu einem Gesamtausfall
- Eingrenzung des Fehlers und Behebung durch Rekonfiguration
- Erhöhung der Verfügbarkeit durch schnelle Wartung und Instandsetzung
- Überwachung
- Fehlerdiagnose
- Gegenseitige Aushilfe bei hoher Belastung
- automatische Aufgabenverteilung
- Reduzierung der Reserven der einzelnen Einheiten
- Einfache Möglichkeit der Erweiterung
- modularer Aufbau
- standardisierte Schnittstellen

In Tabelle 2.1 sind Grundstrukturen der Kommunikation, wie sie auch bei verteilten Systemen Anwendung finden, dargestellt [Lau_99].

Tabelle 2.1 Grundstrukturen verteilter Systeme

Struktur	Schema	Merkmale
Stern	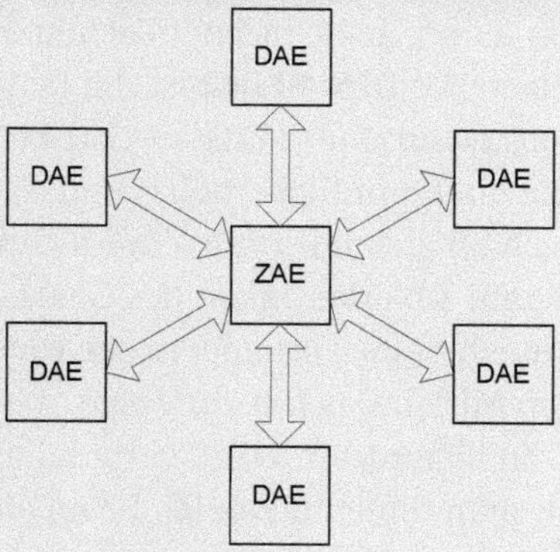	Der Ausfall der Zentraleinheit bedeutet den Ausfall der gesamten Kommunikation. Beispielanwendungen: HART, M-Bus
Ring	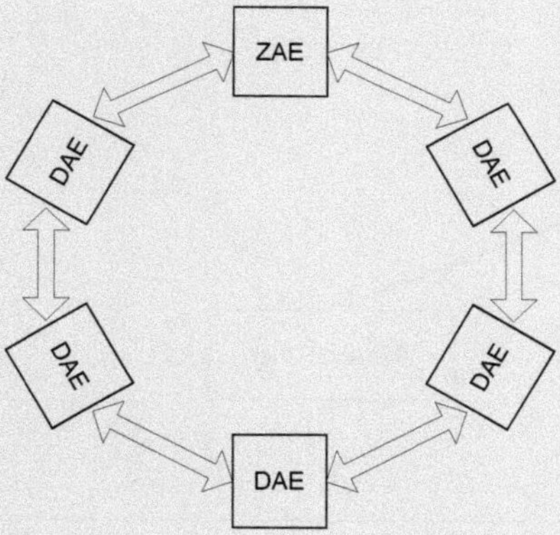	Jede Einheit kann nur an die direkten Nachbarn übertragen. Beispielanwendungen: SERCOS I und II, INTERBUS, MOST
Linie	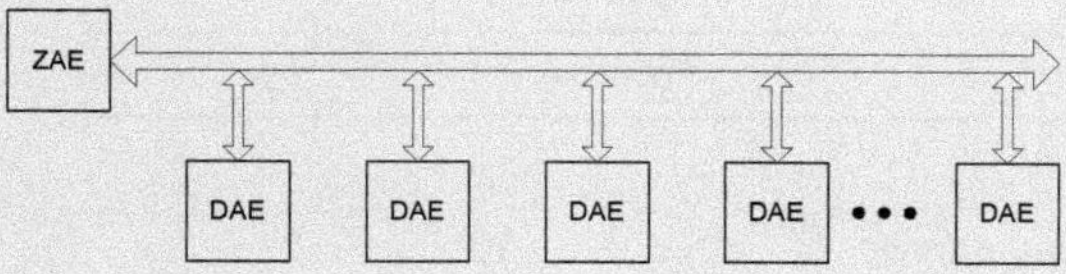	Nur jeweils ein Teilnehmer kann senden, gleichzeitige Informationsaufnahme von allen Teilnehmern. Beispielanwendungen: AS-Interface, PROFIBUS
Netz	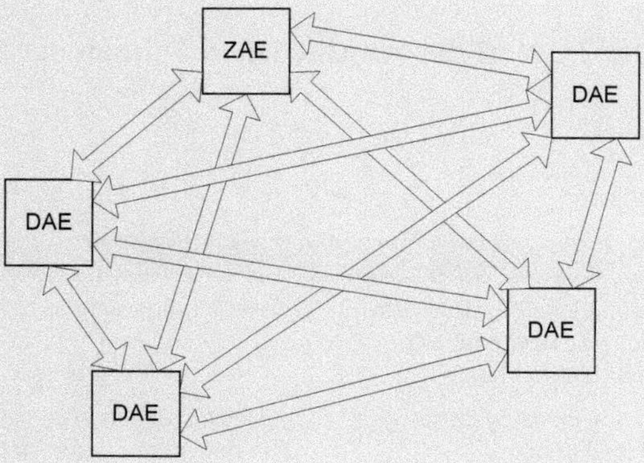	Parallele Informationsübertragung, kurze Reaktionszeit, viele Schnittstellen, hohe Verkabelungskosten. Beispielanwendungen: INTERNET

DAE: dezentrale Automatisierungseinrichtung
ZAE: zentrale Automatisierungseinrichtung

2.4 Redundanzstrukturen

Der Ursprung des Begriffs „Redundanz“ liegt im lateinischen Wort „redundare“ mit der Bedeutung: überfließen. Nach der **DIN 40 042** ist die Redundanz „Das Vorhandensein mehr funktionsbereiter technischer Mittel als zur Erfüllung der vorgesehenen Grundfunktion notwendig sind, um Sicherheits- und Zuverlässigkeitsforderungen zu erfüllen“. D. h. man schafft sich mit Hilfe eines technischen oder auch funktionellen Überflusses eine höhere Zuverlässigkeit des Gesamtsystems. Redundanz bezeichnet somit das funktionsbereite Vorhandensein von mehr als für die Funktion notwendigen technischen Mittel. Das hat zur Folge, dass mit einer höheren Anlagenverfügbarkeit immer ein höherer Aufwand verbunden ist. Ob in technischen Systemen oder in der Natur, man findet unzählige Beispiele für Redundanz.

Bild 2.9 zeigt die Klassifizierung der Redundanz.

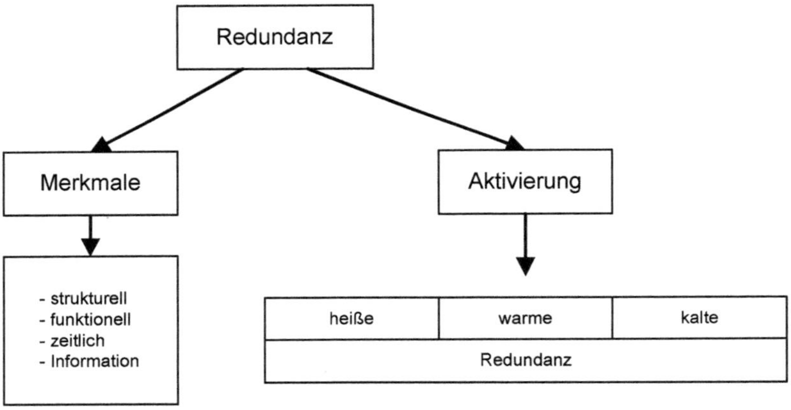

Bild 2.9 Klassifizierung der Redundanz

In der nachfolgenden Tabelle 2.2 sind die verschiedenen Formen der Redundanz aufgeführt.

Tabelle 2.2 Formen der Redundanz

Redundanz	Merkmal	Beispiel
strukturelle Redundanz	Erweiterung eines Systems um zusätzliche Subsysteme zum Zwecke der Redundanz	zweite Steuerung, zweite Pumpe
funktionale Redundanz	Erweiterung eines Systems um zusätzliche Funktionen	zusätzliche Sensorik (Vergleich mehrerer Messergebnisse)

Tabelle 2.2 Formen der Redundanz *(Fortsetzung)*

Redundanz	Merkmal	Beispiel
zeitliche Redundanz	zusätzliche Zeit, die zur Ausführung zusätzlicher Funktionen in funktionell redundanten Systemen zur Verfügung steht	mehrmalige Übertragung einer Nachricht
Informationsredundanz	zusätzliche Informationen neben der Nutzinformation	zusätzliche Übertragung von Fehlercodes

Bei der Aktivierung einer vorhandenen Redundanz wird in drei verschiedene Möglichkeiten unterschieden (Tabelle 2.3).

Tabelle 2.3 Aktivierung der Redundanz

Aktivierung	Merkmal	Beispiel
heiße Redundanz	Alle redundanten Module sind permanent in Betrieb. Das redundante Modul ist sofort verfügbar.	Triebwerk, Sicherheits-SPS (Parallelbetrieb)
warme Redundanz	Redundante Module führen im fehlerfreien Fall Stand-by-Funktionen durch (kleine Belastung), können aber kurzfristig aktiviert werden.	Notstromaggregat (läuft unter kleiner Last um den Umschaltmoment so kurz wie möglich zu realisieren)
kalte Redundanz	Redundante Module werden erst nach einem Ausfall aktiv.	Notstromaggregat, parallele Pumpe in Bereitschaft

Weitere typische technische Anwendungen der Redundanz sind z. B.:

- doppelte Bremskreise bei Fahrzeugen (Hand- und Fußbremse)
- Hochhäuser mit Aufzug und Treppe
- Datenkommunikation mit mehreren Übertragungskanälen
- mehrfache Datensicherung
- Reserverad im PKW
- gepufferte Schaltungen oder Geräte (USV)

Bei der Umsetzung von Redundanzstrukturen wird auch in Einzelreservierung und Gesamtreservierung unterschieden. Bei der Einzelreservierung werden einzelne Elemente eines Systems redundant ausgeführt. Das vollständige System wird bei der Gesamtreservierung redundant umgesetzt.

Für beide Varianten sind in Bild 2.10 Beispiele dargestellt. Bild 2.10a zeigt ein Feldbussystem in Linienstruktur. Zur Erhöhung der Zuverlässigkeit ist der Feldbus zusätzlich mit einem redundanten Übertragungskanal ausgerüstet. Bei Ausfall des aktiven Übertragungskanals kann sofort auf den redundanten Übertragungskanal umgeschaltet werden.

Ein Beispiel für eine Gesamtreservierung ist in Bild 2.10b dargestellt. Zur sicheren Energieversorgung eines Endgerätes wird dieses über eine USV (unterbrechungsfreie Stromversorgung) abgesichert. Intern ist die USV doppelt aufgebaut. Eine typische Gesamtreservierung. Bei Ausfall der ersten USV steht eine weitere zur Bereitstellung der vollständigen Funktionalität bereit. Nach außen handelt es sich aber um ein Gerät (siehe Bild 2.10b).

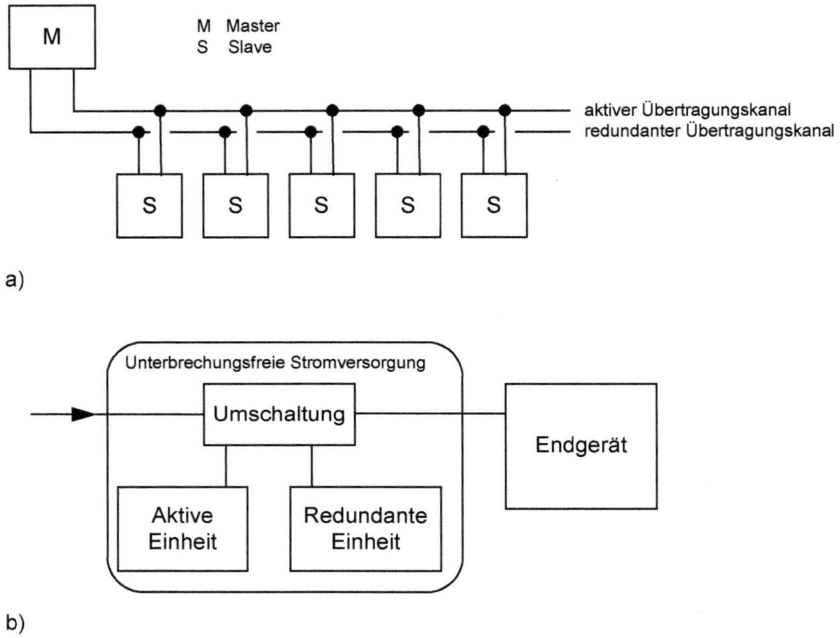

Bild 2.10 Beispiel für Einzel- und Gesamtreservierung

Diese beiden Beispiele verdeutlichen nochmals das Ziel der Redundanz: Automatisierungssysteme so zu konstruieren und zu realisieren, dass sie nach dem Auftreten von Fehlern in einzelnen Komponenten als Ganzes noch funktionsfähig sind. Häufig trifft man hier auch auf den Begriff der Fehlertoleranz: Aufbau eines Systems aus redundanten Modulen (Hard- und Software), um bei Auftreten eines Fehlers die Funktionsfähigkeit des Systems zu erhalten. D.h. es werden Fehler toleriert. Dabei wird in drei Stufen unterschieden, siehe Tabelle 2.4.

Tabelle 2.4 Stufen der Fehlertoleranz

Stufe	engl. Bezeichnung
volle Fehlertoleranz	fail operational
verringerte Leistungsfähigkeit	fail soft, graceful degredation
Übergang in einen sicheren Zustand	fail save

Strukturen

Zur Darstellung verschiedener Redundanzstrukturen sollen im Folgenden Zuverlässigkeitsersatzschaltungen (Zuverlässigkeitsblockschaltbilder) genutzt werden. Diese beruhen auf einer grafischen Darstellung der Verbindungen zwischen den Komponenten eines Systems bezogen auf dessen Ausfall. D. h. das System ist noch solange funktionstüchtig, wie eine Verbindung zwischen dem Eingang (E) und Ausgang (A) hergestellt werden kann.

Bei einem Parallelsystem muss mindestens eine Komponente funktionsfähig sein, um die Betriebssicherheit zu gewährleisten (siehe Bild 2.11).

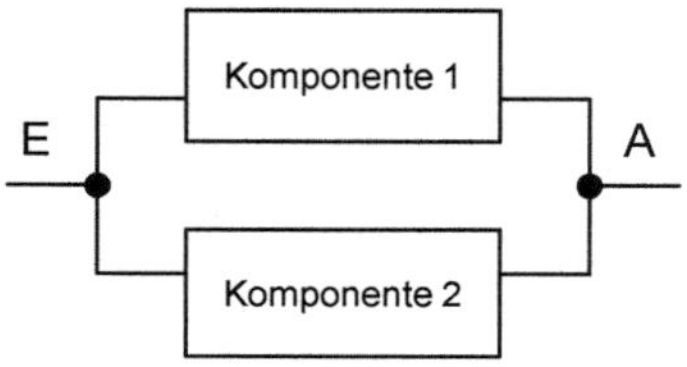

Bild 2.11 Parallelsystem

Bei einem Serien-Parallel-System sind mehrere Parallelsysteme in Serie miteinander verbunden. Mindestens eine Komponente pro parallelem Block muss hier funktionsfähig sein, damit die Betriebssicherheit hergestellt ist (siehe Bild 2.12).

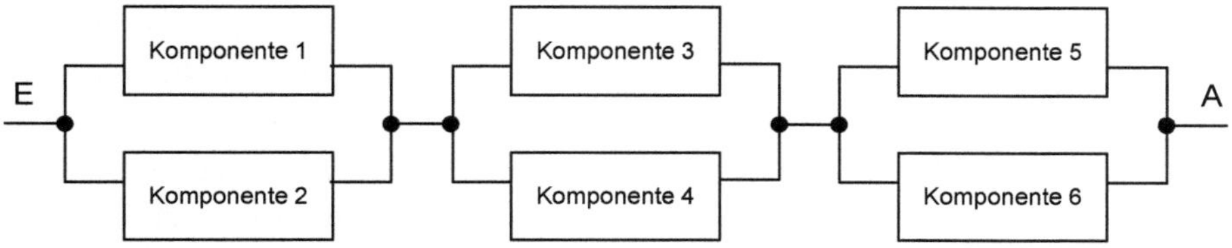

Bild 2.12 Serien-Parallel-System

Bei einem Parallel-Serien-System sind mehrere Stränge parallel ausgelegt. Da es sich bei den einzelnen Strängen um Seriensysteme handelt, ist diese Struktur streng genommen eine Parallelstruktur – mindestens ein Strang muss funktionsfähig sein (siehe Bild 2.13).

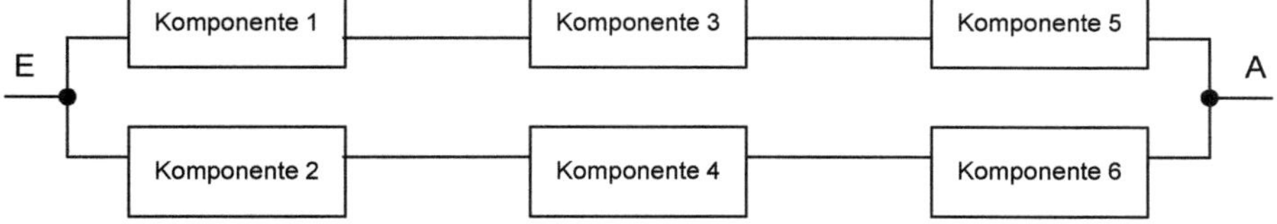

Bild 2.13 Parallel-Serien-System

Bei der m-von-n-Struktur handelt es sich um ein Parallel-System mit der Forderung, dass mindestens m (Mindestanzahl) von n Komponenten (Gesamtzahl) funktionstüchtig sein müssen, um die Betriebsbereitschaft der Anlage abzusichern. Solche Systeme bezeichnet man auch als Majoritätensysteme (siehe Bild 2.14).

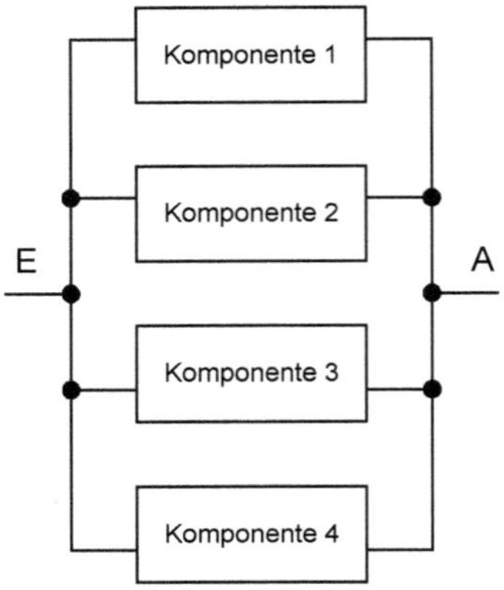

Bild 2.14 m-von-n-Struktur

Anwendungsbeispiele

Bild 2.15 zeigt eine Anwendung aus der industriellen Datenkommunikation. Dargestellt ist ein Feldbussystem in Doppelringstruktur [He_92]. Die einzelnen Busteilnehmer sind in Ringstruktur aktiv über die Sender S und Empfänger E miteinander verbunden. Der Ring ist zur Erhöhung der Zuverlässigkeit doppelt (redundant) und gegenläufig ausgelegt. Dies ermöglicht die Reaktion auf eine Vielzahl von möglichen Fehlerfällen. Somit ist neben einem Wechsel auf den redundanten Übertragungskanal weiter möglich, andere Reststrukturen zu konfigurieren. Damit kann das Gesamtsystem mit einer entsprechenden Restringbildung auf Fehlerfälle wie „defekter Busteilnehmer“ und „Doppelbruch“ reagieren. Realisiert wird dies über eine spezielle Wegesteuerung. In Bild 2.15 ist solch eine Konfiguration des Bussystems nach Ausfall eines Busteilnehmers dargestellt.

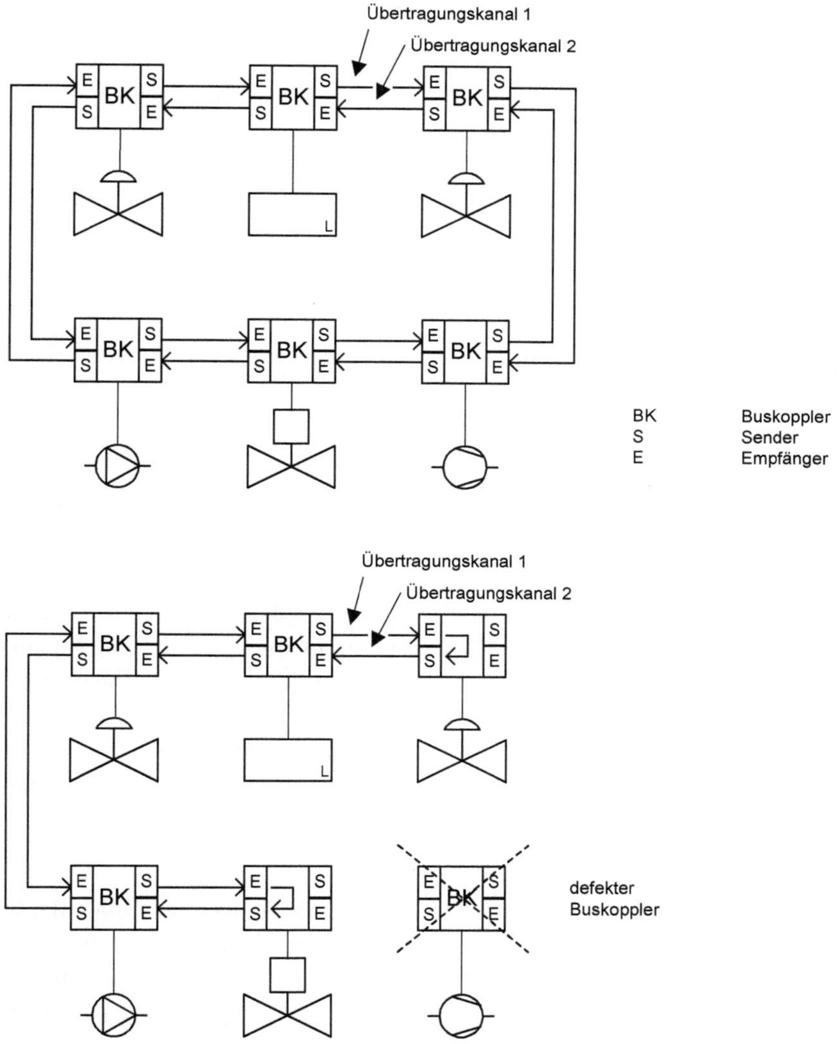

Bild 2.15 Feldbus in Doppelringstruktur

Die Anwendung redundanter Strukturen zur Absicherung einer gefahrlosen Endlage zeigt Bild 2.16. Bei verfahrenstechnischen Prozessen ist es sehr oft zwingend erforderlich, Stellfunktionen sicher zu realisieren. In Bild 2.16 sind die Varianten für „sicher geöffnet“ und „sicher geschlossen“ dargestellt. Mit den beiden vorgestellten Varianten wird es möglich, bei Ausfall eines Ventils immer noch die geforderte sichere Stellung anzufahren.

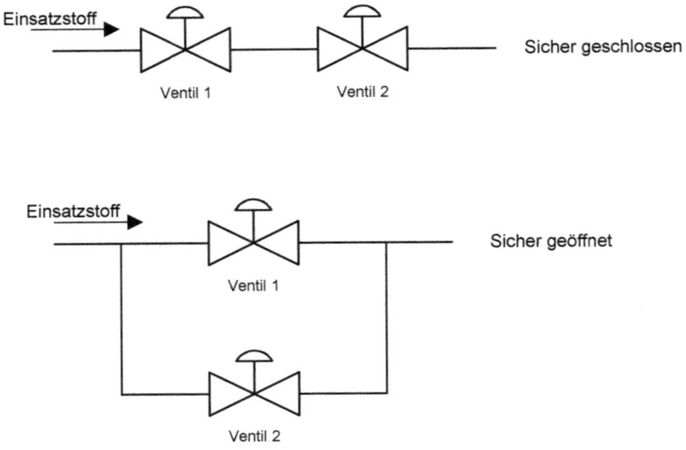

Bild 2.16
Sichere Endlage

Eine weitere Anwendung von Redundanz erfolgt bei Leitsystemen. Um im Fehlerfall die Anlage ohne Unterbrechung und Schaden weiterfahren zu können, werden auch Leitsysteme redundant ausgelegt. Dazu wird neben dem Führungsrechner ein weiterer Nebenrechner im System installiert. Dabei spielt die Synchronisation der zwei Rechner eine wichtige Rolle. Nur wenn Führungsrechner und Nebenrechner über den gleichen Datenstand verfügen, kann ein nahtloses Umschalten sichergestellt werden. Somit muss ein Austausch darüber erfolgen, ob beide Einrichtungen die gleichen Informationen aus dem Prozess erhalten haben. Weiterhin interessiert, welche Daten der Führungsrechner bereits verarbeitet hat. Um dies umzusetzen, wurden zwei Verfahren entwickelt:

Synchronisation mit Gleichlaufkontrolle

Die Synchronisation erfolgt auf der Ebene der Kommunikationsbaugruppen. Beide bestätigen sich innerhalb eines kurzen Zeitfensters den Erhalt von gleichlaufenden Telegrammen aus dem Prozess. Sollte der Führungsrechner trotz Wiederholung keine oder fehlerhafte Informationen empfangen, der Nebenrechner jedoch den positiven Empfang gemeldet haben, wird der Nebenrechner zum Führungsrechner erklärt.

Synchronisation ohne Gleichlaufkontrolle

Die Synchronisation der beiden Rechner erfolgt auf Software-Ebene über das LAN. Der Führungsrechner sendet den Inhalt aller empfangenen Telegramme an den Nebenrechner. Dieser kann somit Unterschiede zwischen den eingegangenen Telegrammen erkennen und bei Fehlererkennung entsprechend reagieren (siehe Bild 2.17).

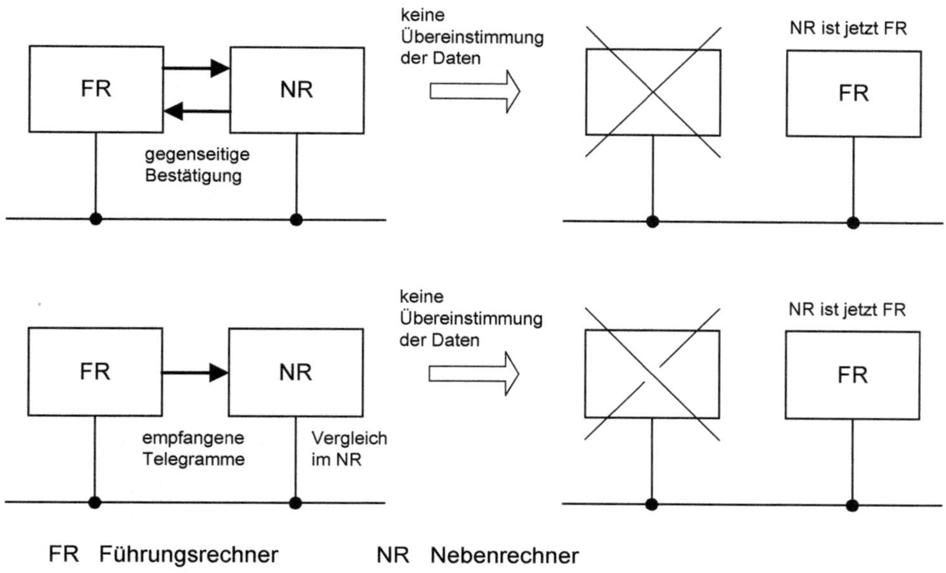

Bild 2.17 Redundanter Leitrechner

Ein Mehrheitssystem stellt ein weiteres Beispiel für die Anwendung von Redundanz dar. Dieses Verfahren beruht auf dem Grundsatz, dass immer die Mehrzahl an berechneten Lösungen die richtigen sind. Um nun richtige Ergebnisse abzusichern, werden z. B. Messsignale parallel von mehreren Rechnern ausgewertet. Alle Ergebnisse werden verglichen und die Mehrzahl setzt sich durch. Bild 2.18 zeigt ein Mehrheitssystem, wie es z. B. in der Luftfahrt Anwendung findet. Die Messgröße wird von drei Rechnern parallel und gleichzeitig bewertet und eine entsprechende Ausgangsgröße berechnet. Die Ergebnisse werden verglichen und die Mehrheit wird favorisiert (TMR: Triple Modular Redundancy).

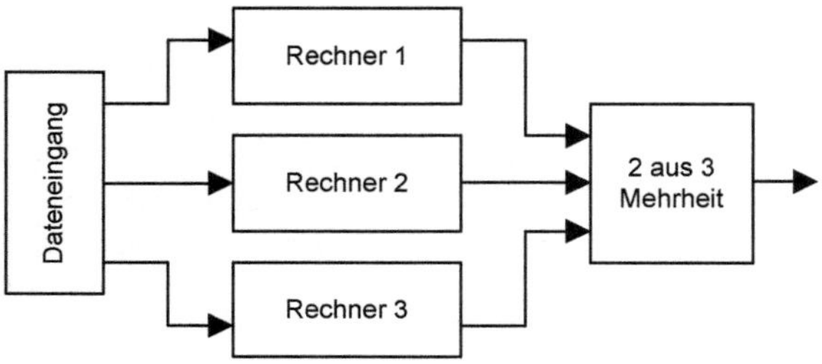

Bild 2.18 Mehrheitssystem

2.5 Automatisierungstechnik – gestern/heute

Wie zu Beginn des Kapitels soll an dieser Stelle nochmals auf die Entwicklung der Automatisierungstechnik der letzten Jahrhunderte anhand zweier Beispiele eingegangen werden. Beide Anwendungen haben die gleiche Automatisierungsaufgabe. Dabei handelt es sich um die Drehzahlregelung einer Antriebswelle. Einmal angetrieben durch eine Dampfmaschine und im zweiten Beispiel durch einen Gleichstrommotor.

Gestern

Ein klassisches und oft verwendetes Beispiel für frühe und historische Anwendungen von Automatisierungskomponenten ist der von James Watt verwendete Fliehkraftregler. James Watt und Matthew Boulton produzierten in ihrer Firma Dampfmaschinen. Zum Zwecke der Drehzahlregelung dieser Dampfmaschinen wurden diese Fliehkraftregler (1788) eingesetzt. Das Prinzip hatte Matthew Boulton zuvor bei Windmühlen entdeckt.

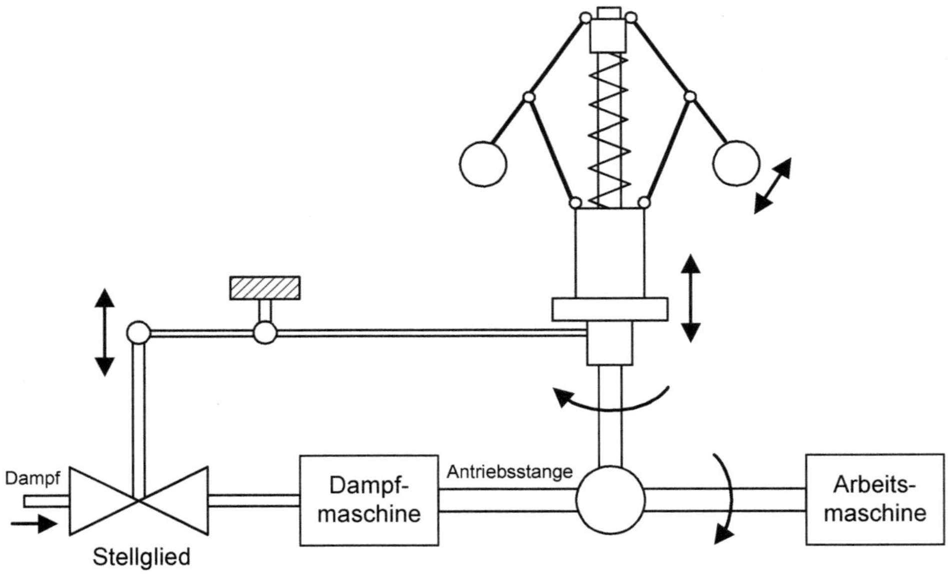

Bild 2.19 Fliehkraftregler nach James Watt

Bild 2.19 zeigt den prinzipiellen Aufbau einer kompletten dampfbetriebenen Anlage. Der Dampf strömt über ein Stellventil in die Dampfmaschine und bringt die Antriebswelle in Rotation. Die Antriebswelle ist mit der Arbeitsmaschine verbunden. Weiterhin besteht eine Verbindung zum Fliehkraftregler. Dieser lässt die Pendel synchron zur Antriebswelle rotieren. In Abhängigkeit von der Drehzahl heben und senken sich die Pendel und bewegen wiederum eine Antriebsstange zur Ansteuerung des Stellventils. Damit wird die Dampfzufuhr zur Dampfmaschine erhöht bzw. gedrosselt. Ein geniales Prinzip, um die Maschinendrehzahl auf einen konstanten Wert zu halten.

Bei Belastung der Arbeitsmaschine verringert sich die Drehzahl, durch den Mechanismus des Fliehkraftreglers wird das Stellventil weiter geöffnet, die Dampfzufuhr erhöht und die Drehzahl beeinflusst.

Heute

Drehzahlregelungen werden auch in einer Vielzahl heutiger Anwendungen benötigt. Selbstverständlich haben sich die Art der Umsetzung und die verwendeten Komponenten geändert. Bild 2.20 zeigt eine mögliche Variante zur Drehzahlregelung von Gleichstrommotoren.

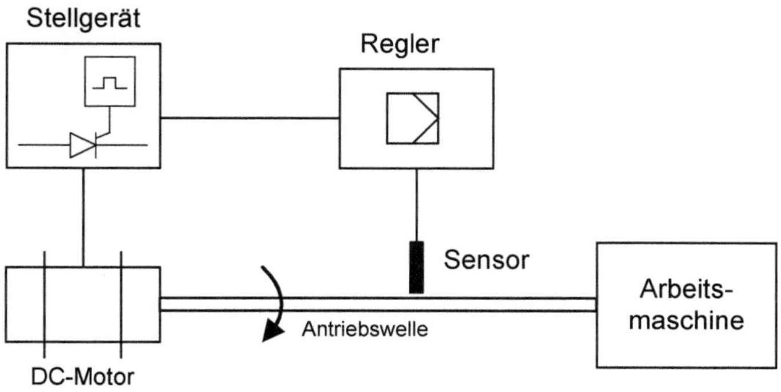

Bild 2.20 Drehzahlregelung von Gleichstrommotoren

Ein Sensor erfasst die Umdrehungen der Antriebswelle. Möglich ist dies z. B. mit einem Hallsensor, welcher jede vollständige Umdrehung detektiert. Über definierte Zeitabstände ist die Drehzahl der Antriebswelle somit messbar. Der aktuelle Messwert wird im Regler oder einer Mikrosteuerung mit dem Sollwert verglichen und ein entsprechender Stellwert berechnet. Dieser Stellwert wird an das Stellglied übertragen, welches wiederum die Drehzahl in Richtung der vorgegebenen Werte beeinflusst. Als Stellglied könnte z. B. ein Steuergerät mit Thyristor und pulsweitenmodulierten (PWM) Ausgangssignal zum Einsatz kommen.

2.6 Übungsaufgaben zu Kapitel 2

Wiederholungsfragen

- Wodurch sind verteilte Systeme gekennzeichnet?
- In welche grundlegenden Strukturen wird bei Automatisierungssystemen unterschieden?
- Wie werden die Hierarchieebenen von Automatisierungsanlagen bezeichnet?
- Welche Arten von Redundanz sind Ihnen bekannt?
- Nennen Sie die drei Möglichkeiten zur Aktivierung von Redundanzelementen.
- Nennen Sie Beispiele für die Anwendung von Redundanzmaßnahmen.

Übung 2.1

- Skizzieren und benennen Sie die Grundstrukturen verteilter Systeme.

Übung 2.2

- Skizzieren Sie Ihnen bekannte Redundanzstrukturen.

3 Messeinrichtungen

In Bild 3.1 ist die Grobstruktur einer Automatisierungsanlage dargestellt. Die Informationen aus dem Prozess werden durch die Sensoren bereitgestellt. Mit Hilfe der industriellen Datenkommunikation erfolgt die Übertragung der gewonnenen Messdaten zur Informationsverarbeitung. Dort erfolgt die Verarbeitung der Messergebnisse und Berechnung der Stellgrößen für die Aktuatoren. Die Stellgrößen werden mit der industriellen Datenkommunikation wiederum zu den Aktuatoren übertragen. Für die Mensch-Maschine-Kommunikation (MMK) ist die Informationsverarbeitung mit einer Leiteinrichtung verbunden. Die hauptsächlichen Vertreter von Automatisierungskomponenten sollen in den folgenden Abschnitten vorgestellt werden.

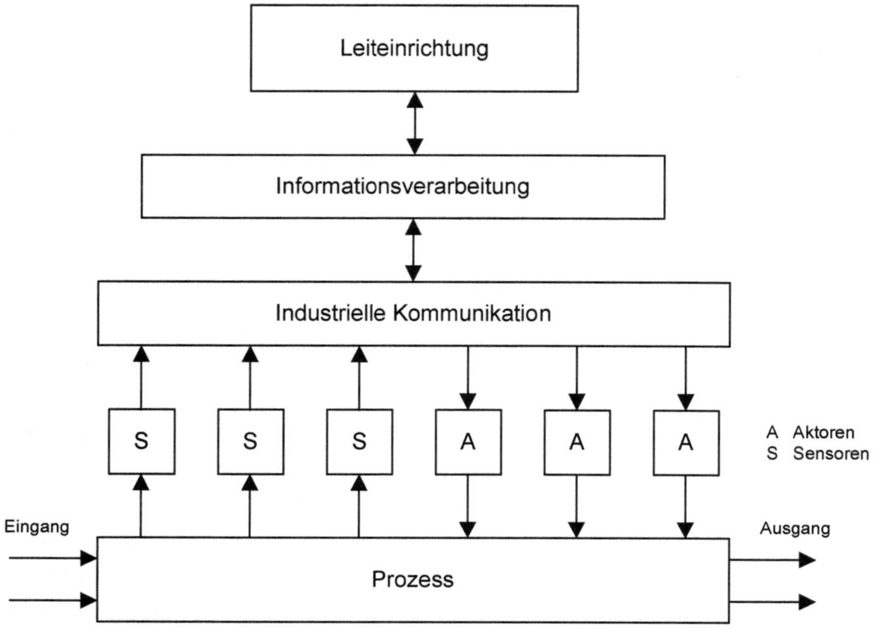

Bild 3.1 Grobstruktur einer Automatisierungsanlage

■ 3.1 Allgemein

Für die Umsetzung einer Automatisierungsaufgabe wird zuerst eine entsprechende Informationsgewinnung vorausgesetzt. Es ist nicht möglich, einen Prozess zu überwachen bzw. zu regeln, wenn der Messwert nicht erfasst wird (siehe Bild 3.2). In Tabelle 3.1 sind einige wichtige Begriffe der Messtechnik zusammengestellt.

Tabelle 3.1 Begriffe der Messtechnik

Begriff	Erläuterung
Prüfen	feststellen, ob das zu prüfende Objekt in seinen Eigenschaften mit den geforderten hinreichend übereinstimmt
Messgröße	physikalischer Zustand des Messobjektes, z. B. Druck, Durchfluss, Temperatur, Zeit
Maßeinheit	international genormte Quantität einer Messgröße, z. B. Volt (V), Kilogramm (kg), Meter (m)
Messmethode	Regeln für die Durchführung von Messungen
Messprinzip	physikalische Zusammenhänge und Gesetzmäßigkeiten, die für die Messung angewendet werden
Messverfahren	Anwendung einer Messmethode unter Nutzung eines Messprinzips für eine bestimmte Messgröße
Messwert	gemessener, beobachteter oder abgelesener Wert (Quantität) und deren zugehörige Maßeinheit
Schätzen	Behelf für das Messen, z. B. das Schätzen von Zwischengrößen
Zählen	Bestimmen einer Anzahl von gleichartigen Objekten, Vorgängen oder Einheiten

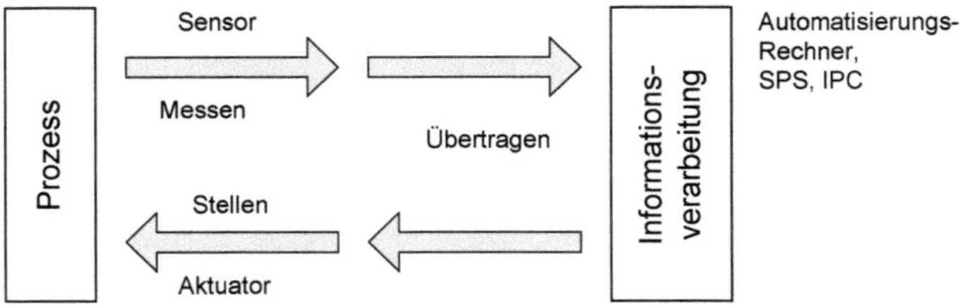

Bild 3.2 Einordnung der Messtechnik

Die Automatisierungseinrichtungen (Informationsverarbeitung) müssen ständig mit aktuellen Informationen (Messwerten) aus dem Prozess versorgt werden. Somit stehen die Automatisierungsgeräte zur Informationsgewinnung (Messtechnik, Sensorik) am Beginn der Verarbeitungskette. Die grundlegende Aufgabe der Messtechnik ist die Erfassung der physikalischen Prozessgröße und die Umwandlung in eine zur Weiterverarbeitung geeignete Form. Weitere Funktionen wie Grenzwertüberwachung, Selbsttest, Selbstkalibrierung und Busanschaltung sind je nach Anforderung in intelligenten Sensoren zu finden. Die Sensoren werden auch als die

„Sinne des Automatisierungssystems" bezeichnet (siehe Bild 3.3). Im Bild 3.4 ist die Signalverarbeitungskette für die Informationsgewinnung dargestellt.

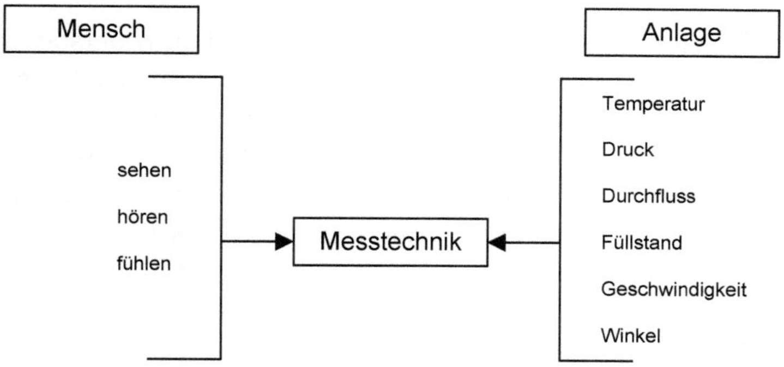

Bild 3.3 Die Sinne des Automatisierungssystems

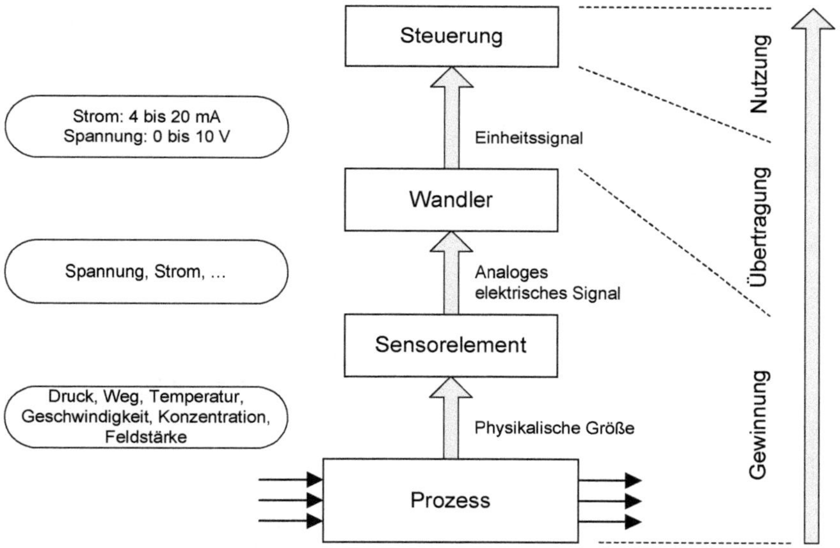

Bild 3.4 Signalverarbeitungskette

Ein Sensorelement erfasst die zu messende physikalische Größe. Dabei kann es sich um Prozessgrößen wie Druck, Temperatur und Füllstand handeln. Das Sensorelement liefert ein entsprechendes Ausgangssignal in Abhängigkeit vom gemessenen Wert. Informationsträger des analogen elektrischen Signals kann z. B. eine Spannungsamplitude oder ein Stromsignal sein. Zur weiteren Übertragung und Verarbeitung erfolgt die Wandlung in ein Einheitssignal (z. B. 4 … 20 mA). Damit können die Messwerte an die Steuerung übertragen und der notwendige Stellwert berechnet werden.

Bild 3.5 zeigt schematisch die gerätetechnische Umsetzung einer solchen Signalverarbeitungskette. Es soll die Temperatur eines Mediums erfasst und einer Steuerung zur Verarbeitung bereitgestellt werden. Zur Temperaturmessung kommt ein industriell weitverbreitetes Widerstandsthermometer mit der Bezeichnung Pt100 zum Einsatz. Die Sensoren nutzen die Abhängigkeit des elektrischen Widerstands von der Temperatur bei Platin, welches als Sensorelement hier Anwendung findet. Für die Umsetzung des Widerstandswertes in ein Einheitssignal werden Messwandler verwendet. Die Messwandler übernehmen in der Automatisierungstechnik eine sehr wichtige Aufgabe. Sie wandeln die Messgrößen in elektrische Signale um. Durch die Messwandler ist damit die gemessene physikalische Größe für andere Komponenten der Verarbeitungskette erfassbar. Vorrangig werden die verschiedenen physikalischen Größen in elektrische Einheitssignale gewandelt. Dazu gehören 0 … 20 mA, 4 … 20 mA oder 0 … 10 V. Diese elektrischen Einheitssignale können vom Messwandler über weite Strecken gesendet werden. Neben den analogen Ausgängen können Messwandler auch mit Anzeigen und Alarmausgängen ausgestattet sein. Wie in Bild 3.5 dargestellt, wird der gemessene Wert über eine 4 … 20-mA-Schnittstelle an die Steuerung übertragen.

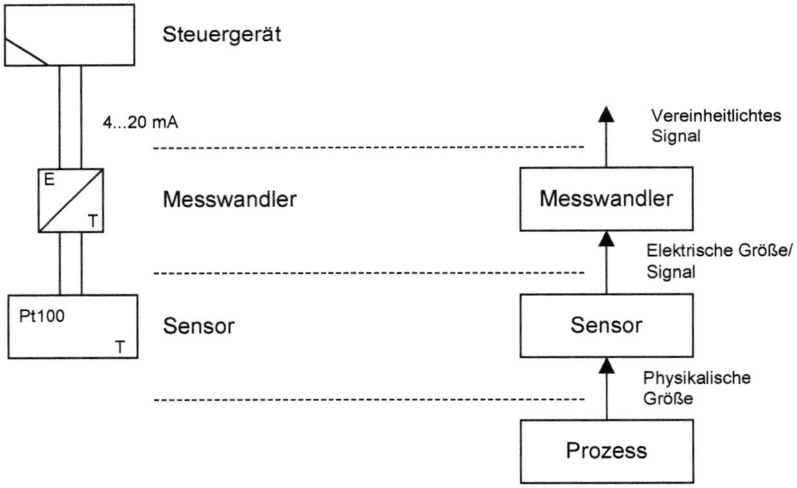

Bild 3.5 Temperaturmesskette

3.2 Einteilung

Aus informationstechnischer Sicht lässt sich die in Bild 3.6 vorgenommene Einteilung von Sensoren vornehmen. So ist es möglich, zwischen Signalart, Systemfähigkeit und Funktionalität zu unterscheiden.

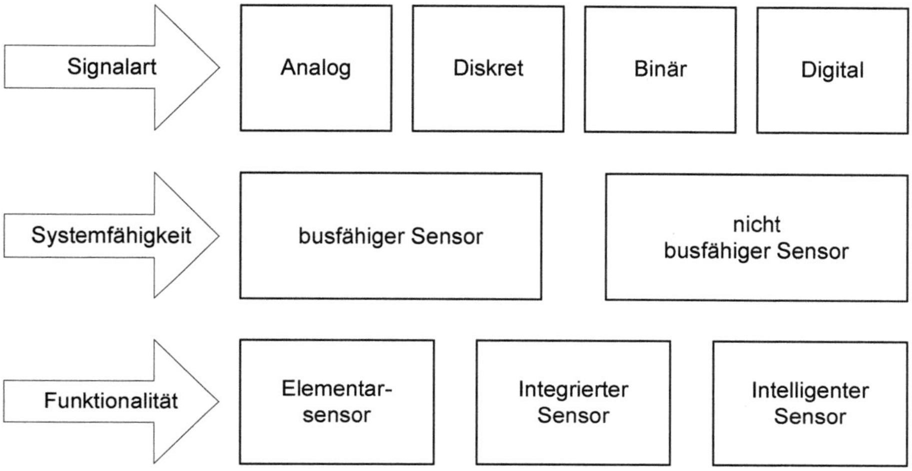

Bild 3.6 Einteilung aus informationstechnischer Sicht (vgl. Tabelle 3.2)

Tabelle 3.2 Zusammenstellung verschiedener Signalarten

Signalart	Bemerkung	Anwendungsfälle
analog	Informationsgehalt kann innerhalb bestimmter Grenzen beliebig viele Werte annehmen	Temperaturmessung in einem bestimmten Arbeitsbereich
diskret	Informationsgehalt kann nur endlich viele (diskrete) Werte annehmen	Drehgeber Winkelangabe in definierter Stufung
binär	Informationsgehalt kann nur die zwei Werte 0 oder 1 annehmen	Lichtschranke, Schalter (geöffnet/geschlossen)
digital	Die diskreten Werte des Informationsgehaltes entsprechen einem vereinbarten Alphabet	Temperaturmessung in einer vereinbarten Verarbeitungsbreite
kontinuierlich	Informationsgehalt kann sich zu jedem beliebigen Zeitpunkt ändern	Temperaturwert wird ohne zeitliche Unterbrechung gemessen und angezeigt
diskontinuierlich	Informationsgehalt kann sich nur zu bestimmten Zeitpunkten ändern	Temperaturwert wird in definierten Zeitabständen gemessen und angezeigt
determiniert	Informationsgehalt ist eine determinierte Größe	einmalige Vorgänge
stochastisch	Mindestens ein Informationswert bildet eine stochastische Größe ab	

3.2.1 Signalart

Bild 3.7 gibt die Grobstruktur verschiedener Signalarten wieder [KoWa_77].

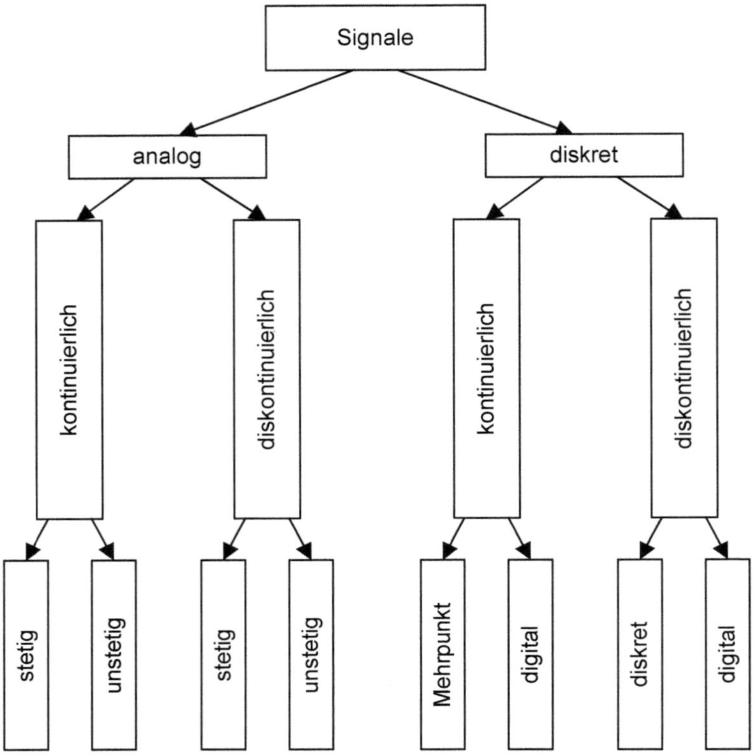

Bild 3.7 Signalarten

Eine Kurzbeschreibung gängiger Signalarten erfolgte in Tabelle 3.2.

Aus diesen unterschiedlichen Signalarten können wiederum verschiedene Signalformen generiert werden. So kann z. B. die Übertragung bzw. Aufnahme analoger Signale kontinuierlich oder diskontinuierlich erfolgen. Bild 3.8 zeigt vier Beispiele für unterschiedliche Signalformen.

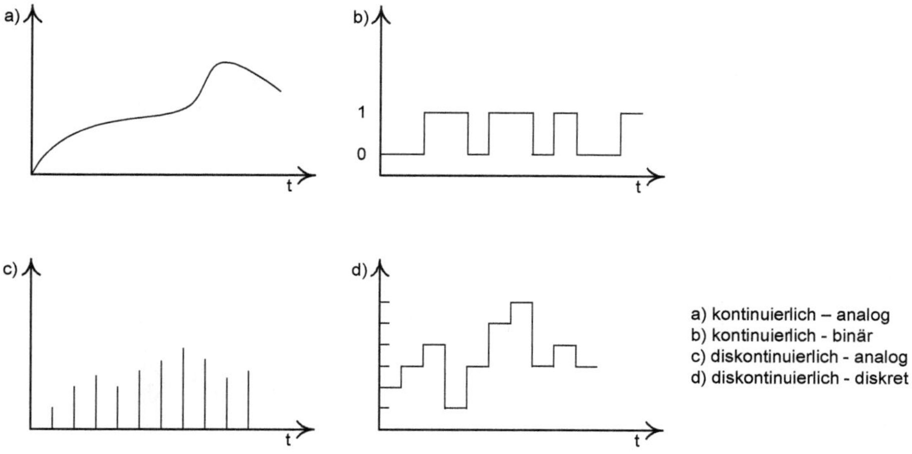

Bild 3.8 Beispiele für unterschiedliche Signalformen

In Tabelle 3.3 sind typische Vertreter für analoge und binäre Sensoren aufgelistet.

Tabelle 3.3 Beispiele analoger und binärer Sensoren

Binäre Sensoren	Analoge Sensoren
magnetische Näherungsschalter	Fotowiderstand
induktive Näherungsschalter	induktive Analogsensoren
kapazitive Näherungsschalter	Temperatursensor
Ultraschall-Näherungsschalter	analoger Ultraschallsensor
Einweg-Lichtschranken	analoger Drucksensor
Reflex-Lichtschranken	analoger Kraftsensor
Reflex-Lichttaster	Linearpotentiometer

3.2.2 Systemfähigkeit

Bei der Systemfähigkeit wird unterschieden, ob es sich um einen busfähigen oder nicht busfähigen Sensor handelt (siehe Bild 3.9). Nicht busfähige Sensoren stellen ihre Informationswerte über elektrische Einheitssignale oder genormte Schnittstellen bereit. Busfähige Sensoren verfügen über eine implementierte Busschnittstelle und können direkt über Feldbussysteme kommunizieren (siehe auch Kapitel 5).

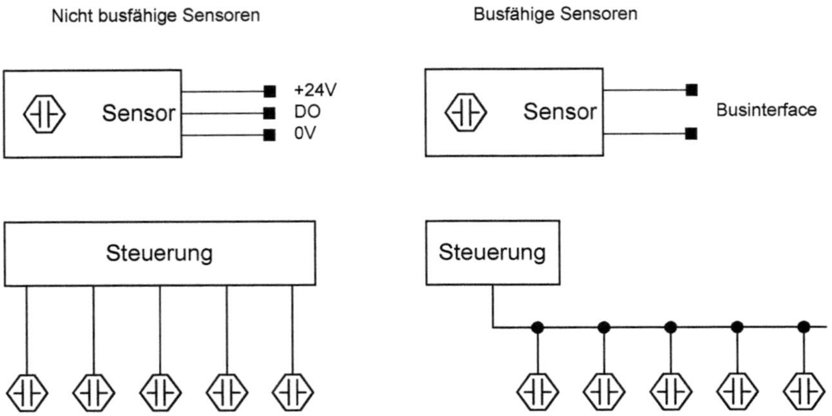

Bild 3.9 Konventionelle und busfähige Sensoren

3.2.3 Funktionalität

Je nach Umfang der geforderten und implementierten Funktionalitäten eines Sensors erfolgt eine Trennung in Elementarsensor, integrierter Sensor und intelligenter Sensor. Die dazugehörigen Funktionen sind im Bild 3.10 dargestellt. Während der Elementarsensor lediglich die Umsetzung der physikalischen Größe in eine entsprechende elektrische Größe übernimmt, werden beim integrierten Sensor auch Aufgaben zur Signalaufbereitung umgesetzt. Funktionen wie Diagnose oder Busanschaltung sind in intelligenten Sensoren implementiert. Bild 3.11 untersetzt diese Stufung am Beispiel einer Lichtschranke.

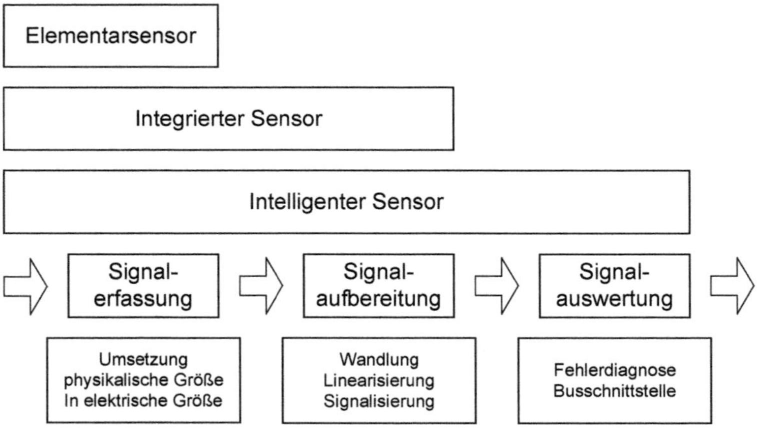

Bild 3.10 Stufung vom Elementarsensor zum intelligenten Sensor

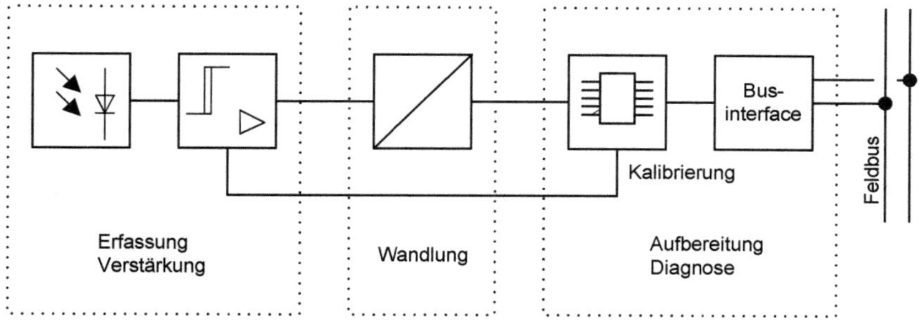

Bild 3.11 Lichtschranke als intelligenter Sensor

Zur Erfassung und Bereitstellung der Messwerte werden mit Sensoren die verschiedenen physikalischen Effekte genutzt. Dazu zählen:

- Widerstandsänderung
- Änderung der Induktivität
- Änderung der Kapazität
- piezoelektrischer Effekt
- thermoelektrischer Effekt
- photoelektrischer Effekt
- Strahlungsabsorption

In Tabelle 3.4 sind zu erfassende Prozessgrößen, genutzte Effekte und jeweilige Informationsträger gebräuchlicher Messeinrichtungen zusammengestellt [Lau_99].

Tabelle 3.4 Sensorarten

Physikalische Prozessgröße	Sensorelement	Ausgangsgröße
Temperatur	Thermoelement, Halbleiter-Widerstände, Keramik-Widerstände	Spannungsamplitude (mV), Widerstandswert, Widerstandswert
Druck	Druckdose	Widerstandsänderung
Kraft	Dehnungsmessstreifen, induktiver Kraftmessfühler	Widerstandswert, Induktivitätswert
Drehzahl	Tachogenerator, Impulszählung	Spannungsamplitude (V), Impulsfolge
Beschleunigung	Silizium-Piezowiderstand	Widerstandswert
Durchfluss	Ringkolbenzähler, Messblende, induktiver Durchflussmesser	Impulsfolge, Differenzdruck, Spannungsamplitude (mV)
Annäherung	Hallelement	Spannungsamplitude (mV)
Winkel	Impulsgeber	Impulsfolge
Feuchte	Lithiumchlorid-Feuchtefühler	Spannungsamplitude (mV)
Lichtintensität	Photodiode, Photowiderstand	Widerstandswert

Abschließend sind in Tabelle 3.5 typische Messaufgaben für die Prozessautomatisierung und Fabrikautomatisierung zusammengestellt.

Tabelle 3.5 Typische Messaufgaben der PA und FA

Prozessautomatisierung	Fabrikautomatisierung
Temperatur	Länge
Durchfluss	Winkel
Druck	Position
Füllstand	Identifikation
Analyse	Zählen

3.3 Messprinzipien am Beispiel Temperatur

Die Nutzung der unterschiedlichen Prinzipien zur Erfassung von Prozessgrößen ist sehr vielfältig; zum einen hinsichtlich der zu messenden Prozessgrößen und zum anderen in Abhängigkeit der jeweiligen Anwendung und deren Rahmenbedingungen. Am Beispiel der Temperaturmessung soll diese Vielfalt stellvertretend für weitere Verfahren dargestellt werden. Temperaturregelkreise sind in einer Vielzahl von Anwendungen zu finden. Diese sind nicht nur auf die industriellen Anlagen begrenzt, sondern finden sich in vielen Geräten auch im täglichen Leben wieder. Dazu gehören Heizanlagen in Gebäuden und Räumen, Wasserkocher, Kühlschrank und Bügeleisen. Schnell wird die breite Palette der Anwendungen offensichtlich und damit auch die Anforderungen an die einzusetzende Sensorik. Einen universell einsetzbaren Sensor gibt es nicht. Vielmehr sind die Anforderungen von dem jeweiligen Anwendungsfall abhängig. Dazu gehören:

- Genauigkeit
- Messbereich
- Dynamik
- Baugröße
- Kosten
- mechanische und chemische Beständigkeit
- berührende oder berührungslose Messung

Bei einigen Messverfahren wie z. B. bei der Temperaturmessung wird in berührende und berührungslose Verfahren unterschieden (siehe Bild 3.12).

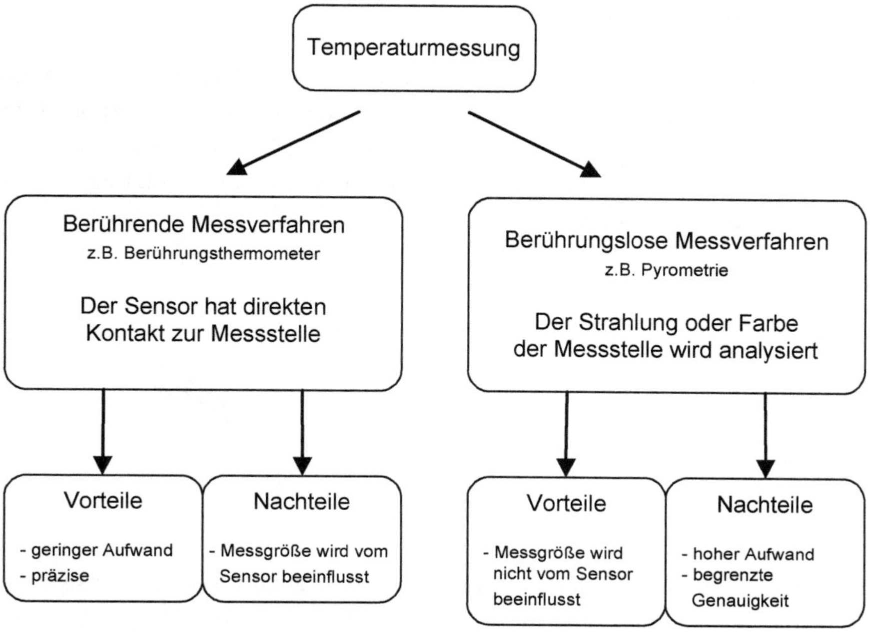

Bild 3.12 Messverfahren

Bild 3.13 zeigt zwei mögliche Prinzipien für berührende Temperaturmessung.

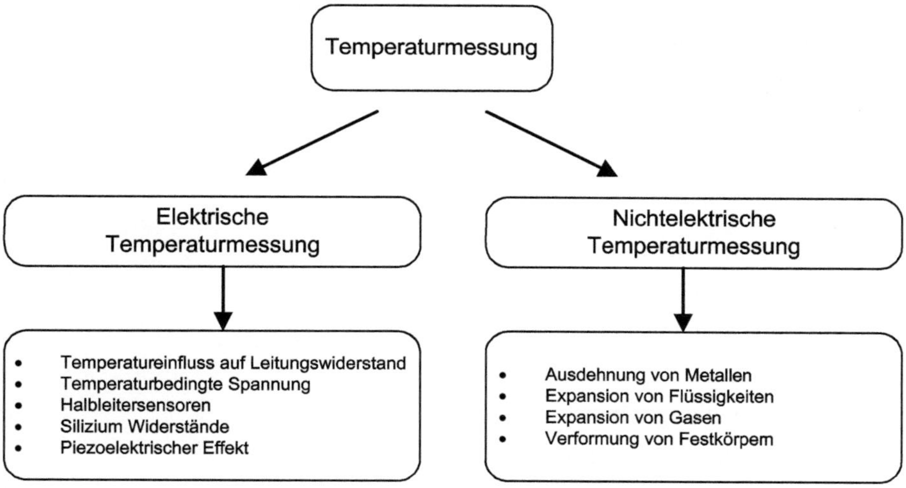

Bild 3.13 Prinzipien der Temperaturmessung

3.3.1 Widerstandsthermometer

Ein Widerstandsthermometer basiert auf der Widerstandsänderung durch Temperaturänderung (siehe Bild 3.14). Als Folge eines Temperaturanstieges erhöht sich die Teilchenschwingung im Metallgitter. Die Elektronen kollidieren mit schwingenden Teilchen. Dadurch steigt der Leitungswiderstand. Zur Nutzung dieses Effektes wird vorrangig Platin eingesetzt.

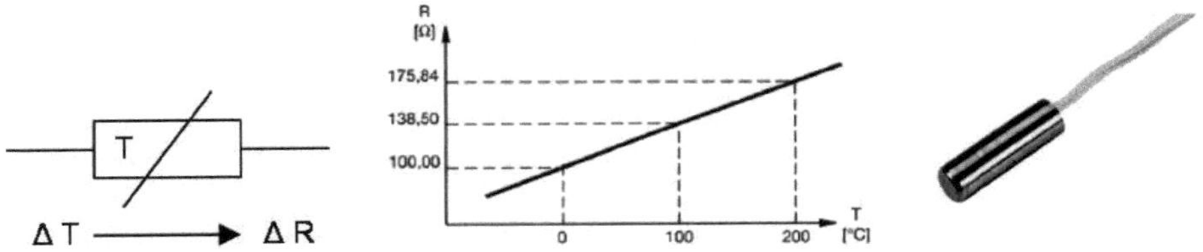

Bild 3.14 Widerstandsthermometer

Zu den Eigenschaften dieser Widerstandsthermometer gehören u. a.: präzise Messungen, gute Stabilität, geringe Drift, fast linear arbeitend und geringer Verdrahtungsaufwand. Bei der Anwendung von Widerstandsthermometern werden drei Schaltungsarten unterschieden:

- **2-Leiter**
  - Widerstand der Zuleitung beeinträchtigt die Messgenauigkeit
  - ungeeignet für hohe Ansprüche an die Messgenauigkeit
  - hoher Abgleichsaufwand
  - stark rückläufig
- **3-Leiter**
  - gute Kompensation von temperaturabhängigen Schwankungen
  - hohe Messgenauigkeit
  - Leitungsabgleich nicht erforderlich
  - am stärksten verbreitet
- **4-Leiter**
  - keine temperaturabhängigen Schwankungen
  - höchste Messgenauigkeiten
  - kein Leitungsabgleich erforderlich
  - weitverbreitet

Bild 3.15 zeigt die Anschlussvarianten für Widerstandsthermometer.

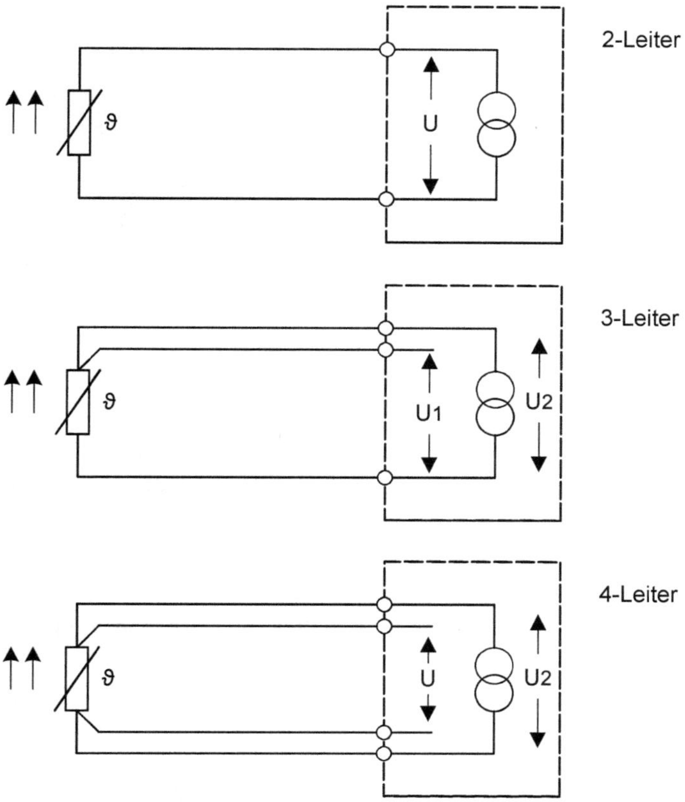

Bild 3.15 Anschlussvarianten für Widerstandsthermometer

Widerstandsthermometer nach diesem Prinzip arbeitend sind in fast allen Anwendungen universell einsetzbar. Sie erfüllen Anforderungen an hohe Genauigkeit und Reproduzierbarkeit. Es existiert eine hohe Anzahl an Gehäuseformen, welche teilweise durch Normen festgelegt sind.

3.3.2 NTC – Negative Temperature Coefficient

Bei dieser Art von Widerstandsthermometer nimmt der elektrische Widerstand bei steigender Temperatur ab (siehe Bild 3.16). NTC-Sensoren sind aus polykristallinen Mischoxidkeramiken aufgebaut und arbeiten in typischen Temperaturbereichen von −50 °C bis +100 °C. Allerdings sind sie für präzise Messungen nicht geeignet. Eingesetzt werden die Temperatursensoren auf NTC-Basis u.a. in der Kunststoffindustrie, Kraftfahrzeugtechnik und transportablen Messgeräten. Weitere Anwendung finden sie auch zur Temperaturkompensation und als Übertemperatursicherung.

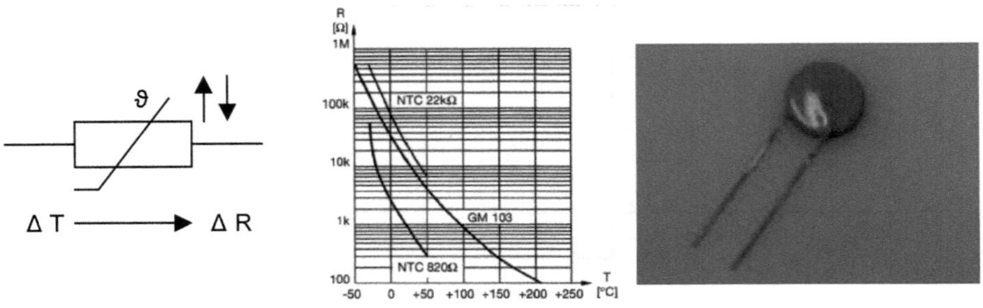

Bild 3.16 NTC-Sensor

3.3.3 PTC – Positive Temperature Coefficient

Diese Siliziumsensoren, auch Kaltleiter genannt, besitzen einen positiven Temperaturkoeffizienten, d. h. ihr elektrischer Widerstand nimmt mit der Temperatur zu (siehe Bild 3.17). Die Kennlinie ist nahezu linear. Der Temperaturbereich bewegt sich von −50 °C bis +200 °C. Eingesetzt werden Siliziumsensoren u. a. in der industriellen Mess- und Regeltechnik, Kraftfahrzeugtechnik und zur Übertemperatursicherung.

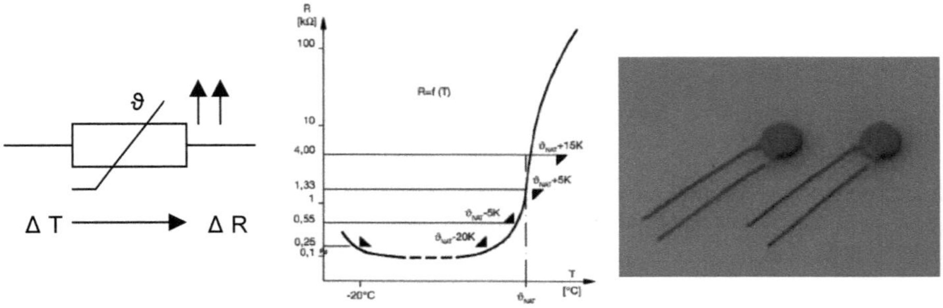

Bild 3.17 PTC-Sensor

3.3.4 Thermoelement

Thermoelemente basieren auf der Erzeugung von Thermospannung, dem sogenannten Seebeck-Effect [HeMo_09]. Dabei entsteht bei einer Temperaturdifferenz in einem Stromkreis mit zwei verschiedenen Leitungsmaterialien zwischen dessen Kontaktstellen eine elektrische Spannung. Beim Anstieg der Temperatur wandern die Elektronen zur kalten Seite des Metalls. An der heißen Seite entsteht eine Elektronenverarmung. Der Grad der Verarmung ist je nach Metall unterschiedlich. Zwei verschiedene Metalle bilden daher eine sogenannte Thermospannung aus, wenn sie auf der heißen Seite verbunden sind (siehe Bild 3.18).

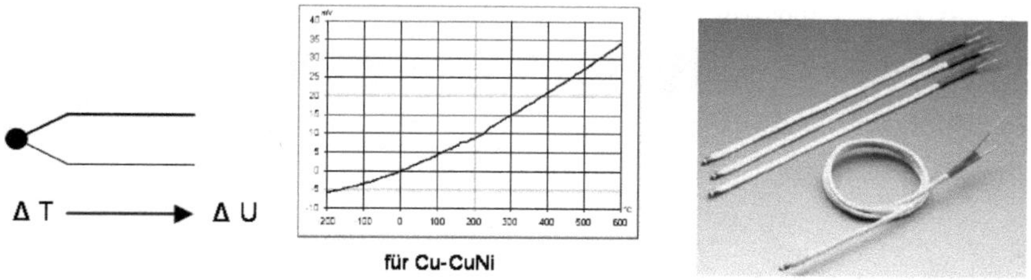

Bild 3.18 Thermoelement Schaltzeichen

Weitverbreitete Thermoelementpaarungen sind der Tabelle 3.6 zu entnehmen.

Tabelle 3.6 Thermoelementpaarung

Paarung	Anwendungsbereich
Nickel-Chrom/Nickel	−270 bis 1372 °C
Eisen-Kupfer/Nickel	−50 bis 760 °C
Platin-Rhodium/Platin	0 bis 1600 °C

Die Thermospannung steigt mit der Temperatur, allerdings nicht linear. In Bild 3.19 ist die klassische Schaltung mit Thermoelementen dargestellt.

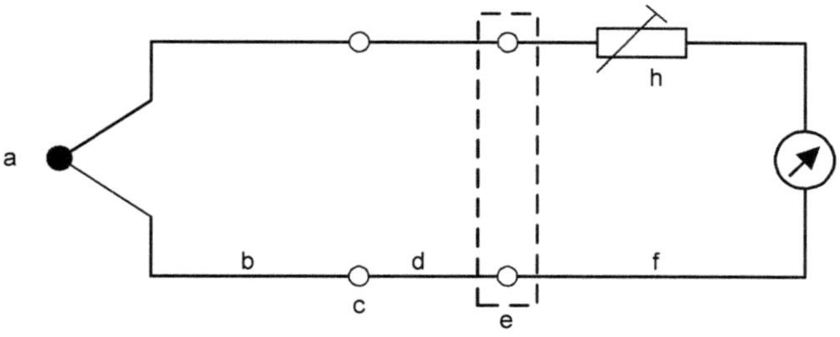

Bild 3.19 Schaltung mit Thermoelement

Thermoelemente sind in fast allen Anwendungsbereichen universell einsetzbar. Vorrangig in Anwendungen, welche ein gutes dynamisches Verhalten des Sensors erfordern. Auch diese Sensoren sind in einer Vielzahl an Gehäusebauformen verfügbar und wie bei den Widerstandsthermometern teilweise in Normen festgelegt.

3.3.5 Gegenüberstellung mit Widerstandsthermometer

In Tabelle 3.7 sind einige Auswahlkriterien für Widerstandsthermometer und Thermoelemente gegenübergestellt.

Tabelle 3.7 Widerstandsthermometer – Thermoelement

	Widerstandsthermometer	Thermoelement
Einsatztemperatur	+	+++
Messgenauigkeit	+++	+
Alterung	++	+
Ansprechzeit	+	+++
Schwingungsbeständigkeit	++	+++

3.3.6 Pyrometer

Pyrometer arbeiten berührungslos, d. h. sie müssen nicht mit dem zu messenden Körper in Berührung kommen, wie die bereits genannten Sensorarten. Die Temperaturmessung erfolgt über die von Körpern abgestrahlte Wärme. Die Wärmestrahlung des Messobjektes hängt von seiner Temperatur, Farbe und Oberflächenbeschaffenheit ab. Dies ist von Objekt zu Objekt unterschiedlich und bedeutet damit, dass das zu verwendende Pyrometer für jeden Anwendungsfall abgestimmt werden muss. Typische Arbeitsbereiche sind −50 °C bis +3000 °C. Wichtig ist, dass keine Fremdstrahlung durch andere Körper erfasst werden. Eingesetzt werden Pyrometer, wo sich berührende Messverfahren schlecht eignen. Dazu gehören:

- sehr heiße Oberflächen
- bewegte Messobjekte
- aggressive Medien
- kleine Gegenstände
- klebrige Medien
- empfindliche Oberflächen

3.3.7 Geräte

Je nach Einsatzfall bzw. Anforderung der Applikation existieren unterschiedlichste Gerätevarianten von Temperatursensoren. In Bild 3.20 sind einige Beispiele industrieller Temperatursensoren dargestellt. Die Variantenvielfalt reicht von einfachen Ausführungen mit offenen Anschlüssen bis hin zu gekapselten, redundanten und mit Busanschluss versehenen Ausführungen.

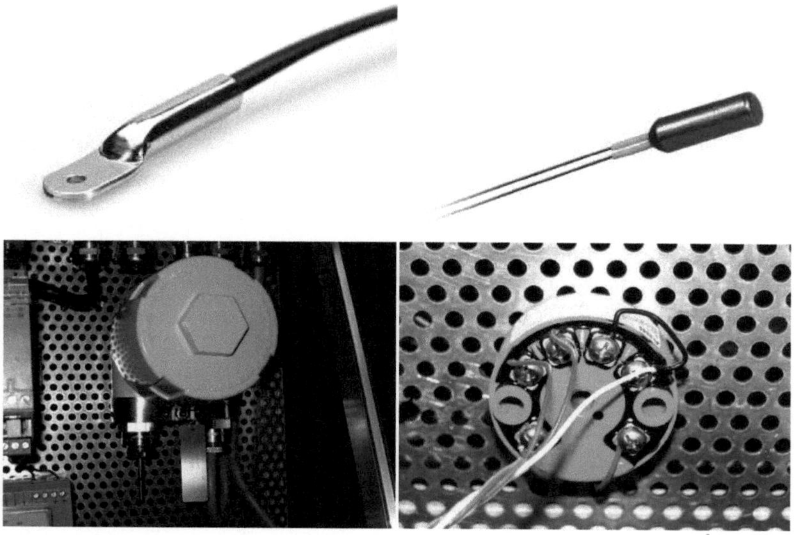

Bild 3.20 Verschiedene Sensorausführungen

3.3.8 Messfehler

Ziel jeder Messung ist selbstverständlich, einen Wert so nah wie möglich an der realen Größe zu erhalten. D.h. der Messfehler soll klein sein (möglichst gegen null). Nachfolgende Aufstellung gibt eine Übersicht zu häufigen Fehlerquellen bei Temperaturmessungen:

- schlechte oder falsche Messstelle
- Messprinzip für geforderte Genauigkeit nicht geeignet
- der Sensor ist für den Temperaturbereich ungeeignet
- der Sensor beeinflusst die zu messende Temperatur
- eine zu geringe Eintauchtiefe
- Zeitverhalten des Sensors nicht beachtet
- Zuleitungswiderstand nicht berücksichtigt
- keine Ausgleichsleitung verwendet
- Messgerät ist ungeeignet
- geringe Isolationswiderstände
- Fehler bei der Informationsverarbeitung (z.B. falsche Linearisierung)
- Alterung

3.4 Anwendungsbeispiel

Temperatursensoren findet man in einer Vielzahl von Anwendungen. Überall, wo es gilt, Temperaturen zu messen, zu regeln und zu beeinflussen, kommen Temperatursensoren zum Einsatz. Dabei kann es sich um chemische Prozesse, Überwachungseinrichtungen, Heizungsanlagen u.a. Geräte handeln. Ein typisches Anwendungsbeispiel ist der Einsatz in einer Raumtemperaturregelung. Der prinzipielle Aufbau der Raumheizung ist in Bild 3.21 dargestellt.

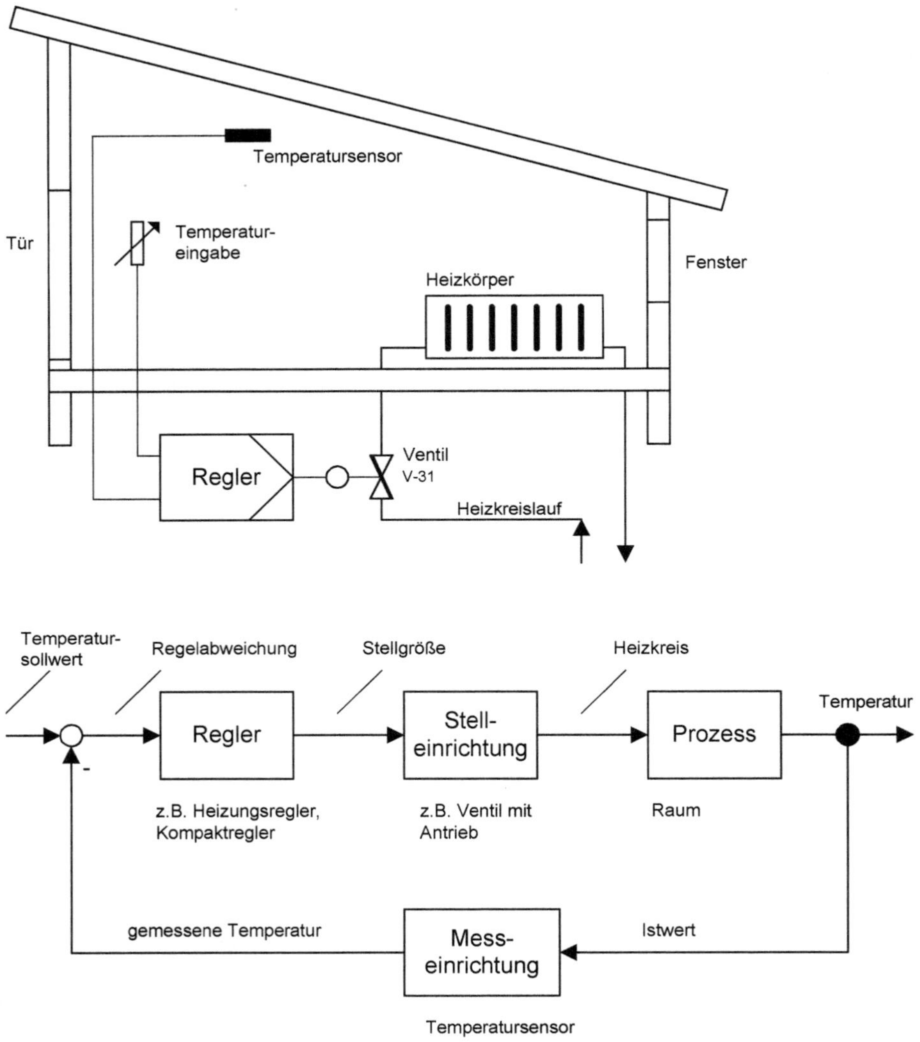

Bild 3.21 Regelung einer Raumtemperatur

Die verwendeten Komponenten sind unterhalb der Grafik einem Regelkreis zugeordnet. Ziel der Anwendung ist es, die Temperatur des Raumes möglichst nah an die vorgegebene Wunschtemperatur (Sollwert) zu führen. Dazu wird zur Erfassung der Raumtemperatur ein Temperatursensor im Raum installiert. So ist es möglich, die aktuelle Temperatur zu messen und die auftretenden Abweichungen zu ermitteln. Hervorgerufen werden die Abweichungen durch Störgrößen wie z. B. offene Türen oder Fenster, mehrere Personen im Raum, schwankende Außentemperatur oder ein weiterer Heizkörper (separater Kamin).

Diese Beeinflussungen haben direkte Auswirkungen auf die Raumtemperatur. Die Abweichungen werden erfasst, zum Regler übertragen und die Raumtemperatur durch den neu berechneten Stellwert (Heizleistung) stabilisiert.

Intelligente Systeme nutzen nicht nur die Raumtemperatur als Messsignal, sondern werten auch weitere Rauminformationen wie u. a. die Uhrzeit oder die Fensterstellung aus. Dadurch kann man z. B. bei geöffneten Fenstern automatisch den Temperatursollwert reduzieren, um nicht unnötig die Umwelt zu heizen.

3.5 Übungsaufgaben zu Kapitel 3

Wiederholungsfragen

- Benennen Sie die Hauptkomponenten eines Automatisierungssystems.
- Welche Aufgabe erfüllt die Messtechnik?
- Welche Signalarten sind Ihnen bekannt?
- Was verstehen Sie unter einem intelligenten Sensor?
- Nennen Sie verschiedene Sensorarten.
- Welche Messverfahren existieren zur Messung der Temperatur?
- Skizzieren Sie die Verarbeitungskette zur Informationsgewinnung.

4 Stelleinrichtungen

4.1 Allgemein

Aufgabe der Stelltechnik (Aktuatorik) ist die Umwandlung der von der Informationsverarbeitung ausgegebenen Stellinformationen in entsprechende Stelleingriffe und infolgedessen die Beeinflussung von Prozessparametern durch Eingriffe in die Energie-, Massen- oder Informationsströme. Die Stelltechnik befindet sich am Ende der Verarbeitungskette und steht für die gezielte Prozessbeeinflussung nach Vorgabe durch die Informationsverarbeitung (siehe auch Bild 3.1). Der Aktuator ist somit Bindeglied zwischen Informationsverarbeitung und technischem Prozess und hat zur Aufgabe normierte, leistungsarme Stellgrößen (z. B. 4 … 20-mA-Signal) in Prozesseingangsgrößen (z. B. Massestrom) mit höherer Leistung umzusetzen (Bild 4.1). Man spricht auch von den „Muskeln des Automatisierungssystems“ (Bild 4.2).

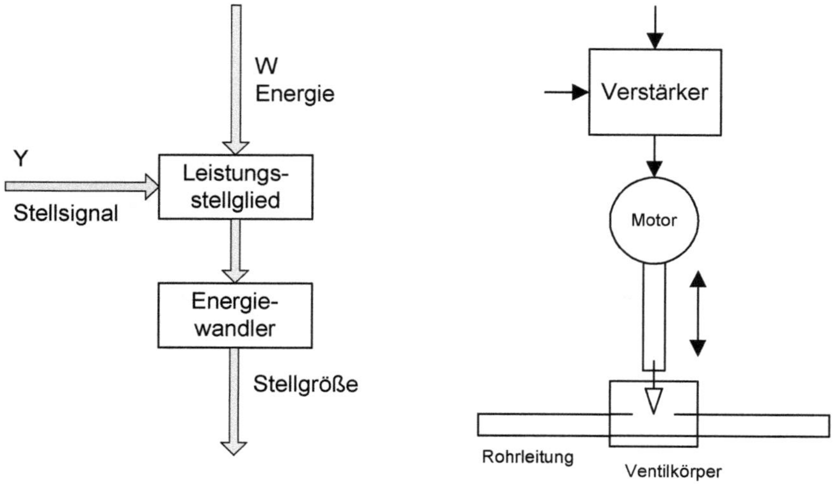

Bild 4.1 Prinzip einer Stelleinrichtung

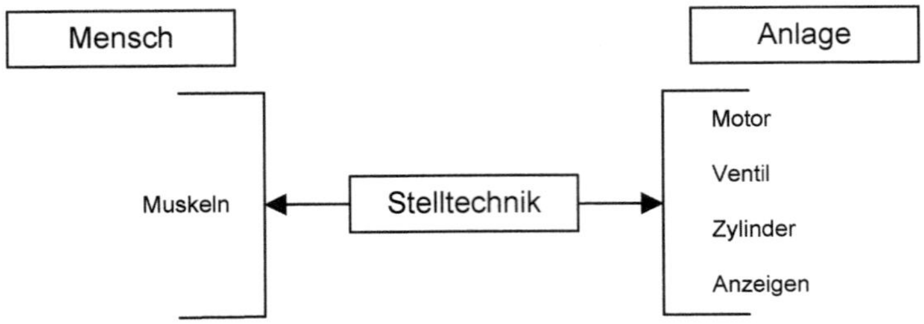

Bild 4.2 Die Muskeln des Automatisierungssystems

Bild 4.3 zeigt die Signalverarbeitungskette von der Informationsverarbeitung (Steuerung) bis zum Prozess. Die Steuerung gibt die Stellsignale in Form von normierten elektrischen Signalen aus. Diese werden von der industriellen Kommunikationstechnik übertragen. Im Aktuator erfolgt gegebenenfalls eine Verstärkung und Wandlung der empfangenen Signale, um den Prozess entsprechend beeinflussen zu können.

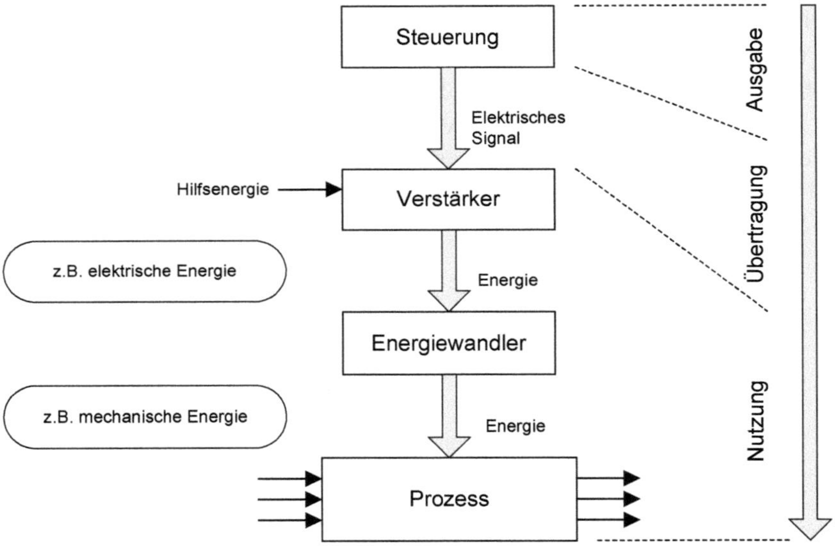

Bild 4.3 Signalverarbeitungskette

Tabelle 4.1 zeigt eine Übersicht verschiedener Stelltechniken und deren Anwendungsgebiete [Stei_93].

Tabelle 4.1 Übersicht zur Stelltechnik

Stelleingriff erfolgt in	Masseströme	Massegebundene Energieströme	Masselose Energieströme	Mechanische Systeme durch Translation	Mechanische Systeme durch Rotation
Beeinflusst werden z. B.	Flüssigkeitsstrom, Gasstrom	Dampfstrom, Brennstoffstrom	elektrischer Energiestrom	Festkörperbewegung	Festkörperbewegung
mögliche Stellgrößen	Hub, Drehzahl	Hub, Geschwindigkeit	Widerstand, Zündzeitpunkt	Druck, Hub, Spannung	Druck, Hub, Spannung
mögliche Stellglieder	Ventile, Pumpen, Verdichter	Ventile, Bänder, Schnecken	Stellwiderstände, Thyristoren, Transistoren	Bänder, Weichen, Schlitten	Hebel, Schnecken, Spindeln
mögliche Stellantriebe	Membranstellantrieb, Arbeitszylinder, drehzahlstellbare Motoren	Elektromotoren, Arbeitszylinder		Elektromotoren, Arbeitszylinder, Magnete	hydraulische und elektrische Motoren
gesteuerte oder geregelte Größen	Volumenstrom, Druck, Niveau	Temperatur, Druck, Brennstoffmenge	Spannung, Stromstärke, Frequenz	Position, Geschwindigkeit, Kraft	Position, Drehzahl, Drehmoment

4.2 Einteilung

Für Aktuatoren können unterschiedlichste Einteilungen vorgenommen werden. In Bild 4.4 erfolgt eine Einteilung nach Wirkprinzip und Stellgröße.

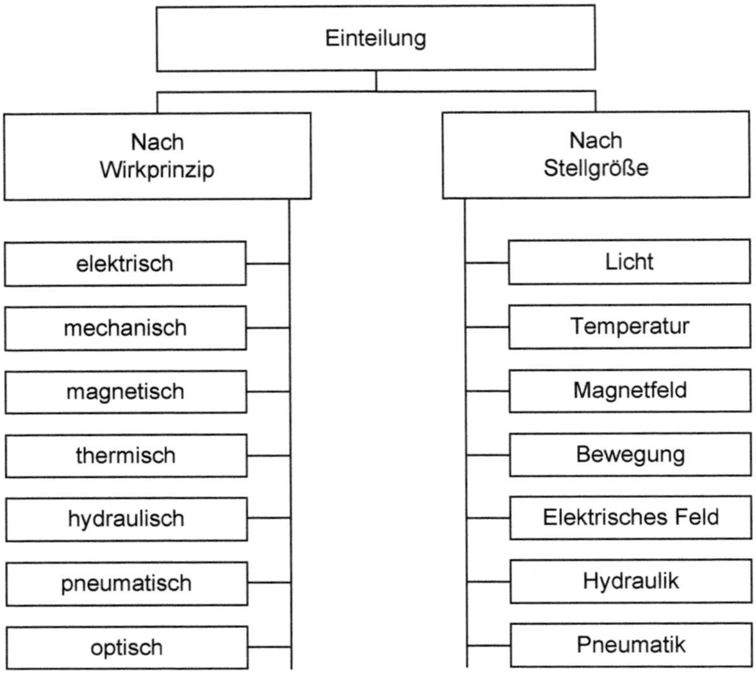

Bild 4.4 Wirkprinzip – Stellgröße

Eine Gruppierung in vier Familien nach Antriebsmedium erfolgt in Bild 4.5. Nachfolgende Darstellungen untersetzen die einzelnen Gruppen mit typischen Vertretern und zeigen Vor- sowie Nachteile der verschiedenen Varianten auf.

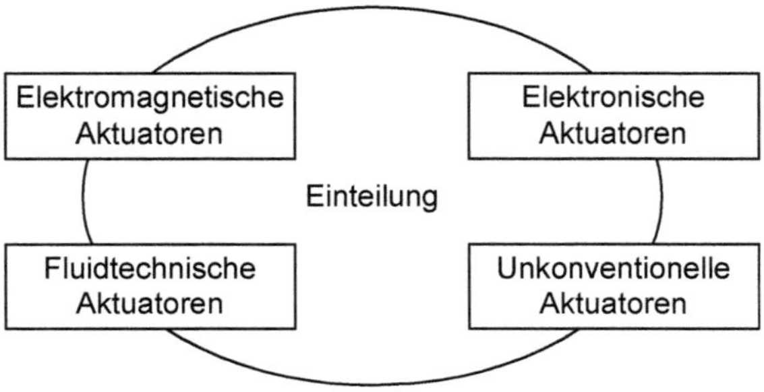

Bild 4.5 Gruppierung nach Antriebsmedium

4.2.1 Elektrische Aktuatoren

Elektrische Antriebe: Bei elektrischen Antrieben handelt es sich um elektrisch-mechanische Wandler. Zu den wichtigsten elektrischen Aktuatoren zählen Drehstrommotoren, Gleichstrommotoren, Schrittmotoren und Hubmagnete (Bild 4.6).

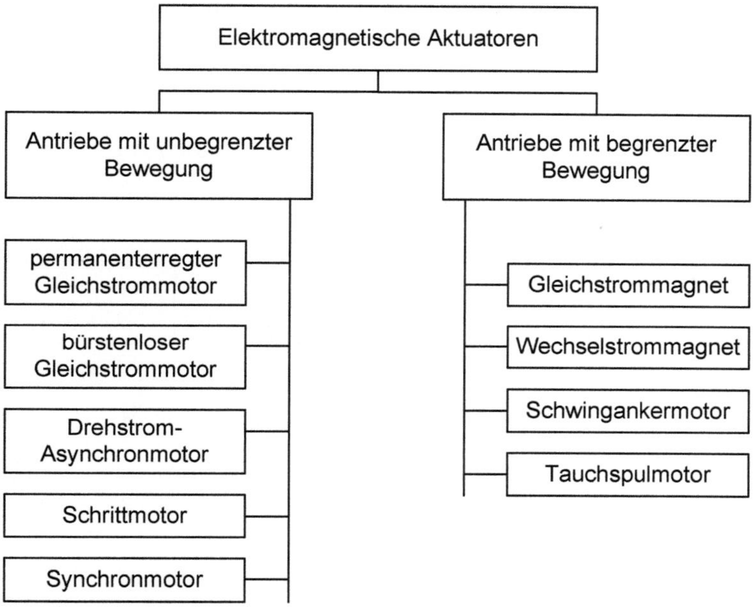

Bild 4.6 Elektromagnetische Aktuatoren

Diese ersetzen auch vermehrt pneumatische und hydraulische Aktuatoren. Eingesetzt werden elektrische Antriebe in verschiedensten Anwendungen:

Anwendung	Beispiel
▪ Förderanlagen	Transportbänder
▪ Hubanlagen	Kräne, Aufzüge
▪ Fahrzeuge	Bahn
▪ Handhabung	Roboter
▪ Haushaltsgeräte	Waschmaschine
▪ Miniaturantriebe	DVD-Laufwerk
▪ Positionierung	Bestückungsautomat
▪ Werkzeugantrieb	Fräsautomat
▪ Pumpen	Antrieb

Elektrische Aktuatoren lassen sich gegenüber anderen Antriebsarten günstiger steuern und regeln. Daher werden sie auch in unzähligen Systemen verwendet. Die Ansteuerung des elektrischen Antriebs erfolgt z. B. durch eine Leistungselektronik. Dazu gehören auch die vielfältig eingesetzten Frequenzumrichter. Die Eingangsspannung wird gleichgerichtet und durch einen Wechselrichter wieder zerhackt, so dass man am Ausgang einen rechteckigen Spannungsverlauf erhält. Dieser ist in Spannungsamplitude und Frequenzvariable und zur Ansteuerung der Antriebe bestens geeignet (Bild 4.7).

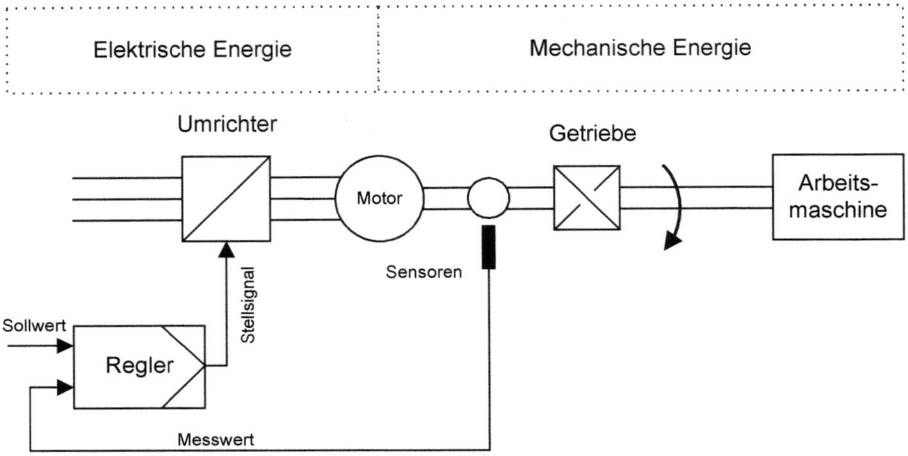

Bild 4.7 Kette eines elektrischen Antriebs

Bild 4.8 zeigt das Schema eines elektrischen Antriebs mit begrenzter Bewegung. Diese Antriebsvariante lässt nur die Stellungen on/off zu und wird u.a. zur Ansteuerung eines Ventils verwendet.

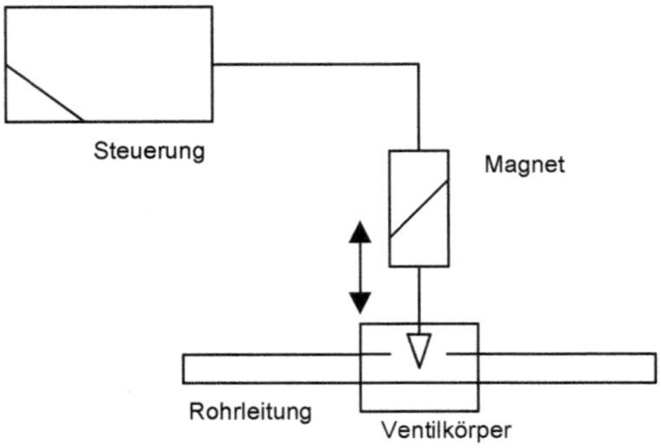

Bild 4.8
Ansteuerung eines on/off-Ventils

Tabelle 4.2 zeigt die Vor- und Nachteile von elektrischen Antrieben.

Tabelle 4.2 Elektrische Antriebe

Vorteile	Nachteile
Regelbarkeit	Zusatzmaßnahmen für den Einsatz im Ex-Bereich notwendig
Verfügbarkeit von elektrischer Energie	Störquellen (z. B. EMV)
	Wärmeentwicklung

4.2.2 Pneumatische Aktuatoren

Pneumatische Antriebe: Die Pneumatik ist ein Teilbereich der Fluidtechnik und steht für die Nutzung von Druckluft zur Ansteuerung von Antriebs-, Steuerungs- und Reglerbausteinen (Bild 4.9). Abgeleitet von dem griechischen Wort „pneuma", welches so viel wie Atem, Hauch oder auch Wind bedeutet, entstand die Bezeichnung Pneumatik für technische Anwendungen von Druckgasen, insbesondere Druckluft.

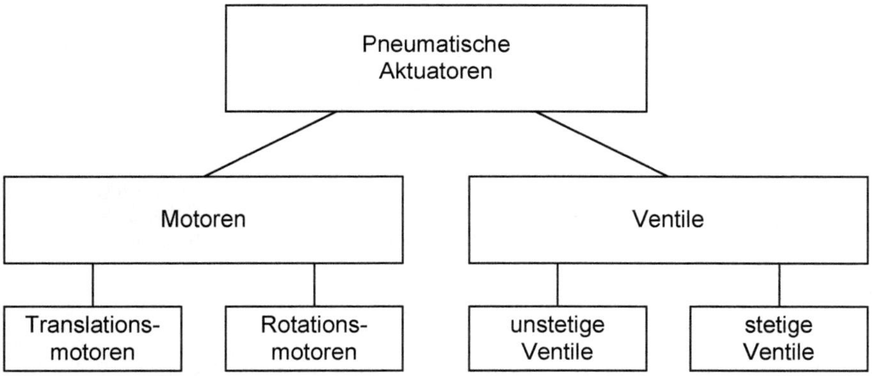

Bild 4.9 Pneumatische Aktuatoren

Zu den Anwendungen der Pneumatik zählen u. a.

- Erzeugung von Kräften und Momenten zum Stellen,
- Erzeugung von Bewegungen zum Transport von Stückgütern und Teilen,
- Transport rieselfähiger Stoffe in Rohrleitungen,
- Erfassung, Übertragung, Verarbeitung und Nutzung von Informationen.

Typische Einsatzgebiete für pneumatische Antriebe sind

- Werkzeugmaschinen und Werkzeuge,
- Fördereinrichtungen,
- Verarbeitungsmaschinen,
- Verpackungstechnik,
- Roboter- und Handhabetechnik.

Einen hohen Anteil nehmen pneumatische Stellantriebe in der verfahrenstechnischen Industrie ein, da pneumatische Komponenten sehr gut für den explosionsgefährdeten Bereich geeignet sind. Bild 4.10 zeigt die Wirkungskette eines pneumatischen Systems. Zur Drucklufterzeugung wird Luft über ein Filter angesaugt und durch einen Verdichter komprimiert. Meist werden diese Verdichter von einem Elektro- oder Verbrennungsmotor angetrieben. Danach erfolgt eine Aufbereitung der Druckluft mit Druckluftfiltern, Reglern und Ölern, um das Drucksystem u. a. weitgehend frei von Fremdkörpern, Fremdstoffen und Wasser zu halten. Die Aufbereitung ist sehr umfangreich und kostenintensiv. Für die Pneumatikkomponenten wie z. B. Arbeitszylinder, Antriebe und pneumatische Taktketten steht jetzt die Druckluft bereit. Nach Nutzung erfolgt eine entsprechende Entsorgung über Entlüfter bzw. Schalldämpfer.

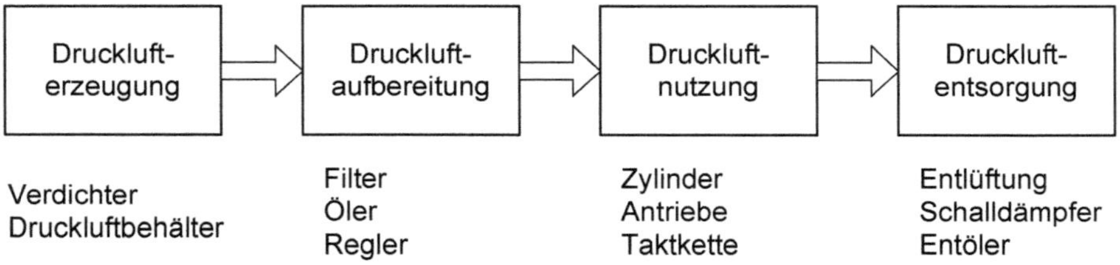

Bild 4.10 Wirkungskette eines pneumatischen Systems

In Bild 4.11 ist das Schaltbild zur Ansteuerung eines doppeltwirkenden Zylinders dargestellt. Die aufbereitete Druckluft wird an das Wegeventil geleitet. Je nach Stellung erfolgt eine ein- oder ausfahrende Bewegung des Arbeitszylinders. In der dargestellten Position strömt die Druckluft über das Wegeventil und das Rückschlagventil (offene Richtung) in den rechten Anschluss des Arbeitszylinders. Dieser bewegt sich in Pfeilrichtung bis zum Endanschlag. Die sich in der linken Kammer befindende Luft wird nach außen gedrückt. Da das Rückschlagventil gesperrt ist, führt der Weg der Luft durch das Drosselventil, mit welchem die Bewegungsgeschwindigkeit des Arbeitszylinders beeinflusst werden kann. Über das Wegeventil und den Schalldämpfer gelangt die Druckluft wieder ins Freie. Durch Umschalten des Wegeventils vollzieht sich der beschriebene Vorgang in umgekehrter Richtung.

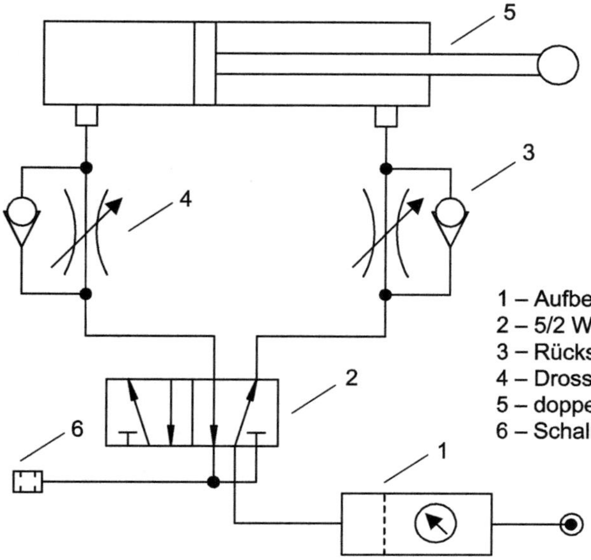

Bild 4.11 Ansteuerung eines doppeltwirkenden Zylinders

Die Vorteile beim Einsatz pneumatischer Komponenten ergeben sich aus ihrer kompakten Bauweise, den hohen Stellgeschwindigkeiten und dem möglichen Einsatz im Ex-Bereich. Zu den Nachteilen gehören die Kompressibilität der Luft, eine ungenaue Positionierung (nur Endlagen) und die aufwendige Energieerzeugung mit der verbundenen Lärmbelastung.

4.2.3 Hydraulische Aktuatoren

Hydraulische Antriebe: Bei hydraulischen Systemen erfolgt die Übertragung von Kräften durch Flüssigkeiten zur Ansteuerung von Antriebs-, Steuerungs- und Reglerkomponenten. Dabei können große Kräfte bei relativ kleinem Bauvolumen übertragen werden. Die stufenlose Beeinflussung von Geschwindigkeit, Drehmoment und Kraft ist einfach umzusetzen. Hydraulische Antriebe sind sowohl für schnelle als auch extrem langsame Bewegungsabläufe geeignet (Bild 4.12). Als Fluid werden Mineralöle, synthetische Druckflüssigkeiten und auch Wasser eingesetzt. Angewendet werden sie u.a. in

- Baumaschinen,
- Land- und Forstmaschinen,
- Schiffbau,
- Fahrzeugbau,
- Bergbau,

- Walzwerke,
- Aufzüge,
- Fördertechnik,
- Bremssysteme,
- Pressen, Stanzen,
- Flugzeug (Klappen- und Fahrwerkssteuerung).

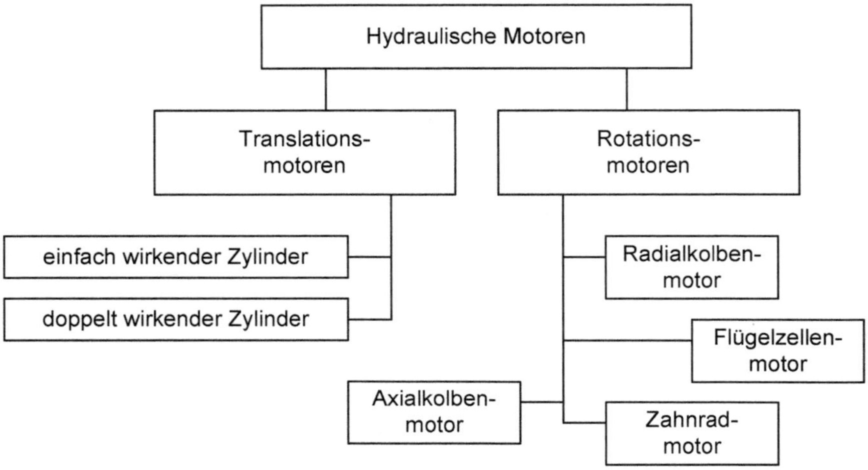

Bild 4.12 Hydraulische Antriebe

Bild 4.13 zeigt die Verarbeitungskette eines hydraulischen Antriebs. Durch eine Hydropumpe erfolgt die Bereitstellung der hydraulischen Energie (Druck). Hydropumpen werden vorrangig von Elektro- und Verbrennungsmotoren angetrieben, wobei bei einigen Anwendungen auch Handantriebe (Wagenheber, Hubwagen) zum Einsatz kommen. Die hydraulische Energie wird über entsprechende Steuerventile an die hydraulischen Antriebe wie Zylinder und Motor geleitet und das Arbeitselement wie z. B. der Greifer eines Baggers kann bewegt werden.

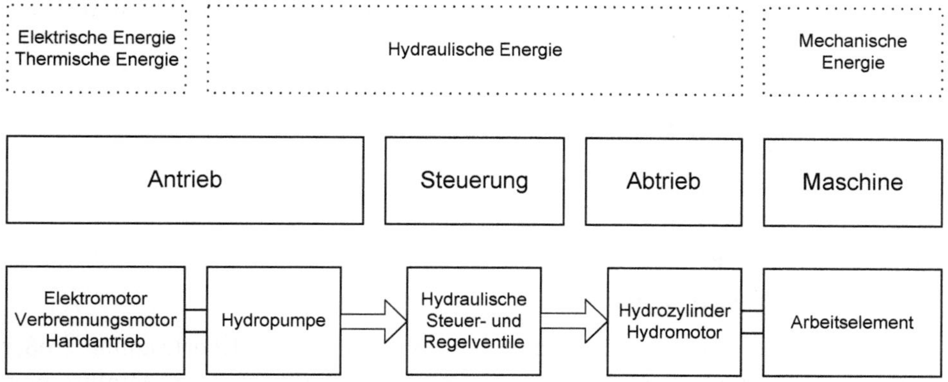

Bild 4.13 Verarbeitungskette eines hydraulischen Systems

Bild 4.14 zeigt den prinzipiellen Aufbau einer Hydroanlage. Von einer Hydropumpe wird die notwendige hydraulische Energie bereitgestellt. Die Flüssigkeit wird aus dem Behälter angesaugt. Ein Sperrventil verhindert das Leerlaufen der Anlage bei Stillstand der Hydropumpe. In Abhängigkeit von der Stellung des Wegeventils kann nun der Arbeitszylinder in beide Arbeitsrichtungen bewegt werden. Die verbrauchte Druckflüssigkeit wird wieder zurück in den Behälter geleitet.

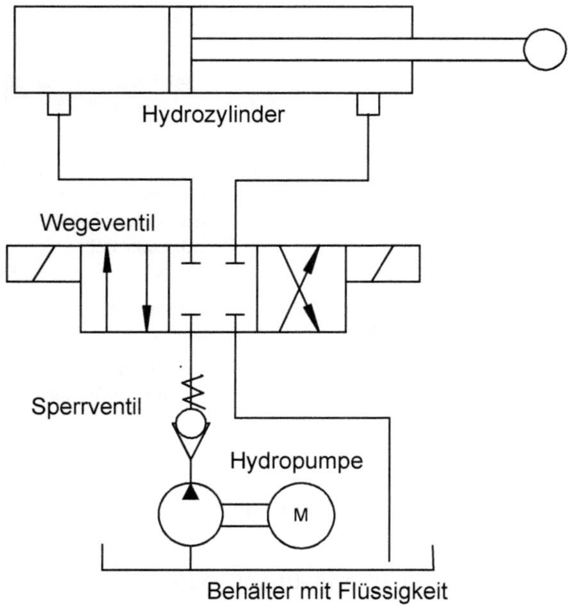

Bild 4.14 Prinzipieller Aufbau einer Hydraulikanlage

An die Druckflüssigkeit werden einige Anforderungen gestellt. Dazu gehören u. a.

- schwer entflammbar,
- geringe temperaturabhängige Volumenänderung,
- keine Bildung klebriger Substanzen,
- keine Schlammbildung,
- umweltschonend,
- verträglich mit Werkstoffen und
- gute Schmiereigenschaften.

Vorteilhaft zeigen sich die kompakten Komponenten zur Übertragung großer Kräfte und eine mögliche stufenlose und schnelle Geschwindigkeitsbeeinflussung. Nachteilig wirken bei hydraulischen Anwendungen die Temperaturabhängigkeit, eine mögliche Leckage und die teilweise hohe Geräuschentwicklung.

4.2.4 Gegenüberstellung

Abschließend werden in Tabelle 4.3 die klassischen Antriebsmedien Pneumatik, Elektrotechnik und Hydraulik anhand bestimmter Kennzeichen gegenübergestellt [FES_ 99].

Tabelle 4.3 Gegenüberstellung P/E/H

Kriterium	Pneumatik	Elektrik	Hydraulik
Energietransport	bis 1000 m (Druckabfall)	unbegrenzt (Spannungsabfall)	bis 100 m (Druckabfall)
Umwelteinflüsse	explosionssicher, temperaturunempfindlich, Vereisungsgefahr bei ungetrockneter Druckluft im Winter	Explosionsgefahr in bestimmten Bereichen, temperaturunempfindlich	empfindlich bei Temperaturschwankungen, Brandgefahr bei Leckagen
Leckagen	Energieverlust	Gefahr durch Berührung und Kurzschluss	Verschmutzung der Umwelt
Handhabung/ Sonstiges	relativ einfache Handhabung	Fachkenntnisse erforderlich	anspruchsvoller Rücklauf erforderlich

4.2.5 Elektronische und unkonventionelle Aktuatoren

Bild 4.15 zeigt typische Vertreter elektronischer und unkonventioneller Aktuatoren. Zu den elektronischen Aktuatoren gehören z. B. Transistoren und Thyristoren. Dies sind Bauelemente, welche vorrangig als Schaltelemente in Geräten u. a. zur Verstärkung eingesetzt werden. Aktuatoren wie Thermobimetalle werden als unkonventionelle Aktuatoren bezeichnet.

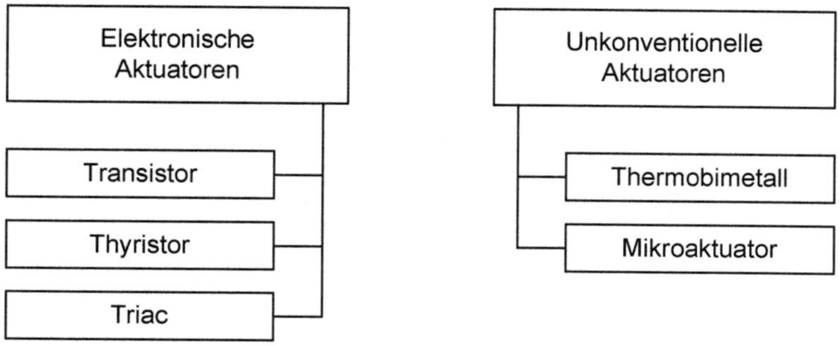

Bild 4.15 Elektronische und unkonventionelle Aktuatoren

4.3 Intelligente Aktuatoren

Intelligente Aktuatoren sind Stelleinrichtungen mit zusätzlich implementierter Funktionalität. Diese Aktuatoren haben eine eigene Steuerungsintelligenz integriert und führen damit Berechnungen bezüglich des von ihnen zu realisierenden Stelleingriffs durch. Die Sensorsignale können somit direkt ausgewertet werden. Daraus resultieren die folgenden Vorteile:

- mehr Funktionalität und Überwachung vor Ort
- verteilte Intelligenz
- Reduzierung von Installationskosten
- weniger komplexe Steuerungsprogramme
- geringere Belastung des Bussystems

Bild 4.16 verdeutlicht die zukünftige Entwicklung bei steigenden Funktionen in intelligenten Antrieben. Es wird weiterhin eine deutliche Verschiebung zwischen den Funktionen im Leitsystem und im Antrieb geben.

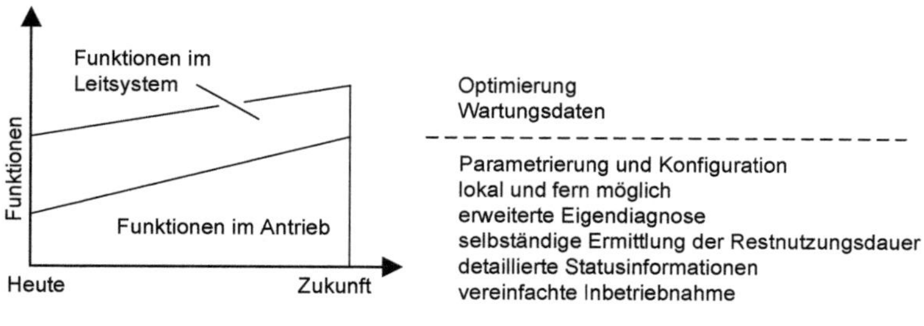

Bild 4.16 Entwicklungstendenzen

Tabelle 4.4 zeigt den Funktionsumfang intelligenter Aktuatoren, sortiert nach Steuer- und Eigenfunktionen.

Tabelle 4.4 Steuer- und Eigenfunktionen intelligenter Aktuatoren

Steuerfunktionen	Eigenfunktionen
Regelalgorithmen	Eigenüberwachung
Positionierung	Diagnose
Stellgrößenbegrenzung	Fehlerortanzeige
Kennlinienkorrektur	Fehlerartanzeige
Grenzwertüberwachung	Busschnittstelle

Die verbreitetsten Vertreter intelligenter Aktuatoren sind die intelligenten Antriebe (Servoantriebe). Bild 4.17 zeigt die Struktur eines Servoantriebs. Zur Verdeutlichung der Komplexität ist im Bild 4.18 dazu die Reglerstruktur näher dargestellt.

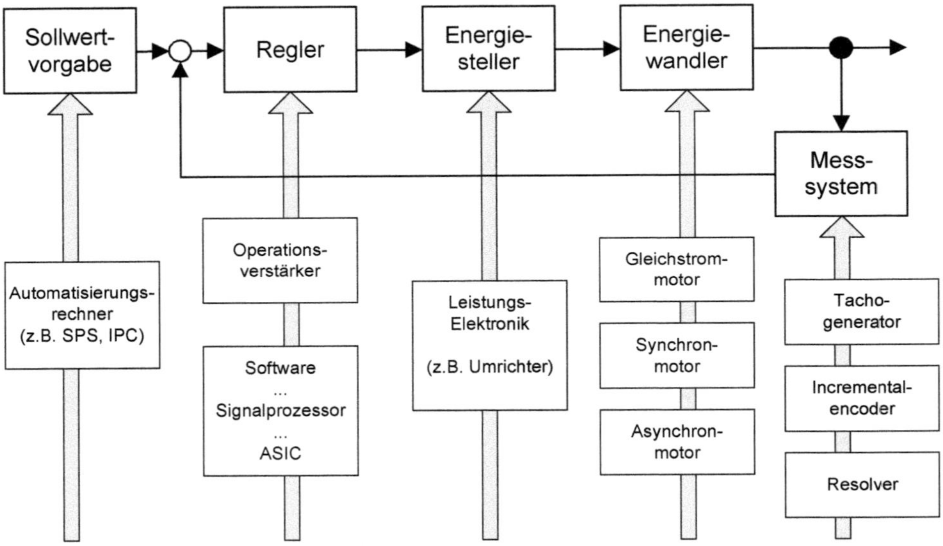

Bild 4.17 Grobstruktur eines Servoantriebs

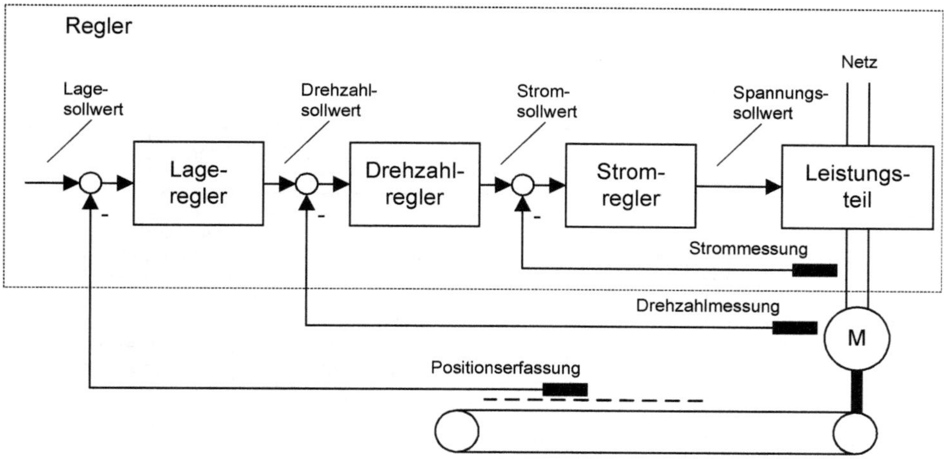

Bild 4.18 Reglerstruktur

Intelligente Servoantriebe sind oft mit kaskadierten Reglerstrukturen ausgerüstet. Die wesentlichen Zustandsgrößen Drehmoment, Drehzahl und Position werden mit den jeweiligen Regelkreisen separat geregelt. Sensoren erfassen die Zustandsgrößen.

4.4 Beispielanwendungen aus der Prozessautomatisierung

Der überwiegende Teil verfahrenstechnischer Stellaufgaben beinhaltet den Eingriff in Stoff- und Energieströme. Beispielgebend seien hier Kraftwerke, Kläranlagen, Brauereien, chemische Anlagen und die Lebensmittelindustrie genannt. Auch hier stehen unterschiedliche Verfahren zur Verfügung (Bild 4.19).

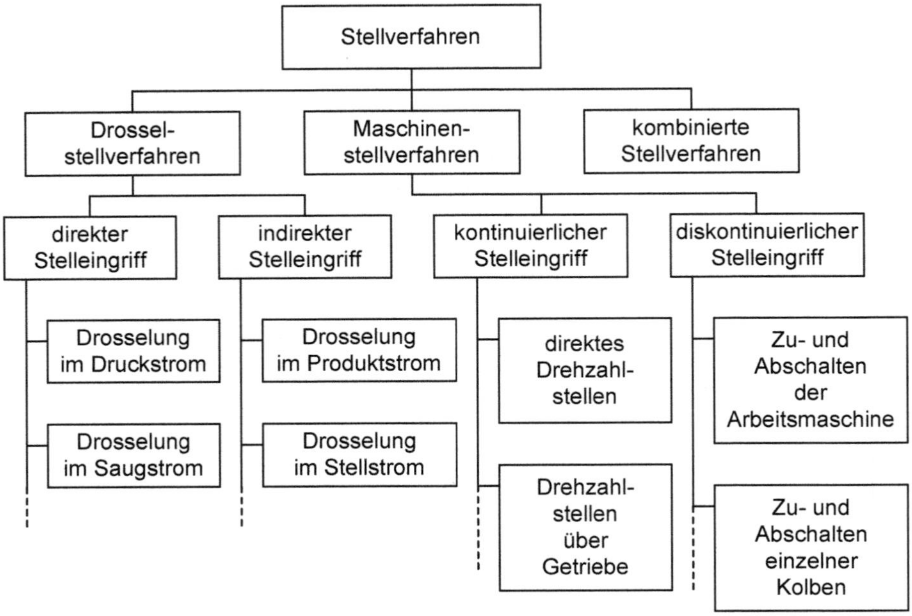

Bild 4.19 Stellverfahren

Welches Verfahren letztendlich zur Anwendung kommt, ist u. a. abhängig von

- der regelungstechnischen Eignung,
- dem betriebstechnischen Verhalten (Lärm, Stellbereich, Dynamik),
- der Eignung des Fluids,
- der Zuverlässigkeit,
- den Kosten (Investition, Energie) und den
- Erfahrungswerten.

Mehrheitlich finden die Drosselstellverfahren Anwendung. Ziel des Drosselstellverfahrens ist die Beeinflussung von Massenströmen und Volumenströmen in Rohrleitungen. Bild 4.20 zeigt den Aufbau einer kompletten Stelleinrichtung. Diese besteht im Wesentlichen aus dem Drosselkörper (Ventil), Stellungsregler (Positioner) und dem Stellantrieb.

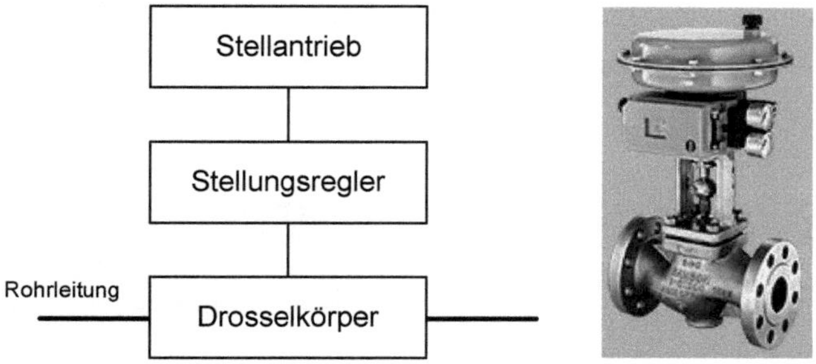

Quelle: www.prozesstechnik-online.de

Bild 4.20 Prinzipieller Aufbau einer Stelleinrichtung

4.4.1 Ventil

Die unterschiedlichsten Bauarten von Ventilen für das Drosselstellverfahren sind in Bild 4.21 dargestellt. Es existieren sehr viele verschiedene Varianten, welche je nach Anwendungsfall ihren Einsatz finden.

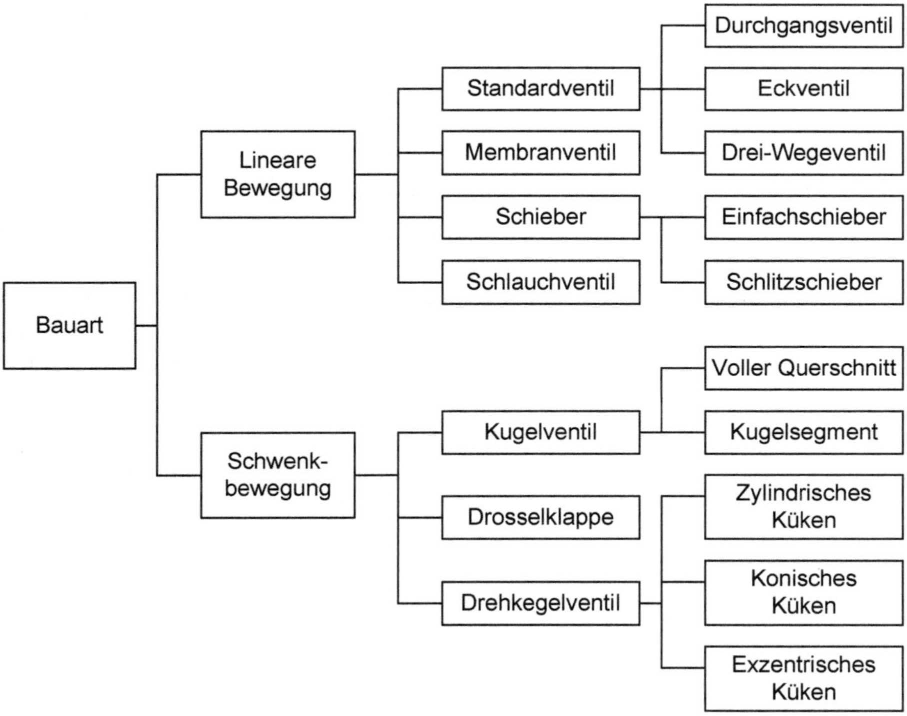

Bild 4.21 Ventilbauarten

Alle stellen aber einen Strömungswiderstand für das zu transportierende Medium dar. Grundlegende Verfahren sind in Tabelle 4.5 zusammengestellt [Lang_04].

Tabelle 4.5 Drosselstellverfahren

Art	Bauform	Bemerkungen
Drosselklappe		robuster Aufbau, für hohe Durchflüsse geeignet, schlechte Abdichtung
Kugelhahn		sehr gute Abdichtung möglich, wenig Ablagerungen, gute Reinigungsmöglichkeit
Schieber	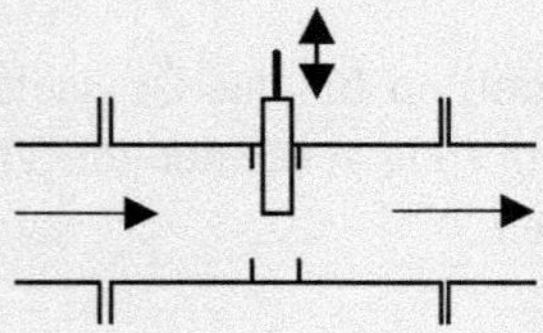	vorwiegend für Auf/Zu-Betrieb geeignet, hohe Betätigungskräfte notwendig
Stellventil	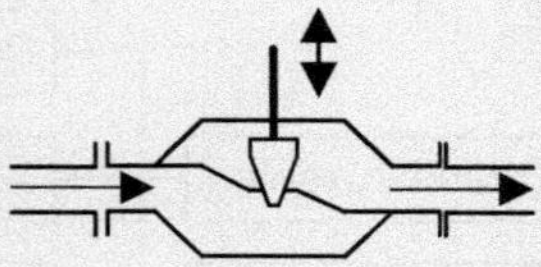	hoher Druckverlust erreichbar, vollständige Abdichtung möglich

Bild 4.22 stellt das Prinzip eines Drosselventils dar und zeigt gleichzeitig das dazugehörige elektrische Ersatzschaltbild. Durch die Stellung (Hub) des Stellantriebs wird ein Strömungswiderstand eingestellt. Die damit entstehenden Reibungsverluste des durchströmenden Mediums durch kleinere Querschnitte an der Drosselstelle führt zu einem Druckabfall Δp, welcher zur Beeinflussung des Prozesses genutzt wird. Die jeweiligen Durchflusseigenschaften des Drosselventils werden von der Druckdifferenz und der Dichte des Mediums bestimmt. Um verschiedene Drosselventile miteinander vergleichen zu können, wurde der sogenannte Durchflusskennwert (k_V-Wert) eingeführt. Dieser wird unter Normbedingungen (Wasser $\rho = 1000\ kg/m^3$, $T = 20\ °C$, $\Delta p = 1\ bar$) bestimmt. Der k_{VS}-Wert steht für den k_V-Wert eines vollständig geöffneten Drosselventils [Eng_94], [MüBe_95].

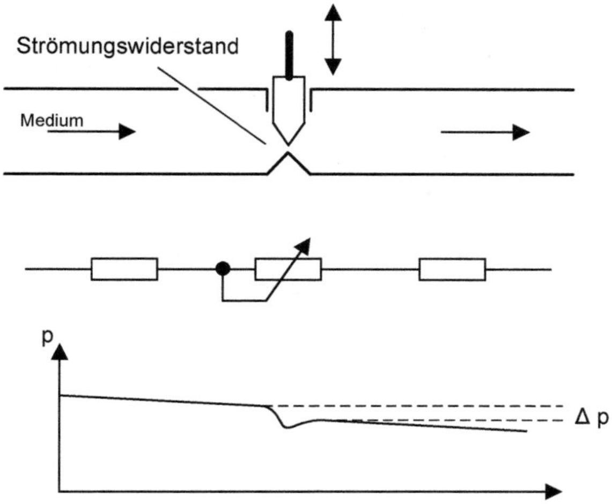

Bild 4.22 Drosselstelle

4.4.2 Antriebe

In Bild 4.23 sind drei verbreitete Gruppen von Stellantrieben für Drosselstellventile dargestellt. Bei elektromechanischen Stellantrieben werden Elektromotoren und Elektromagnete verwendet. Elektromotorische Antriebe verwendet man vorrangig für stetig verstellbare Drosselventile. Neben des eigentlichen Antriebs werden oft noch weitere Komponenten wie Getriebe, Bremse, Rutschkupplung, thermischer Motorschutz und Handsteuerung benötigt. Magnetantriebe werden zur Ansteuerung von Auf/Zu-Ventilen genutzt und sind damit auf binäre Schaltvorgänge begrenzt (siehe auch Bild 4.8). In einigen Anwendungen finden auch elektrohydraulische Antriebe Verwendung. Diese sind aber resultierend aus den bereits dargestellten Eigenschaften nicht so häufig in der Prozessautomatisierung vorzufinden (vgl. Abschnitt 4.2).

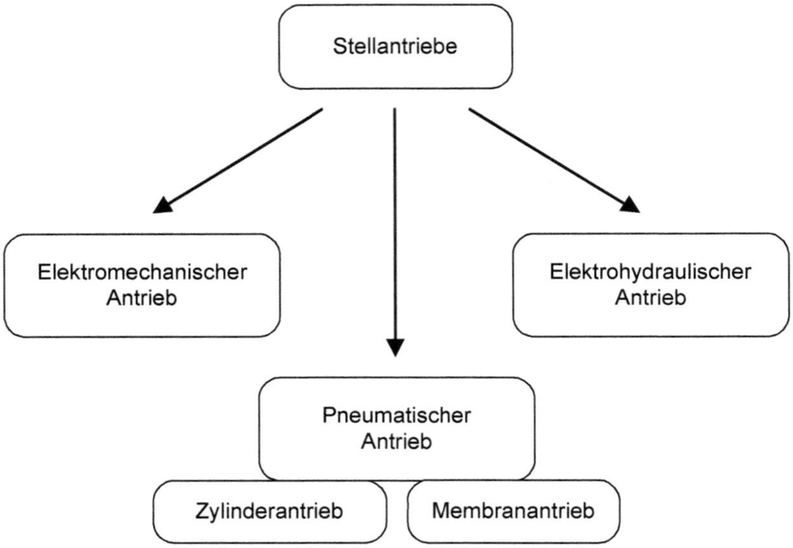

Bild 4.23 Stellantriebe

In der Prozessautomatisierung kommen allerdings die pneumatischen Antriebe am meisten zum Einsatz. Dies nicht zuletzt durch ihre bessere Eignung für den explosionsgefährdeten Bereich. Pneumatische Antriebe werden als Zylinder- und Membranantrieb gefertigt. Bild 4.24 zeigt schematisch Zylinderantriebe und ihre unterschiedlichen Ansteuervarianten. Gleichzeitig können die jeweiligen Ansteuermöglichkeiten zur Herstellung einer gefahrlosen Endlage bei Hilfsenergieausfall genutzt werden. Sollte es zu einer solchen Störung kommen, müssen eine Vielzahl von Ventilen in der Anlage eine definierte Position einnehmen, um nicht weiteren Schaden an Mensch und Umwelt zu verursachen.

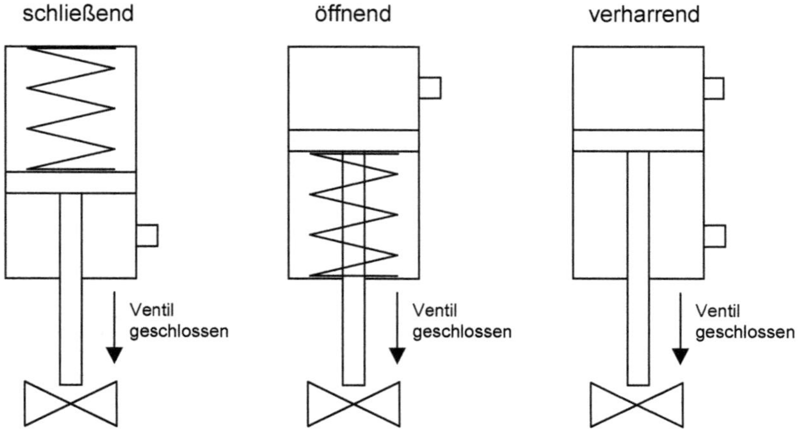

Bild 4.24 Ansteuervarianten

Den größten Anteil nehmen Membranstellantriebe (siehe Bild 4.25) ein. Sie sind mit wenigen Teilen kompakt realisierbar. Die Ansteuervarianten und Sicherheitsstellungen sind wie bei pneumatischen Zylinderantrieben möglich. Membranstellantriebe können in Temperaturbereichen von −60 °C bis +130 °C eingesetzt werden. Im Weiteren sind sie relativ unempfindlich gegen Schock und Vibrationen. Man erreicht hohe Stellkräfte bei niedrigen Drücken (ca. 6 bar). Allerdings haben Membranstellantriebe einen limitierten Stellweg, welcher direkt vom Durchmesser der Membran abhängt.

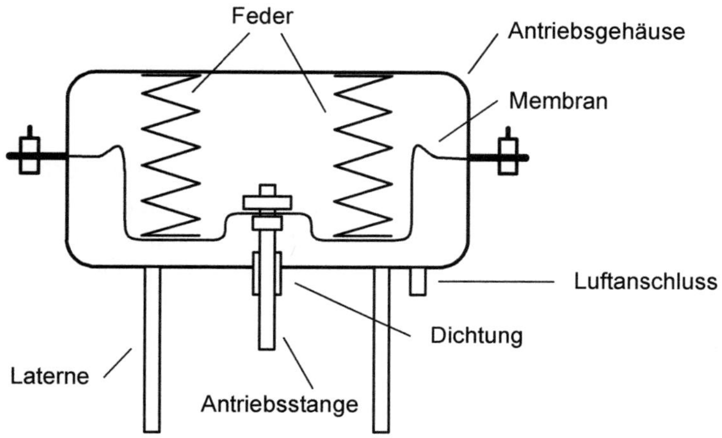

Bild 4.25
Membranstellantrieb

Als Entscheidungskriterien bei der Auswahl zählen u. a.:

- gefahrlose Endlage („auf" oder „zu")?
- Nennhub des Ventils?
- wichtige Abmessungen, Einbauvorschriften?
- Antriebskraft bei geschlossenem Ventil?
- geforderte Stellzeiten?
- minimaler Versorgungsluftdruck der Gesamtanlage?
- Umgebungstemperatur?
- Schock-/Schwingungsfestigkeit?
- Korrosionsfestigkeit?

4.4.3 Positioner

Bei Stellantrieben entstehen Abweichungen zu der vom Regler vorgegebenen Hubstellung durch Reibungskräfte, strömungsbedingte Kräfte und den verwendeten Stellantrieb. Diese auf die Stelleinrichtung wirkenden Störgrößen bzw. eingesetzten Antriebsmechanismen können vor Ort kompensiert werden. Dem Hauptregelkreis wird ein sogenannter Stellungsregelkreis unterlagert (siehe Bild 4.26).

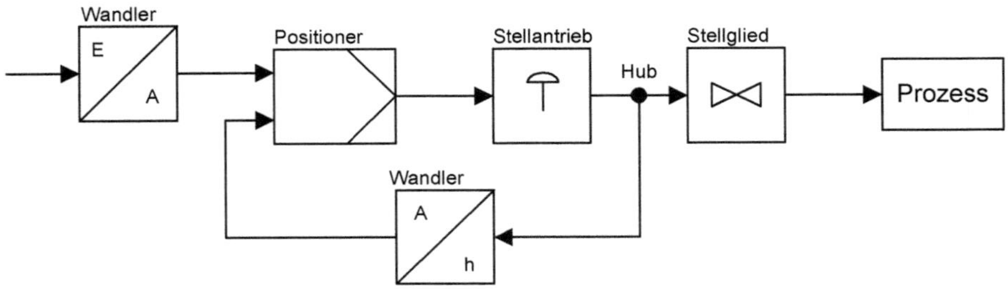

Bild 4.26 Stellungsregelkreis

Das verwendete Gerät wird als Positioner bezeichnet. Bild 4.27 zeigt die prinzipielle Funktionsweise eines Positioners verbunden mit einem Kolbenantrieb. Der Stellungsregler erhält die Information über die anzufahrende Position vom Prozessregler in Form eines Normsignals oder einer digitalen Nachricht übermittelt. Daraufhin verändert der Stellungsregler den Hub des Stellventils und liest gleichzeitig den Istwert ein. Damit wird vor Ort sichergestellt, dass der vom Prozessregler vorgegebene Hub auch präzise angefahren wird.

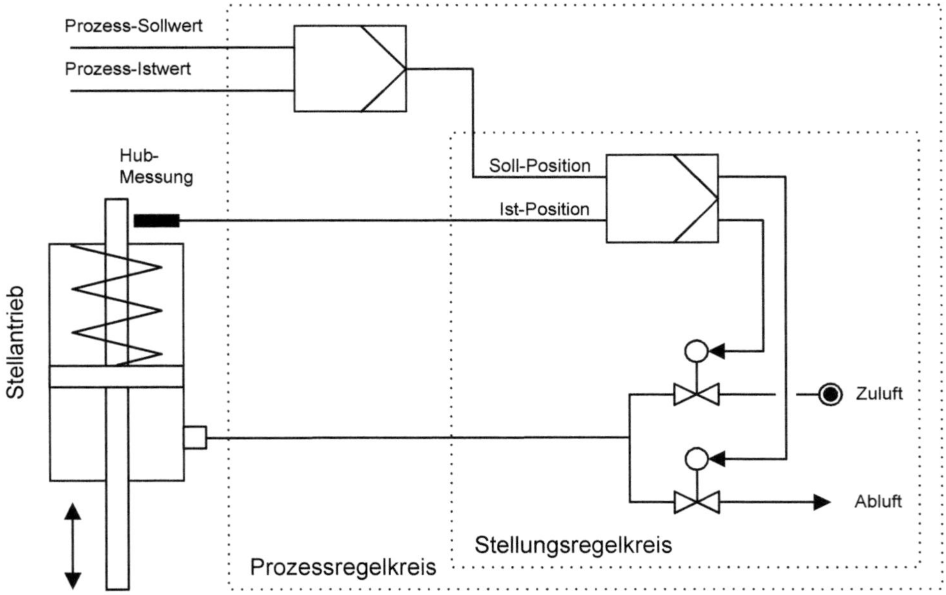

Bild 4.27 Positioner

4.5 Übungsaufgaben zu Kapitel 4

Wiederholungsfragen

- Welche Aufgabe erfüllt die Stelltechnik?
- Welche Aktuatorarten sind Ihnen bekannt?
- Welche Medien kommen zur Anwendung?
- Was verstehen Sie unter einem intelligenten Aktuator?
- Wozu dienen Positioner?
- Skizzieren Sie die Verarbeitungskette zur Informationsnutzung.

5 Industrielle Kommunikation

Um Informationen zwischen den einzelnen Automatisierungskomponenten austauschen zu können, sind entsprechende Kommunikationsmöglichkeiten notwendig. Dazu wurden verschiedenste Mechanismen und Verfahren für den Datenaustausch in einer Automatisierungsanlage entwickelt. Unter dem Begriff „industrielle Kommunikation" soll im Folgenden näher auf unterschiedlichste Kommunikationsmöglichkeiten eingegangen werden. Die industrielle Kommunikation ist für den Transport der Daten innerhalb eines Automatisierungssystems verantwortlich. Sie wird verwendet, um z. B. Messergebnisse an die Informationsverarbeitung, die berechneten Stellsignale an die Aktoren oder Informationen an eine Anzeige zu übertragen.

■ 5.1 Allgemein

Im Laufe der Jahre haben sich eine Vielzahl von Ausprägungen, Schnittstellen, Übertragungsstandards und Kommunikationsstrukturen entwickelt. Anfänglich waren nur Punkt-zu-Punkt-Verbindungen in der Anwendung (Parallelverdrahtung). Im Zuge der Entwicklung serieller Datenübertragungssysteme und deren Weiterentwicklung wurden auch diese Kommunikationssysteme für industrielle Anwendungen nutzbar. Bild 5.1 verdeutlicht die Entwicklung direkt am Feldgerät und zeigt das Eindringen neuer Kommunikationsstrukturen. Serielle Kommunikationssysteme sind in heutigen Automatisierungsanlagen fester Bestandteil für die Übertragung von Daten. Bild 5.2 stellt beide klassischen Kommunikationsstrukturen prinzipiell dar.

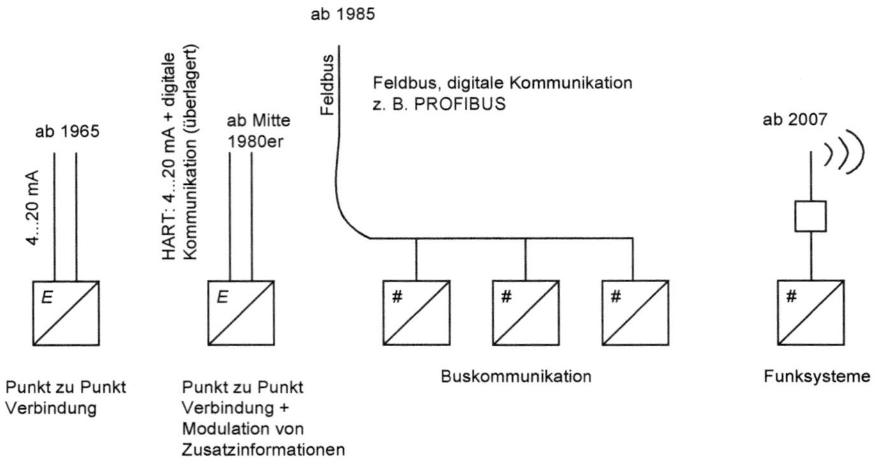

Bild 5.1 Kommunikation mit Feldgeräten

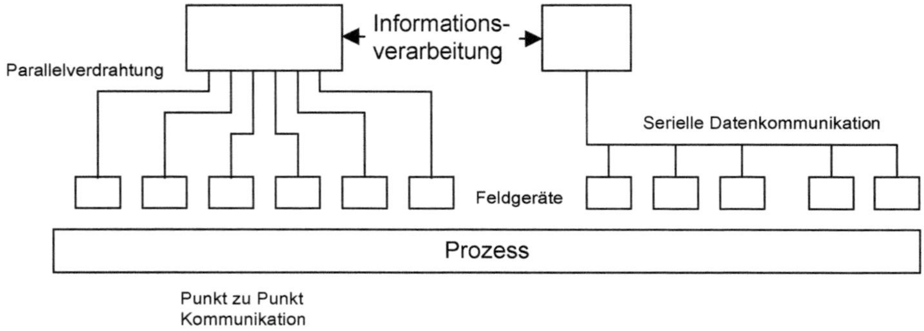

Bild 5.2 Klassische Kommunikationsstrukturen

Serielle Datenübertragungsverfahren werden nun seit Jahren in Automatisierungsanlagen eingesetzt. Bedingt durch die unterschiedlichsten Anforderungen der jeweiligen Automatisierungsebene (Abschnitt 1.4) kommen in den Anlagen entsprechend unterschiedlichste Kommunikationssysteme zum Einsatz. In Tabelle 5.1 sind verschiedene Anforderungen bezogen auf die untersten und höheren Ebenen zusammengestellt. Eine Zuordnung von Kommunikationssystemen zu den jeweiligen Ebenen ist in Bild 5.3 dargestellt.

Tabelle 5.1 Anforderungen an industrielle Kommunikationssysteme

Anforderung	Prozessnaher Bereich	Systembereich
Ausdehnung	ca. 100 m	ca. 1000 m
Teilnehmeranzahl (pro Netzwerk)	hoch ca. 100	niedrig ca. 10
Abtastzeit	ca. 1 ms bis 1 s	ca. 10 ms bis 10 s
Datenmenge pro Telegramm	0,5 bis 8 Byte	8 bis mehrere 100 Byte
Topologie	Linie (Master/Slave)	Linie (Master/Slave, Multimaster)
Zugriffsverfahren	kontrolliert	kontrolliert/zufällig
Kosten der Busanschaltung	niedrig	hoch

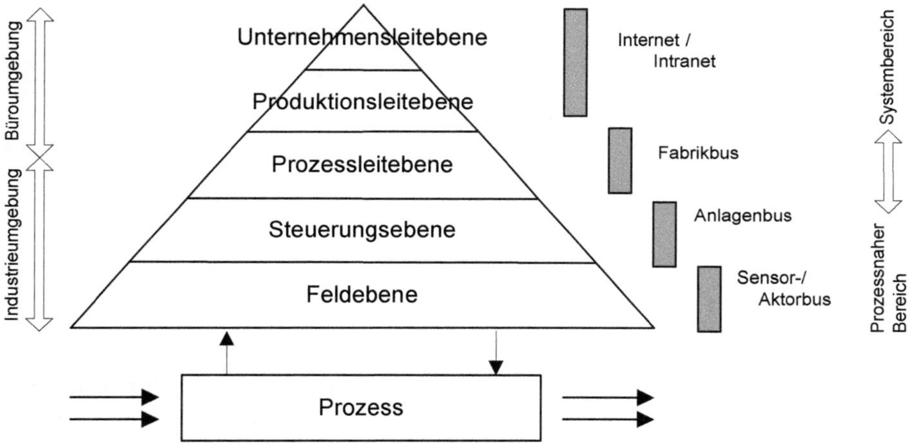

Bild 5.3 Einordnung in das Ebenenmodell

Bild 5.3 zeigt die Einordnung der verschiedenen Kommunikationssysteme in die Automatisierungsebene. Ebenfalls erfolgt eine Zuordnung sowohl für die Industrieumgebung und Büroumgebung als auch für den prozessnahen Bereich und den Systembereich.

Derzeit haben sich zwei grundsätzliche Übertragungssysteme herausgebildet. Diese unterscheiden sich maßgeblich in Aufbau und Funktionsweise. So sind in den unteren Ebenen vorrangig Feldbussysteme installiert, währenddessen in den oberen Ebenen die Ethernet-basierten Kommunikationssysteme eingesetzt werden. Anfänglich für die Nachrichtenübertragung in der Büroumgebung entwickelt, drangen die Ethernet-basierten Systeme in den letzten Jahren vermehrt in die Industrieumgebung ein. Technologien wie Switching und Fast Ethernet ermöglichten diese Entwicklung. Bild 5.4 zeigt beispielhaft heutige Kommunikationsstrukturen in Automatisierungsanlagen, zugeordnet zu den Automatisierungsebenen [Phoe, Schn_12].

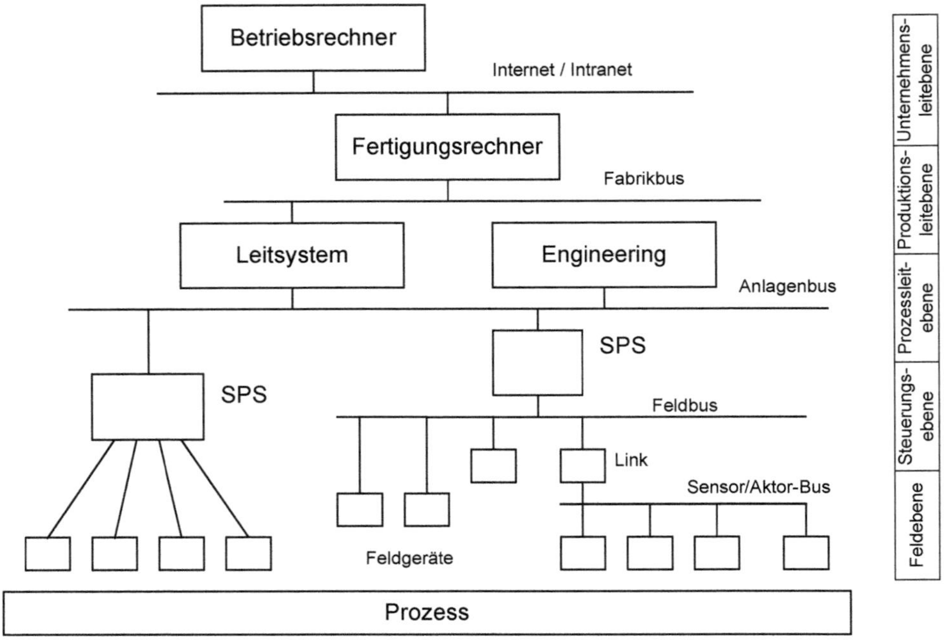

Bild 5.4 Kommunikationsnetz im Ebenenmodell

OSI-Referenzmodell

Damit Rechner miteinander kommunizieren können, sind zahlreiche Vereinbarungen notwendig. Ein Datenaustausch kann nur realisiert werden, wenn vorher die Art und Weise des Informationsaustausches festgelegt wurde. Die immer stärker wachsende Bedeutung der Kommunikation zwischen Rechnern führte die ISO (Internationale Organisation für Normung) dazu, sich mit einer entsprechenden Standardisierung zu befassen. Als Ergebnis entstand das OSI-Referenzmodell (Open Systems Interconnection). Dieses Modell, auch OSI-Schichtenmodell genannt, bildet die Entwurfsgrundlage für Kommunikationsprotokolle in Rechnernetzwerken. Durch das OSI-Referenzmodell wird die Kommunikation zwischen zwei Rechnern in sieben Schichten geteilt. Jeder Schicht ist eine definierte Funktionalität zugeordnet. In Bild 5.5 ist das Schichtenmodell dargestellt.

Schicht 7	Application Layer	Anwendungsschicht
Schicht 6	Presentation Layer	Darstellungsschicht
Schicht 5	Session Layer	Sitzungsschicht
Schicht 4	Transport Layer	Transportschicht
Schicht 3	Network Layer	Vermittlungsschicht
Schicht 2	Data Link Layer	Sicherungsschicht
Schicht 1	Physical Layer	Bitübertragungsschicht

Bild 5.5 OSI-Referenzmodell

Von den sieben Schichten werden die folgenden Aufgaben erfüllt:

Schicht 7: (Anwendungsschicht) Anbieten von Diensten für andere Teilnehmer im Netz und Schnittstelle zu den Anwenderprogrammen in z.B. SPS, IPC, PC, Leitsystem

Schicht 6: (Darstellungsschicht) Zeichencodierung, Konvertieren von Daten-, Bildschirm- und File-Formaten zur Darstellung am entsprechenden Endgerät

Schicht 5: (Sitzungsschicht) Aufbau, Unterhalt, Synchronisation und Abbau der Verbindung zwischen den Teilnehmern

Schicht 4: (Transportschicht) fehlerfreie Übertragung der Telegramme zwischen den Teilnehmern

Schicht 3: (Vermittlungsschicht) Suche und Herstellung eines geeigneten Übertragungsweges durch das Netzwerk zwischen Sender und Empfänger

Schicht 2: (Sicherungsschicht) Buszugriffsverfahren und Datensicherung für Übertragung der Telegramme zwischen den Teilnehmern

Schicht 1: (Bitübertragungsschicht) Bitweise Datenübertragung der einzelnen Bits des Telegramms. Dazu gehören Festlegungen wie das Übertragungsmedium (Kabel, LWL, wireless), Steckerbelegung, Signalpegel, Datenrate, Modulation und weitere physikalische Parameter

Abstrakt betrachtet, vollzieht sich die Kommunikation folgendermaßen:

Um eine Information zu übertragen, gelangt diese beginnend an der Anwendung (Application Layer) über die Netzwerkkarte zum Übertragungsmedium (Physical Layer). Nach Passieren anderer Netzwerkkomponenten (z.B. Hub) erreicht die Nachricht die Netzwerkkarte des Zielrechners und wird an die Anwendung übertragen.

Damit dieser Vorgang funktioniert und verschiedene Netzwerkkomponenten miteinander kommunizieren können, wurde dieses OSI-Schichtenmodell von der ISO im Jahre 1983 standardisiert. Das OSI-Referenzmodell sorgt somit dafür, dass in einem Netz Komponenten (Hardware) und Anwendungen (Software) verschiedener Hersteller miteinander Nachrichten austauschen können. Bei der Kommunikation zweier Geräte werden alle Schichten durchlaufen, wobei immer die gleichen Schichten Daten miteinander austauschen. In Abhängigkeit von dem jeweiligen Kommunikationssystem ist es möglich, dass einige Schichten auch leer sind. Strukturen der industriellen Datenkommunikation (Feldbusnetze) gestatten üblicherweise eine Reduzierung auf die Schichten 1, 2 und 7. In bestimmten Fällen wird auch die Schicht 3 implementiert. Bild 5.6 zeigt die Kommunikation im OSI-Schichtenmodell am Beispiel zweier Automatisierungsgeräte. Ein Feldgerät (z.B. Temperatursensor) ist über ein Feldbussystem mit der Leitwarte verbunden. In der Leitwarte sollen die Messdaten aktualisiert werden. Es besteht bereits eine Verbindung zwischen Feldgerät und Warte. Über das Anwendungsprogramm erhält die

Anwendungsschicht die Aufforderung, den Messwert anzufordern. Diese Aufgabe wird von der Anwendungsschicht an die darunterliegenden Schichten weitergeleitet. In der Sicherungsschicht werden die Daten um Sicherungsinformationen erweitert und an die Bitübertragungsschicht übergeben. Das Feldgerät erreichen die Daten über die Datenleitungen (Übertragungsmedium) und werden von dessen Bitübertragungsschicht empfangen. Die Daten werden auf Korrektheit überprüft (Sicherungsschicht) und an die Anwendungsschicht weitergeleitet. Hier wird der Datenaufruf erkannt, der aktuelle Messwert gelesen und auf demselben Weg rückwärts über die Schichten an die Warte übertragen.

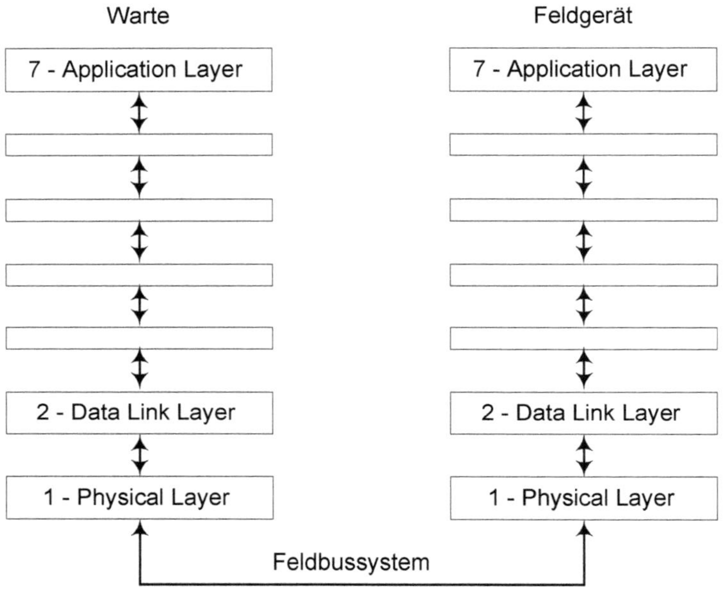

Bild 5.6 Kommunikation von zwei Automatisierungsgeräten im OSI-Schichtenmodell

■ 5.2 Feldbussysteme

Bei Feldbussystemen handelt es sich um Datenübertragungssysteme, die vorrangig von der prozessnahen Ebene bis zur Steuerungsebene/Prozessleitebene Anwendung finden. Dieser Bereich stellt das Bindeglied zwischen den Feldgeräten (Sensoren, Aktoren) und den Steuerungen dar. Hier werden besondere Anforderungen an das Feldbussystem gestellt. Zu diesen Anforderungen zählen:

- zuverlässige Kommunikation unter allen Umgebungsbedingungen
- geringe Störempfindlichkeit (EMV)

- flächendeckende Topologie (Vernetzung)
- Flexibilität der Strukturen
- einfache und robuste Anschlusstechnik
- einfache Handhabung
- Echtzeitfähigkeit
- Übertragungsgeschwindigkeit
- Wirtschaftlichkeit
- Eigensicherheit im Ex-Bereich

Im Weiteren ist eine Auswahl an Anwenderbranchen aufgelistet. Feldbussysteme befinden sich z. B. in

- Maschinenbau, Anlagenbau,
- Elektro-/Elektronikindustrie, Gerätebau,
- Chemie/Verfahrenstechnik,
- Energietechnik/Kraftwerke,
- Gebäudetechnik, Heizungs-, Lüftungs-, Klimatechnik,
- Fahrzeugindustrie, Flugzeuge, Schiffe,
- Konsumgüterindustrie,
- Lebensmittelindustrie,
- Ver- und Entsorgungstechnik,
- Umweltüberwachung,
- Verkehrsleittechnik usw.

Abstrahiert man diese Anwenderbranchen auf typische Automatisierungsbereiche, so sind insbesondere folgende Klassen von Anlagen und Aggregaten zu nennen:

- Fertigungsleittechnik (FLT),
- Prozessleittechnik (PLT),
- Gebäudeleittechnik (GLT),
- Netzleittechnik (NLT),
- Einzelaggregatautomatisierung (EAA) für einzelne Maschinen, Fahrzeuge u. a.

Die vorangegangenen Aufstellungen sollen verdeutlichen, dass ein sehr breites Anforderungs- und Anwendungsgebiet für industrielle Kommunikationssysteme existiert. Aus diesem Grund wird eine Vielzahl an Feldbussystemen, abgestimmt auf entsprechende Einsatzbereiche, von der Industrie angeboten [Kri_00], [Sch_08], [Kla_10]. Bild 5.7 soll diese Entwicklung am Zeitstrahl verdeutlichen. Tabelle 5.2 stellt die unterschiedlichen Anforderungen für die Prozessautomatisierung und die Fabrikautomatisierung allgemein gegenüber und untersetzt nochmals die Vielfältigkeit der Feldbussysteme.

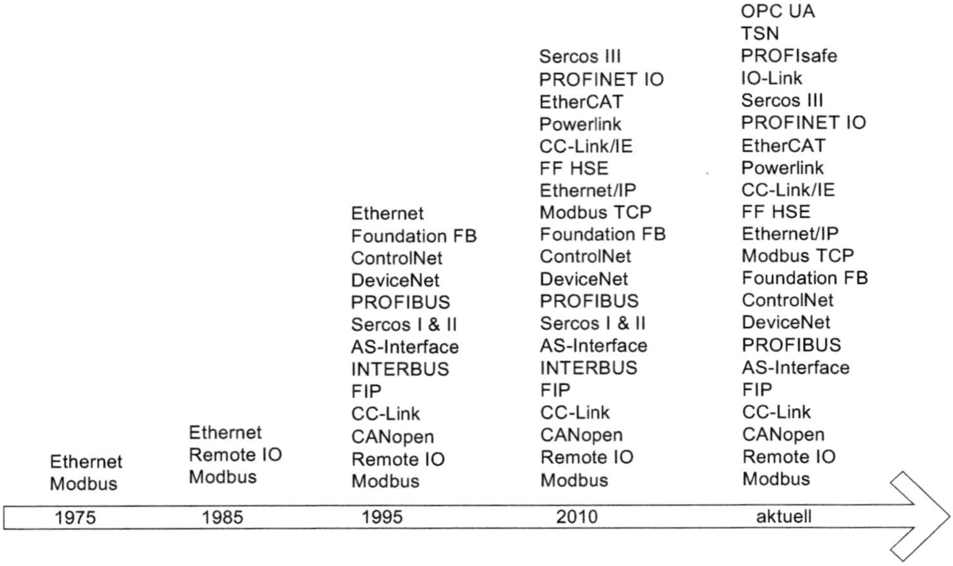

Bild 5.7 Entwicklung der industriellen Datenkommunikation [ZVEI_11], [Vog_24]

In Bild 5.7 wird ebenfalls ersichtlich, dass nach und nach die ethernet-basierten Kommunikationssysteme eine breite Anwendung in Automatisierungssystemen finden. Vorteilhaft ist der Einsatz von ethernet-basierten Kommunikationssystemen bei Anwendungen mit besonders hohen Anforderungen an u. a. Datenmenge (z. B. Bildverarbeitung), Geschwindigkeit (Echtzeitanforderungen) und Flexibilität (Erweiterung von Netzwerken).

Das Jahr 2018 kann man als Wendepunkt bezeichnen. In diesem Jahr erreichten die ethernet-basierten Kommunikationssysteme erstmals höhere Marktanteile gegenüber den klassischen Feldbussystemen. Noch deutlicher entwickelt sich dieser Trend in den darauffolgenden Jahren. In 2024 betrug das Verhältnis 71 % für ethernet-basierte Kommunikationssysteme, 22 % für Feldbussysteme und 7 % für die Wireless-Kommunikation [Vog_24]. Aus heutiger Sicht wird es aber nicht zu einem vollständigen Verschwinden aller Feldbussysteme kommen. Gerade im prozessnahen Bereich etablieren sie viele Vorteile (z. B. AS-Interface). Es wird sich ein „gesundes" Verhältnis einstellen. Für weitere Informationen zu ethernet-basierten Kommunikationssystemen sei an dieser Stelle u. a. auf [Kla_10] verwiesen.

Tabelle 5.2 stellt die Prozess- und die Fabrikautomation gegenüber.

Tabelle 5.2 Gegenüberstellung von Prozess- und Fabrikautomation

	Prozessautomation	Fabrikautomation
Prozessgrößen	Druck, Temperatur, Füllstand, Durchfluss	Schaltzustände (binär), Position, ID-Code, Drehzahl
Automatisierungsaufgaben	heizen, mischen, kühlen, transportieren	zählen, montieren, transportieren, handhaben
Echtzeitanforderungen	relativ langsame Prozessvorgänge	schnelle Produktionsabläufe
Abtastraten/Zyklen	eher lang	kurz
Ex-Schutz	viel	wenig
Topologie		
typische Geräte	Pumpe, Ventil, Druck-, Temperatur-, Durchflusssensor	Lichtschranke, Antrieb, Motor, Roboter

5.3 Buseigenschaften

Die nachfolgende Aufstellung gibt einen Überblick zu grundlegenden Buseigenschaften. Alle Feldbussysteme werden von diesen Kennzeichen geprägt. Die einzelnen Eigenschaften werden im Weiteren näher vorgestellt.

- Netzwerktopologie
- Zugriffsverfahren
- Datensicherung
- Telegrammformat
- Informationsdarstellung
- Übertragungsstandards
- Übertragungsgeschwindigkeit
- Übertragungsmedium
- Systemkomponenten
- Standardisierung/Zertifizierung

5.3.1 Netzwerktopologie

In Bild 5.8 sind die fünf grundsätzlichen Topologien dargestellt. Die Topologie ist sehr wichtig für ein Feldbussystem, mit ihr wird die mögliche Vernetzung beschrieben. Sie steht damit im direkten Zusammenhang für den Installationsaufwand zur Errichtung der Anlage und gibt auch eine Aussage über den notwendigen Aufwand bei evtl. Erweiterungen.

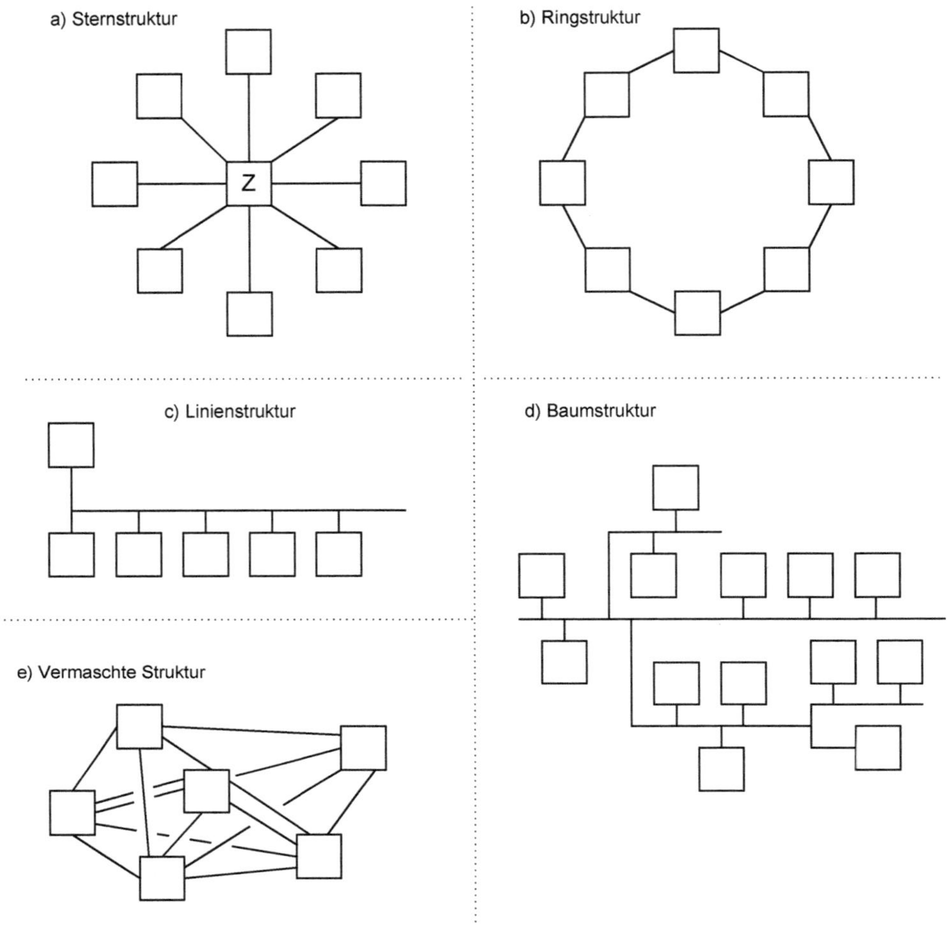

Bild 5.8 Netzwerktopologien

Sternstruktur: Eine zentrale Instanz (Z) ist mit jedem Teilnehmer über ein Kabel verbunden. Somit bestehen Punkt-zu-Punkt-Verbindungen wie bei der klassischen Parallelverdrahtung. Die Einsparung von Kabel ist mit dieser Topologie nicht möglich. Erweiterungen bedingen immer das Neuverlegen eines Kabels bis zur Zentrale.

Ringstruktur: Bei dieser Struktur sind die einzelnen Teilnehmer in einem Ring miteinander verbunden. Auch hier besteht eine Punkt-zu-Punkt-Verbindung, allerdings zwischen den benachbarten Teilnehmern. Bei Trennung des Rings ist eine Kommunikation des gesamten Netzes gestört. Für eine evtl. Erweiterung ist der neue Teilnehmer in den Ring zu integrieren.

Linienstruktur: Alle Teilnehmer sind elektrisch parallel miteinander verbunden. Eine Punkt-zu-Punkt-Verbindung ist hier nicht mehr gegeben. Die einzelnen Teilnehmer sind an die „Linie" über Stichleitungen angeschlossen. Die mögliche Länge der Stichleitungen ist je nach Bussystem festgelegt und von dessen technischen Parametern streng abhängig. Bei den meisten Systemen werden auch Abschlusswiderstände an den beiden Linienenden gefordert. Eine Erweiterung erfolgt durch den Anschluss des nächsten Teilnehmers an die „Buslinie“.

Baumstruktur: Wie bei der Linienstruktur sind alle Teilnehmer elektrisch parallel miteinander verbunden. Die Einschränkungen hinsichtlich Länge der Stichleitungen sind bei dieser Topologie nicht gegeben, allerdings muss die zulässige Gesamtlänge eingehalten werden. Des Weiteren können an die Stichleitungen wiederum Stichleitungen angeschlossen werden. Abschlusswiderstände werden auch nicht mehr benötigt. Es handelt sich somit um eine freie Topologie mit dem größten Maß an Freiheitsgraden. Ein weiterer Teilnehmer kann an beliebiger Stelle angeschlossen werden.

Vermaschte Struktur: Bei der vermaschten Struktur ist ein Teilnehmer mit mehreren anderen Teilnehmern und umgekehrt verbunden. Zwischen den einzelnen Teilnehmern besteht eine Punkt-zu-Punkt-Verbindung. Es bieten sich mehrere mögliche Wege, um die Nachrichten von einem Teilnehmer zum anderen Teilnehmer zu transportieren. Auch hat der Ausfall eines Teilnehmers nicht unbedingt gravierende Auswirkungen auf das Gesamtsystem.

5.3.2 Zugriffsverfahren

Bedingt durch die verwendeten Topologien bei Bussystemen nutzen die Teilnehmer das gleiche Übertragungsmedium. Um eine korrekte Kommunikation zu gewährleisten, muss das Übertragungsmedium dem Sender determiniert nach einem bestimmten Verfahren zugeteilt werden. Dieser kann dann an einen oder mehrere Empfänger Daten senden. Die Zuteilung des Übertragungskanals wird durch das Zugriffsverfahren geregelt. Grundsätzlich kann man in zufällige (stochastisch) und kontrollierte (determiniert) Buszugriffsverfahren unterscheiden (Bild 5.9).

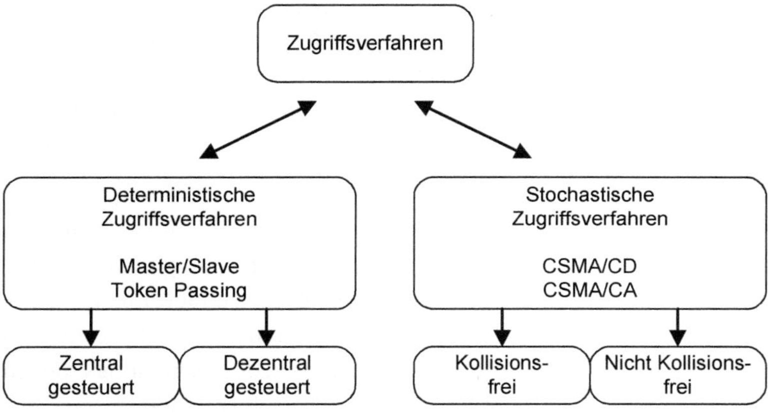

Bild 5.9 Übersicht Zugriffsverfahren

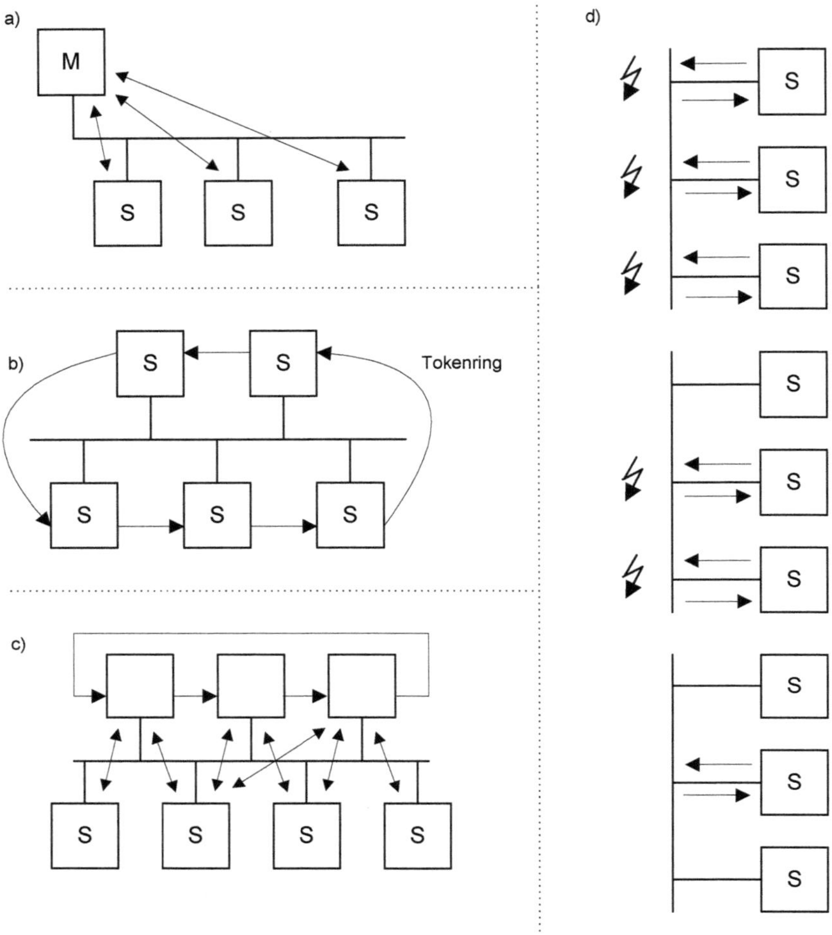

Bild 5.10 Buszugriffsverfahren

Master-Slave (Polling): Beim Master-Slave-Verfahren hat nur ein Teilnehmer (Master) das Senderecht. Er ist damit die zentrale Instanz. Der Master fragt die anderen Busteilnehmer (Slave) in einer festgelegten Reihenfolge nach aktuellen Daten ab. Dem Slave steht eine definierte Zeit zur Antwort zur Verfügung. Nach Ablauf des Zeitfensters wird der nächste Slave angesprochen. Nachdem der Master alle Slaves abgefragt hat, beginnt er von Neuem (Bild 5.10a). Einen Durchlauf bezeichnet man als Zyklus.

Token-Verfahren: Dieses Zugriffsverfahren gestattet mehreren Busteilnehmern das Senderecht zu übernehmen. Um das Senderecht dem jeweiligen Busteilnehmer definiert zuzuweisen, wird ein sogenannter „Token“ verwendet. Das Zugriffsverfahren reguliert das Weiterreichen des Tokens zwischen den sendeberechtigten Busteilnehmern (siehe Bild 5.10b). Der jeweilige Besitzer des Tokens muss diesen nach einer definierten Zeit an den nächsten Teilnehmer weiterreichen.

Token Passing: Bei Token Passing handelt es sich um ein hybrides Buszugriffsverfahren. Es kombiniert das Master-Slave- und das Token-Verfahren. Bild 5.10 zeigt das grundlegende Prinzip des Zugriffsverfahrens.

CSMA/CD (Carrier Sense Multiple Access/CollisionDetection): Beim Verfahren CSMA/CD handelt es sich um ein relativ einfaches Zugriffsverfahren. Ein sendewilliger Teilnehmer überprüft den gemeinsamen Datenkanal auf Busruhe. Ist das Medium frei, beginnt der Teilnehmer mit der Datenübertragung. Kommt es jetzt zu einer Buskollision, da zur gleichen Zeit ein weiterer Busteilnehmer mit dem Senden begonnen hat, unterbrechen beide Teilnehmer sofort die Kommunikation. Die Teilnehmer unternehmen nach Ablauf von zufälligen Zeitintervallen einen erneuten Sendeversuch. Man erkennt unschwer, dass es sich um ein stochastisches Buszugriffsverfahren handelt.

CSMA/CA (Carrier Sense Multiple Access/CollisionAvoidance): Mit der Version CollisionAvoidance werden Kollisionen vermieden. Dies wird mit der Priorisierung der Nachrichten realisiert. Beginnen mehrere Busteilnehmer gemeinsam mit dem Senden einer Nachricht, so setzt sich das Telegramm mit der höchsten Priorität durch. Die anderen Teilnehmer brechen die Datenübertragung ab, da diese den Datenverkehr kontinuierlich abhören und ihre niedrige Priorität feststellen (siehe Bild 5.10d).

5.3.3 Datensicherung

Ziel jeder Datenkommunikation ist es, die Nachrichten sicher und fehlerfrei zu übertragen. Feldbussysteme sind aber auch den realen Bedingungen der industriellen Umgebung ausgesetzt. Es ist somit mit Störungen bei der Kommunikation zu rechnen. Diese Störungen können die Datenübertragung verfälschen oder vollständig zerstören. Um Auswirkungen der Störungen zu verhindern oder zumindest zu minimieren, werden unterschiedlichste Maßnahmen zum Fernhalten von Übertragungsstörungen (geschirmtes Kabel, optische Übertragung) und zur Überwachung der Kommunikation (Fehlercode) unternommen. Die bei der Übertragung auftretenden Fehler lassen sich in drei Arten unterscheiden:

- Der Fehler ist erkennbar und korrigierbar.
- Der Fehler ist erkennbar und nicht korrigierbar.
- Der Fehler ist nicht erkennbar.

Um diesen Fehlern zu begegnen, existieren unterschiedlichste Mechanismen [Schn_08], [Kr_00]. Das nachfolgende Anwendungsbeispiel zeigt ein Verfahren, um eine fehlerhafte Übertragung zu erkennen.

Paritätsbit: Das Paritätsbit dient zur Erkennung, ob bei der Übertragung eine Verfälschung der Nachricht aufgetreten ist. Im Beispiel (Bild 5.11) soll 1 Byte übertragen werden. Zwischen Sender und Empfänger wird vorher vereinbart, dass die Quersumme der Nachricht immer gerade ist. In Abhängigkeit vom Nachrichteninhalt wird das Paritätsbit gesetzt oder nicht gesetzt. Der Empfänger ist in der Lage, die Fehler zu überprüfen, wobei er nur die ungerade Anzahl von Fehlern erkennt. Also eingeschränkt auf 1, 3, 5 und 7 Fehler. Eine gerade Anzahl von Fehlern wird nicht erkannt.

D7	D6	D5	D4	D3	D2	D1	D0	P	Datenformat
1	0	0	1	1	0	1	1	1	Fehlerfreie Übertragung
1	0	0	0	1	0	1	1	1	ein Fehler: Fehlerhafte Übertragung wird erkannt
1	0	0	0	0	0	1	1	1	zwei Fehler: Fehlerhafte Übertragung wird nicht erkannt
1	1	0	0	0	0	1	1	1	drei Fehler: Fehlerhafte Übertragung wird erkannt

Bild 5.11 Fehlererkennung durch Paritätsbit

Damit auftretende Fehler im größeren Umfang erkannt werden, existieren noch weitere Fehlererkennungsmaßnahmen. Diese sind u.a. die Blocksicherung und der Cyclic Redundancy Check (CRC) [Schn_08].

5.3.4 Telegrammformat

Das Telegrammformat Bild 5.12 zeigt einen üblichen Aufbau von Feldbustelegrammen.

Start	Steuerzeichen	Adresse	Daten	Kommando	Prüfsumme	Stop

Bild 5.12 Telegrammaufbau

Die Telegramme beinhalten nicht nur reine Daten, sondern sind von einer Vielzahl an notwendigen Zusatzinformationen eingerahmt. Diese sind Abhängig vom jeweiligen Feldbussystem. Das Telegrammformat ist streng dem Feldbussystem zugeordnet. Bild 5.13 zeigt zwei Telegrammformate als Beispiel.

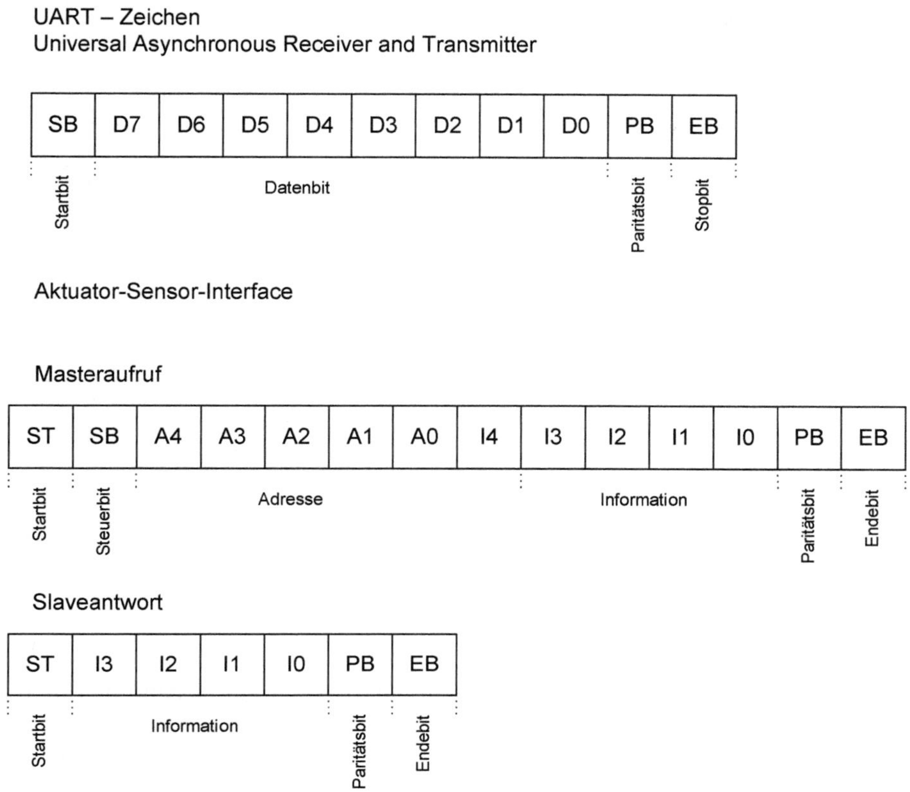

Bild 5.13 Telegrammformate

5.3.5 Binäre Informationsdarstellung

Um binär Daten übertragen zu können, sind diese entsprechend zu codieren. Es existieren unterschiedlichste Modulationsverfahren. So kann die digitale Information von der Amplitude, Flanke, Phase und Frequenz getragen werden. Typische Modulationsverfahren sind:

NRZ	Non Return to Zero
RZ	Return to Zero
HDB	High Density Bipolar Format
NRZI	Non Return to Zero Insert
M II	Manchester II Code
FSK	Frequency Shift Keying
ASK	Amplitude Shift Keying
PSK	Phase Shift Keying
AFP	Alternierendes Flankenpulsverfahren

Bild 5.14 zeigt verschiedene Beispiele.

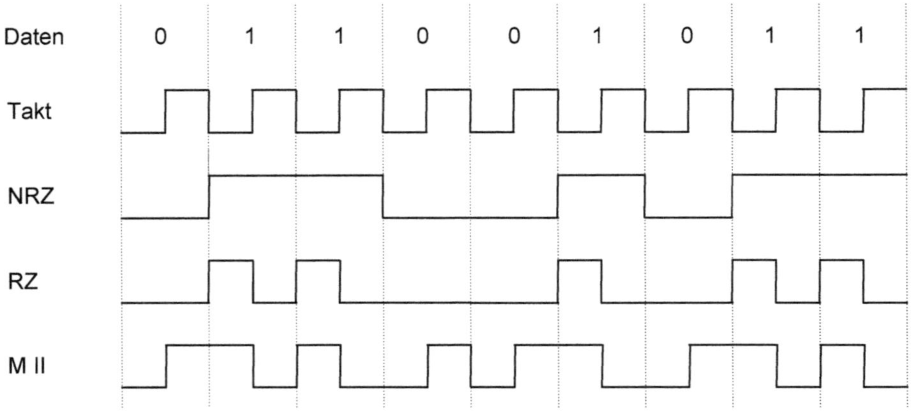

Bild 5.14 Informationsdarstellung

5.3.6 Übertragungsstandards

Die eigentliche Übertragung der Daten über das Übertragungsmedium (Kabel, Lichtwellenleiter) wird durch den Übertragungsstandard definiert. D.h. der Übertragungsstandard legt die Zuordnung zwischen dem zu übertragenden Binärwert (0,1) und der Größe oder dem Wert des Trägers (Amplitude, Frequenz, Strom) fest. Übliche, in Anwendung befindliche Schnittstellen sind:

- RS 232, RS 422, RS 485
- V24 Schnittstelle
- 20 mA Schnittstelle

In Bild 5.15 sind verschiedene Beispiele dargestellt.

RS 232

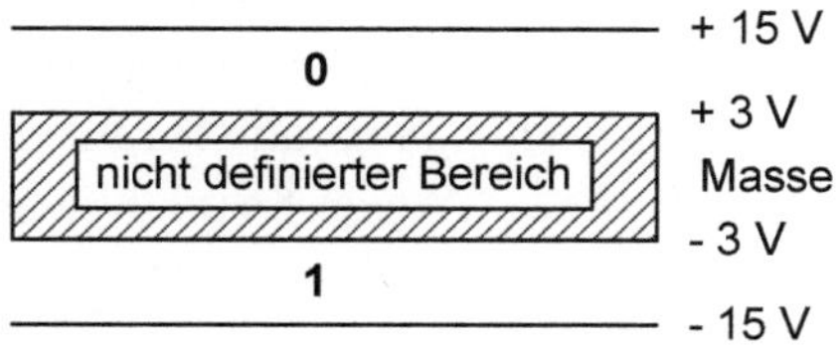

Logisch 0: 3V < U < 15V
Logisch 1: -15V < U < -3V

RS 485

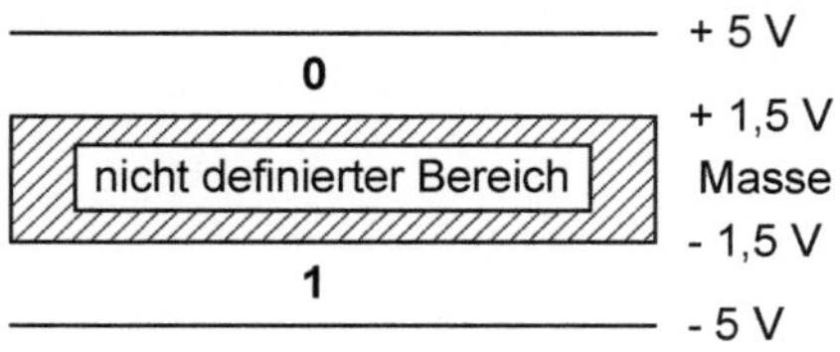

Logisch 0: 1,5V < U < 5V
Logisch 1: -5V < U < -1,5V

20 mA-Stromschleife

Logisch 0: 0 mA = I = 3 mA
Logisch 1: 14 mA = I = 20 mA

Bild 5.15 Übertragungsstandards

5.3.7 Übertragungsgeschwindigkeit

Die Übertragungsgeschwindigkeit macht eine Aussage über die Anzahl von Bits, die innerhalb einer bestimmten Zeit übertragen werden. Geläufig ist die Angabe in Baud (Baud ≡ bits per second). Das Spektrum der vorwiegend angewendeten Übertragungsraten reicht von 9,6 kBd bis 12 MBd.

5.3.8 Übertragungsmedium

Das Übertragungsmedium verbindet alle Teilnehmer in Abhängigkeit der gewählten Topologie zum Datenaustausch. Zur Übertragung der Daten werden unterschiedlichste Medien eingesetzt. Es stehen verschiedene Möglichkeiten zur Verfügung, die sich vorrangig durch Kosten, maximale Datenübertragungsgeschwindigkeit und Verlegbarkeit unterscheiden. Dazu gehören u. a. Kupferkabel in verschiedenen Ausführungen (verdrillt und nicht geschirmt, verdrillt und geschirmt, nicht verdrillt oder als Koaxkabel), Lichtwellenleiter und auch Funkverbindungen.

Die verdrillte Zweidrahtleitung ist die mit Abstand preiswerteste Lösung zur Vernetzung von Automatisierungskomponenten. Diese sind einfach zu verlegen, ermöglichen aber keine allzu hohen Datenübertragungsgeschwindigkeiten und sind störempfindlicher. Die Nachteile kann man durch Abschirmung einschränken, hebt aber damit den Preis. Deutlich teurer ist Koaxial-Kabel. Wobei Koaxial-Kabel höhere Datenübertragungsgeschwindigkeiten ermöglichen und eine ausreichende Störsicherheit besitzen. Nachteilig ist die schwierige Verlegbarkeit dieses Kabeltyps. Eine noch höhere Störsicherheit und Datenübertragungsgeschwindigkeit wird durch Lichtwellenleiter erreicht. Wobei hier höhere Kosten gegenüberstehen. Daher erfolgt der Einsatz vorrangig in Umgebungen mit starken elektrischen und/ oder magnetischen Feldern. Lichtwellenleiter können aus Plastik- und Glasfasern hergestellt werden.

Auf aktuelle Funklösungen wird im Weiteren noch eingegangen.

5.3.9 Funklösungen

Zur Übertragung von Informationen in Automatisierungsanlagen werden vermehrt auch Funksysteme eingesetzt. Die Akzeptanz zur Anwendung von Funklösungen ist in der vergangenen Zeit sehr gestiegen. So hält die Funktechnologie Einzug in die Prozess- und Fabrikautomation. Durch die unterschiedlichen Anforderungen (Entfernung, Geschwindigkeit) werden verschiedene Funktechnologien verwendet (Bild 5.16).

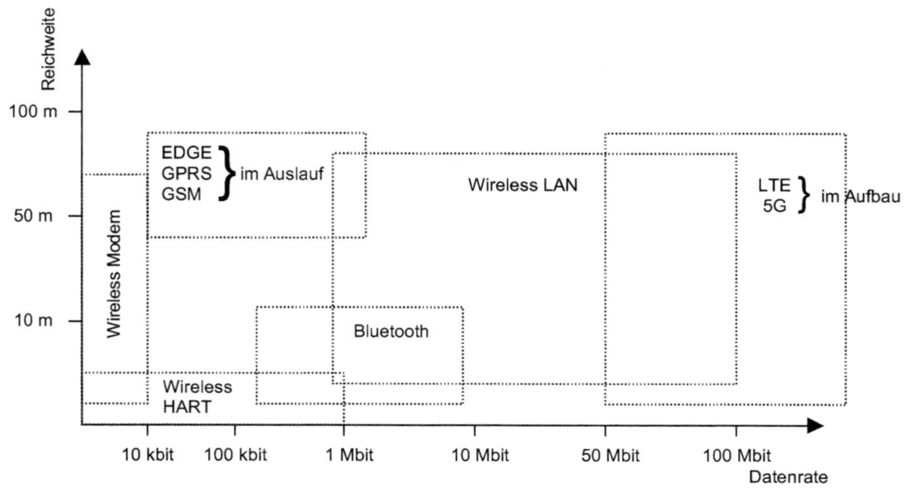

Bild 5.16 Funkstandards

Fertigungsautomation: Vorrangig geprägt von schnellen Produktionsabläufen in räumlich begrenzten Anlagen. Schnelle Abläufe fordern kurze Zyklen, hohe Datenraten und störsichere Datenübertragungen der Sensor- und Aktuatordaten. Somit gelten diese Anforderungen ebenfalls für Funksysteme.

Prozessautomation: Vorrangig geprägt von Vorgängen wie Heizen, Kühlen, Pumpen und Vermengen. Meist sind analoge Prozessgrößen, beispielsweise Druck, Temperatur, Füllstand und Durchfluss, zu übertragen. Diese relativ langsamen Prozessvorgänge fordern nicht so kurze Zykluszeiten, wobei die räumliche Ausdehnung viel größer als bei der Fertigungsautomatisierung ist und somit höhere Reichweiten realisiert werden müssen.

Resultierend aus den unterschiedlichen Anwendungen und den damit verbundenen verschiedensten Anforderungen, wird die Unterscheidung in drei Anwendungsfelder empfohlen [ZVEI_11]. Es wird in anlagenübergreifende, anlagenweite und Sensor-/Aktuator-Funknetze unterteilt. Mit Bild 5.17 erfolgt eine Einordnung in die bereits vorgestellte Automatisierungspyramide.

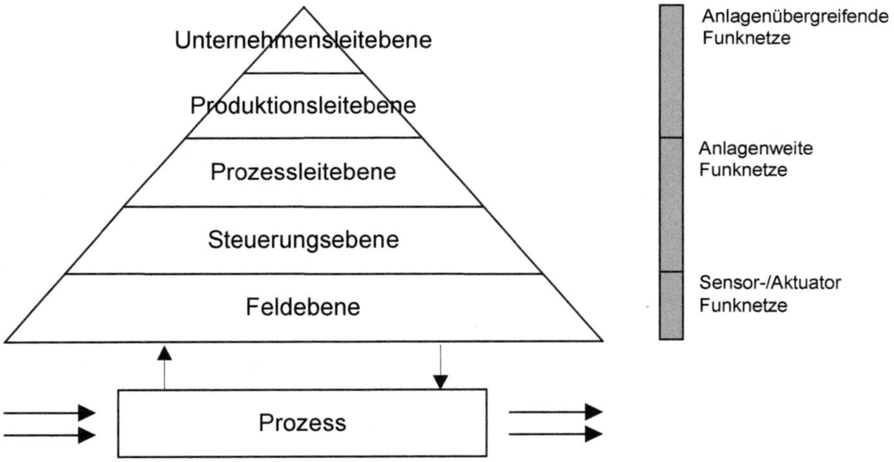

Bild 5.17 Einordnung in die Automatisierungspyramide

Die unterschiedlichen Anwendungen von Funklösungen zeigt Tabelle 5.3.

Tabelle 5.3 Anwendungen von Funklösungen

Ebene	Anwendungen
anlagenübergreifende Funknetze	Fernwartung und -diagnose, dezentrale Anlagen, mobile Prozesse
anlagenweite Funknetze	fahrerlose Transportsysteme, Portalkräne, mobile Bedieneinrichtungen
Sensor-/Aktuator-Funknetze	Messstellenabfrage, mobile Messeinrichtungen, Datenerfassung

Anwendungsbeispiel

Ein Beispiel für den Einsatz von Funktechnologien in industriellen Kommunikationssystemen findet man bei dem System HART (Highway Addressable Remote Transducer). Das so bezeichnete WirelessHART ist eine Erweiterung zum ursprünglichen HART-Protokoll (Anhang D) und wurde im Jahr 2007 eingeführt. Mit dieser Ergänzung wird die Kommunikation basierend auf dem Industriestandard HART-IEC 61158 und dem Funkstandard IEEE 802.15.4-2006 mit Funk ermöglicht. Die Reichweite zwischen den Geräten kann bis zu 250 m betragen.

5.3.10 Systemkomponenten

Neben den Teilnehmern, welche Daten über das Feldbussystem austauschen, gibt es noch weitere notwendige und optionale Komponenten in einem Feldbussystem. Es existieren Komponenten zur Herstellung der Busbereitschaft, zur Erweiterung der Funktionalität, Erhöhung der Datenübertragungssicherheit und zur Kommunikation mit anderen Bussystemen. In Tabelle 5.4 sind eine Auswahl verschiedener Systemkomponenten und deren Funktion aufgelistet.

Tabelle 5.4 Systemkomponenten

Komponente	Funktion
Master	zentrale Instanz, Schnittstelle zur Steuerung oder anderes Bussystem
Slave	busfähige Sensoren und Aktuatoren
Netzteil	Hilfsenergieversorgung
Repeater	Regenerierung und Verstärkung der Bussignale, Verlängerung der Leitungslänge im Feldbussystem
Router	Pfadsuche in verzweigten Feldbussystemen zur Herstellung der Verbindung zwischen dem Sender und dem Empfänger
Gateway	Herstellung einer Verbindung völlig verschiedener Bussysteme
Adressiergeräte	Zuweisung der Slaves mit einer Netzwerkadresse
Diagnosetools	Werkzeuge für Inbetriebnahme, Fehlersuche und Betrieb
Redundanzeinrichtung	Komponenten zur Erhöhung der Systemzuverlässigkeit

5.3.11 Standardisierung/Zertifizierung

Damit die Komponenten unterschiedlicher Hersteller an einem Bussystem funktionieren und dabei nicht das Gesamtsystem beeinträchtigen, werden die Feldbussysteme standardisiert. Zum Nachweis, dass die Komponenten die Busspezifikation einhalten, werden entsprechende Zertifikate vergeben. Diese Zertifikate erhalten die Hersteller nach Prüfung der Buskomponenten von einer Zertifizierungsstelle, nachdem ein autorisiertes Prüflabor die Einhaltung der Spezifikation gemäß Prüfordnung überprüft hat. Die Funktion einer Zertifizierungsstelle wird oft von der jeweiligen Nutzerorganisation übernommen. Hier findet man einen Zusammenschluss von Herstellern und Anwendern, welche die weitere technische und marktstrategische Entwicklung des betreffenden Feldbussystems unterstützen.

5.4 IO-Link

Eine weitere Entwicklung im Bereich der prozessnahen Datenkommunikation ist das IO-Link. Diese Technologie soll die Kommunikationslücke in der untersten Feldebene schließen und mehr Funktionalitäten ermöglichen. Bei IO-Link handelt es sich nicht um einen Feldbus oder Sensor-/Aktuator-System, wie es häufig in Artikeln und Beschreibungen dargestellt wird. Vielmehr ist IO-Link eine Punkt-zu-Punkt-Verbindung zwischen einem prozessnahen Knoten (PNK) und dem eigentlichen Feldgerät, welche bidirektional Nachrichten überträgt und die Kommunikation mit intelligenten komplexen Sensoren und Aktuatoren unterstützt.

Klassische Sensoren (binär schaltend) sind mit drei Leitungen ausgestattet. Zwei für die Hilfsenergieversorgung und eine für das Schaltsignal (unidirektional). Die Übertragung weiterer Informationen wie z. B. der Verschmutzungsgrad bei Lichtschranken oder die Parametrierung sind bei dieser klassischen Standard-Verdrahtung nicht möglich. Dazu sind Erweiterungen bzw. zusätzliche I/Os notwendig. Diese sind meist proprietär und über spezielle Stecker und Schnittstellen ansprechbar (Bild 5.18).

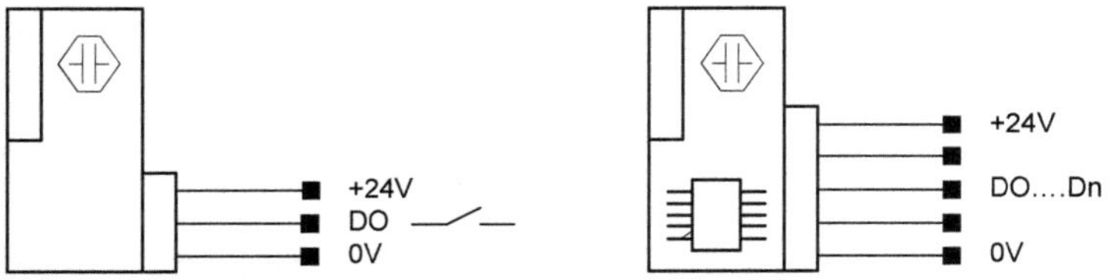

Bild 5.18 Sensorschnittstellen

Um weiterhin Feldgeräte mit der klassischen 3-Leiter-Schnittstelle zu realisieren, diese aber parametrier- und diagnosefähig zu machen, haben sich verschiedene Hersteller von Sensoren, Aktuatoren und Steuerungen zusammengeschlossen, um den Kommunikationsstandard „IO-Link“ festzulegen. Nachfolgend sind Anforderungen an IO-Link aufgelistet:

- Beibehaltung der Punkt-zu-Punkt-Verbindung
- kompatibel zu bestehenden PNK und Feldgeräten
- Wirtschaftlichkeit im Vergleich zu konventionellen Feldgeräten
- einfacher 3-Leiter-Anschluss
- Abdeckung der zusätzlichen Sensor-/Aktuator-Funktionalitäten
- Kommunikation in der untersten Feldebene
- Nutzung bestehender Schnittstellen
- hersteller- und feldbusunabhängig
- internationale Standardisierung

Die IO-Link-Schnittstelle arbeitet in zwei Modi. Die Basis bildet die etablierte und millionenfach eingesetzte binäre 24-V-Schnittstelle für Schaltgeräte. Im Modus „Standard IO (SIO)“ arbeiten IO-Link-Geräte wie konventionelle Geräte. Es werden auf der Signalleitung nur die zwei Schaltzustände übertragen. In diesem Modus können Geräte auch mit klassischen digitalen Schnittstellen kommunizieren. Im Modus 2 mit der Bezeichnung „Kommunikationsmodus (COM)“ wird die Signalleitung genutzt, um serielle Daten zu übertragen. Dabei kann es sich um zyklische, azyklische Daten und Ereignisse handeln (Bild 5.19).

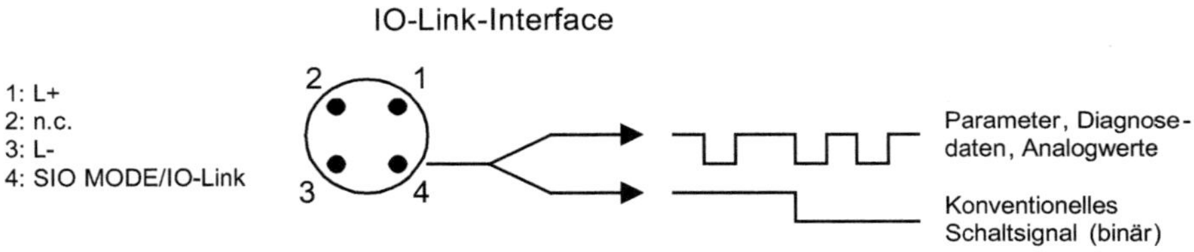

Bild 5.19 IO-Link-Schnittstelle

Tabelle 5.5 fasst die technischen Daten von IO-Link zusammen. Bild 5.20 verdeutlicht die Einordnung von IO-Link-Geräten in die Automatisierungspyramide und gängige Automatisierungsstrukturen mit IO-Link in Anwendung (Bild 5.21).

Tabelle 5.5 IO-Link-Eckdaten

Eckdaten	IO-Link
Übertragungsrate	4,8 bis 230,4 kBit/s
Anschluss	M5, M8, M12, Einzeladern, Steckverbinder
Hilfsenergie	24 V
Topologie	Punkt-zu-Punkt
Leitungslänge	max. 20 m
Datenübertragungszeit	2 ms (typ.)
Anwendungen	Messwerte, Diagnosedaten, Parametrierung, Events
Norm	IEC 61131-9

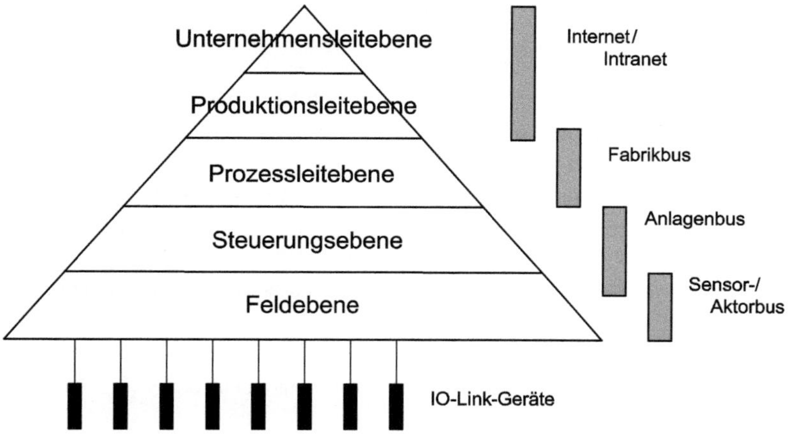

Bild 5.20 Einordnung der IO-Link-Geräte in die Automatisierungspyramide

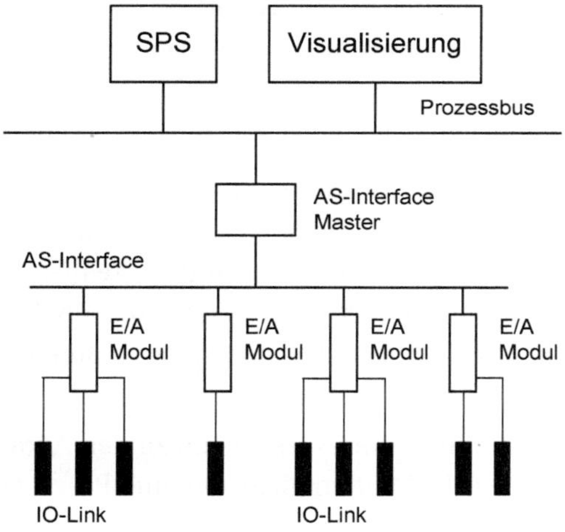

Bild 5.21 Kommunikationsstrukturen mit IO-Link

■ 5.5 Industrielösungen

Wie vorangegangen dargestellt, existieren in Abhängigkeit von der jeweiligen Anwendung und dem technologischen Prozess unterschiedlichste Ausprägungen von Automatisierungsanlagen. Dementsprechend kommen auch verschiedene Kommunikationssysteme zum Einsatz. Tabelle 5.6 zeigt eine Aufstellung derzeit vielfach eingesetzter industrieller Kommunikationssysteme. Die grundlegenden Eigenschaften von einigen ausgewählten Übertragungssystemen sind im Anhang D zu finden.

Tabelle 5.6 Industrielle Kommunikationssysteme

Bussystem	Bezeichnung	Informationsquellen
AS-Interface	Actuator-Sensor-Interface	www.as-interface.net
CANopen	basierend auf CAN (Controller Area Network)	www.can-cia.org
CC-Link	Controland Communication Link	www.clpa-europe.com
ControlNet	basierend auf CAN (Controller Area Network)	www.odva.org
DeviceNet	basierend auf CAN (Controller Area Network)	www.can-cia.org; www.odva.org
Foundation FB	FoundationFieldbus	www.fieldbus.org
HART	Highway Addressable Remote Transducer	www.hartcomm.org
INTERBUS		www.profibus.com
Modbus		www.modbus.org
PROFIBUS	Process Field Bus	www.profibus.com
PROFINET	Process Field Net	www.profibus.com
Powerlink	ETHERNET POWERLINK	www.ethernet-powerlink.org
Sercos	Serial Realtime Communication System	www.sercos.de

Exemplarisch für unterschiedlichste Ausprägungen von Automatisierungsanlagen soll die Anwendung von Feldbussystemen anhand der in Bild 5.22 dargestellten Struktur gezeigt werden. Dargestellt ist eine Automatisierungsanlage, realisiert mit verschiedenen Kommunikationssystemen, installiert in unterschiedlichen Automatisierungsebenen. Die Kurzvorstellung des Sensor-Aktuator-Systems anhand typischer Eigenschaften erfolgt im Anschluss.

Im Weiteren zeigt Tabelle 5.7 Zuordnungen industrieller Bussysteme zu den Automatisierungsebenen für Anwendungen in der Fabrikautomatisierung und Prozessautomatisierung.

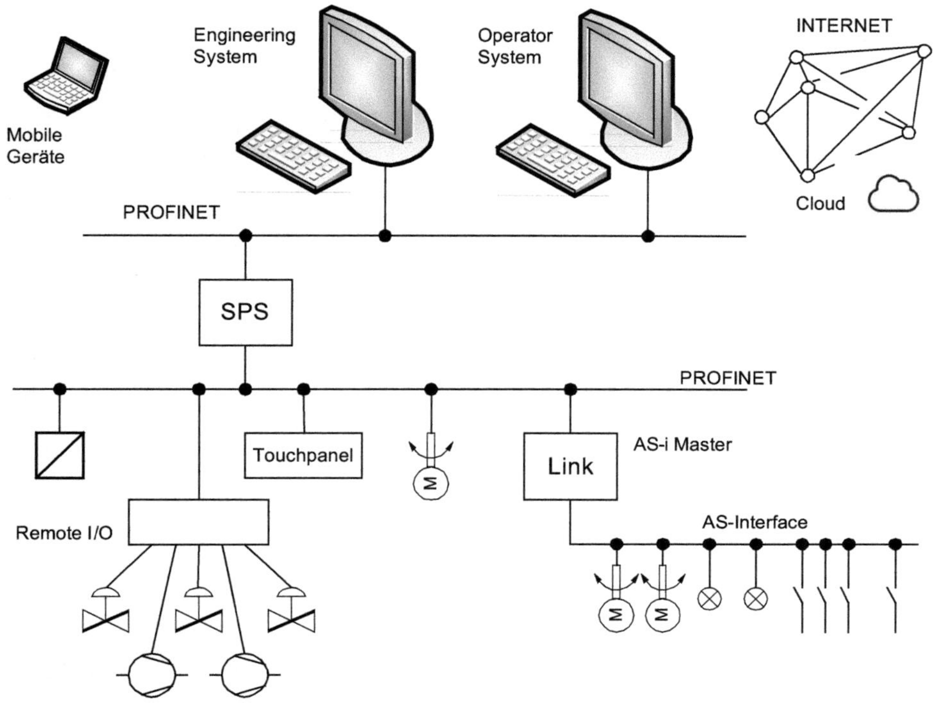

Bild 5.22 Mögliche Kommunikationsstruktur heutiger Automatisierungsanlagen

Tabelle 5.7 Zuordnungen von industriellen Kommunikationssystemen zu Ebenen [Schne_12]

Anwendungsbereich Ebene	Fabrikautomation	Prozessautomation
Unternehmensleitebene	INTERNET INTRANET Ethernet	INTERNET INTRANET Ethernet
Produktionsleitebene	INTERNET INTRANET Ethernet	INTERNET INTRANET Ethernet
Prozessleitebene	PROFINET PROFIBUS Industrial Ethernet	PROFINET PROFIBUS Industrial Ethernet
Steuerungsebene	INTERBUS PROFIBUS-DP CAN SERCOS	Foundation Fieldbus PROFIBUS-DP Modbus DeviceNet
Feldebene	INTERBUS AS-Interface	HART PROFIBUS PA

5.6 AS-Interface

Im prozessnahen Bereich kommt im dargestellten Beispiel (Bild 5.22) ein intelligentes Installationssystem mit der Bezeichnung „Aktuator-Sensor-Interface“ (AS-Interface) zur Anwendung. Es bindet auf einfache und preiswerte Art und Weise die binären Signale der Anlage an die höher gelagerten PNK und Feldbussysteme. Die Übertragung analoger Werte wie z. B. Temperatur ist ebenfalls möglich. Mit dem Einsatz von AS-Interface wurde in der prozessnahen Ebene die Parallelverdrahtung durch eine intelligente Zweileiterverkabelungstechnik ersetzt. Bild 5.23 zeigt die grundlegende Struktur des AS-Interface mit den Komponenten: Master, Slave, Netzteil und Kabel. Es besteht die Möglichkeit, konventionelle Sensoren und Aktuatoren über sogenannte Koppelmodule anzuschließen oder Slaves mit bereits integriertem Busanschluss zu nutzen. Tabelle 5.8 stellt die technischen Daten zusammen. Im Weiteren werden die spezifischen Eigenschaften gemäß Abschnitt 5.3 von AS-Interface näher vorgestellt.

Tabelle 5.8 Eckdaten des AS-Interface

Kenngröße	AS-Interface
Topologie	frei Linie, Baum, Stern und Ring möglich
Teilnehmer (Slaves)	62
Adressvergabe	Master, Adressiergerät, automatisch bei Austausch
max. Anzahl der I/O	496 Eingänge und 496 Ausgänge
Daten pro Nachricht	4 Bit bidirektional
max. Daten pro Slave	zyklisch: 4-Byte-Eingang und 4-Byte-Ausgang azyklisch: mehrere Kilobyte
Übertragungsmedium	Zweileiterkabel, gleichzeitige Übertragung von Daten und Energie, kein Abschlusswiderstand, keine Schirmung notwendig
Zugriffsverfahren	Master-Slave mit zyklischem Polling
Übertragungsrate	ca. 167 kBit/s
max. Zykluszeit	10 ms
Bitcodierung	Manchester
Übertragungsverfahren (Physical Layer)	APM mit $\sin^2$-Impulsen
Hilfsenergieversorgung	30,5 V DC, 24 V DC, max. 8 A Gesamtstrom
max. Leitungslänge	100 m, 300 m mit 2 Repeatern möglich
Anschlusstechnik	Schneidklemmtechnik, kein Abschneiden und Abisolieren notwendig
Datensicherung	umfangreiche Signalqualitätsüberwachung, zusätzlich 1 Paritätsbit, entspricht einer HD (Hamming-Distanz) = 4
Sicherheitstechnik	integriert
Normung	IEC 62026ö2

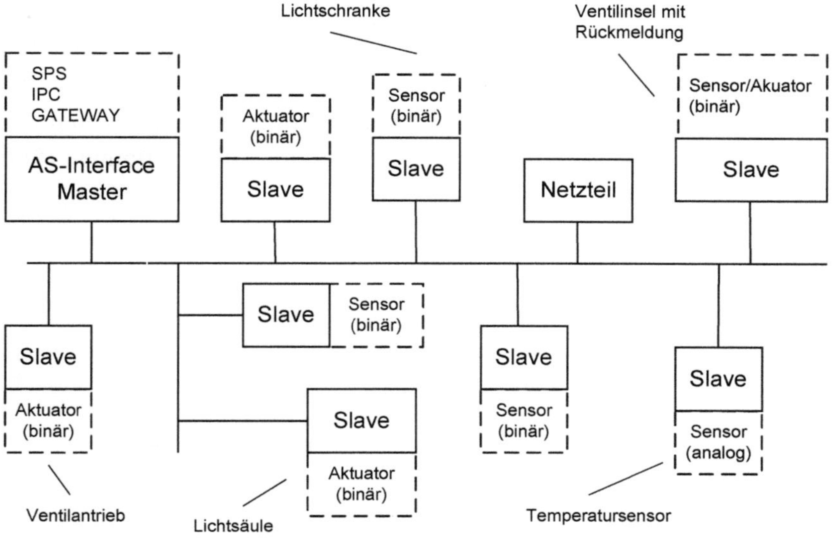

Bild 5.23 AS-Interface

Netzwerktopologie

Bei der Topologie von AS-Interface-Netzwerken gibt es keine Einschränkungen. Bild 5.24 zeigt zwei mögliche Strukturen, wobei die Topologien Stern, Linie, Linie mit Stichleitungen und Baum grundsätzlich möglich sind. Damit kann die Netzwerkstruktur voll und ganz den örtlichen Anforderungen angepasst werden. Die Anordnung der Slaves kann beliebig verteilt entlang des Kabels erfolgen. Der Anschluss von Abschlusswiderständen ist nicht notwendig. Die einzige Limitierung betrifft die Gesamtleitungslänge von 100 m. Um größere Entfernungen zu überbrücken, stehen Repeater zur Verfügung. Damit ist eine max. Gesamtlänge von 300 m möglich.

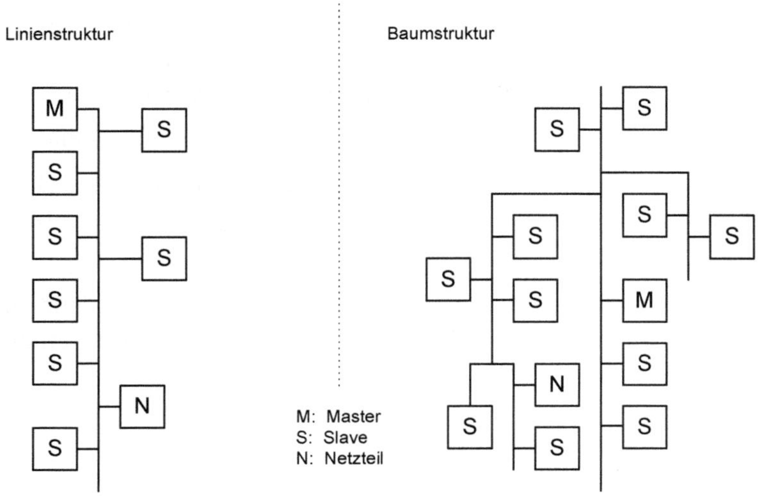

Bild 5.24 Beispieltopologien

Zugriffsverfahren

Als Zugriffsverfahren kommt das Master-Slave-Verfahren mit zyklischem Polling zur Anwendung (Abschnitt 5.3). Durch dieses Verfahren wird eine definierte Reaktionszeit gewährleistet. Mit einer max. Teilnehmerzahl von 62 Slaves und der festen Telegrammlänge lässt sich die max. Zykluszeit eindeutig bestimmen (Bild 5.25).

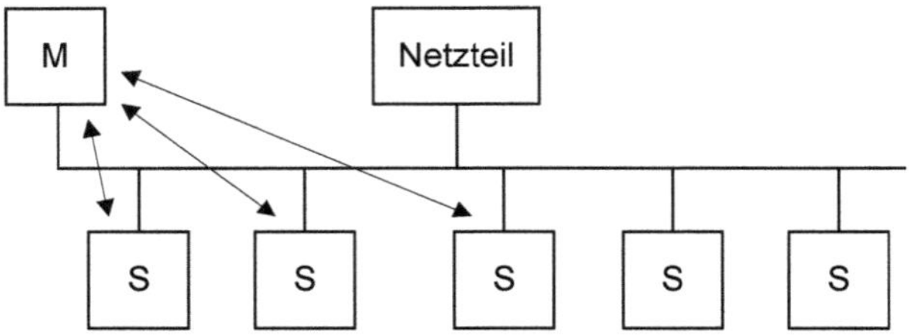

Bild 5.25 Master-Slave-Verfahren

Datensicherung

Das verwendete APM-Signal impliziert eine Anzahl an Eigenschaften, welche für eine hohe Datensicherheit genutzt werden. Der Telegrammverkehr wird von jedem Teilnehmer auf die Einhaltung folgender Übertragungsregeln überprüft:

1. *Startbit:* Jedes AS-Interface-Telegramm muss mit einem negativen Impuls beginnen.
2. *Alternation:* Die aufeinanderfolgenden Impulse müssen in Ihrer Polarität wechseln.
3. *Impulspause:* Die Impulspause zwischen zwei Impulsen innerhalb eines Telegramms darf maximal eine Impulslänge von 3 μs betragen.
4. *Informationsgehalt:* Da der Informationsgehalt beim MAN-Code in einer Flanke in der Mitte der Bitzeiten liegt und diese Flanke in jedem gültigen Codewort vorhanden ist, muss in der zweiten Hälfte immer ein Impuls vorhanden sein.
5. *Paritätsprüfung:* Die Summe aller im Codewort enthaltenen 1-Bits, somit die positiven Impulse in der zweiten Bithälfte, muss einen geraden Wert ergeben.
6. *Endebit:* Jedes AS-Interface-Telegramm muss mit einem positiven Impuls enden.
7. *Aufruflänge:* Der Slave überwacht die AS-i-Leitung nach dem Endebit des Masteraufrufs. In dieser Zeit herrscht Busruhe, es darf kein Impuls übertragen werden.

Die Anzahl der überwachten Regeln verdeutlicht die umfangreichen Maßnahmen, um bei der Datenübertragung eine hohe Datenübertragungssicherheit zu erlangen. Diese entspricht damit einer Hamming-Distanz = 4.

Telegrammformat

In Bild 5.26 ist der komplette Aufbau einer AS-Interface-Nachricht dargestellt. Diese besteht aus einem Masteraufruf, gefolgt von einer Masterpause. Darauf folgen die Slaveantwort und eine Slavepause. Die Masterpause darf zwischen 3 und max. 10 Bitzeiten variieren, während die Slavepause auf eine Bitzeit (6 µ) begrenzt ist. Eine gesamte Nachricht bestehend aus Masteraufruf, Slaveantwort und Pausen hat damit eine Dauer von 152 µs.

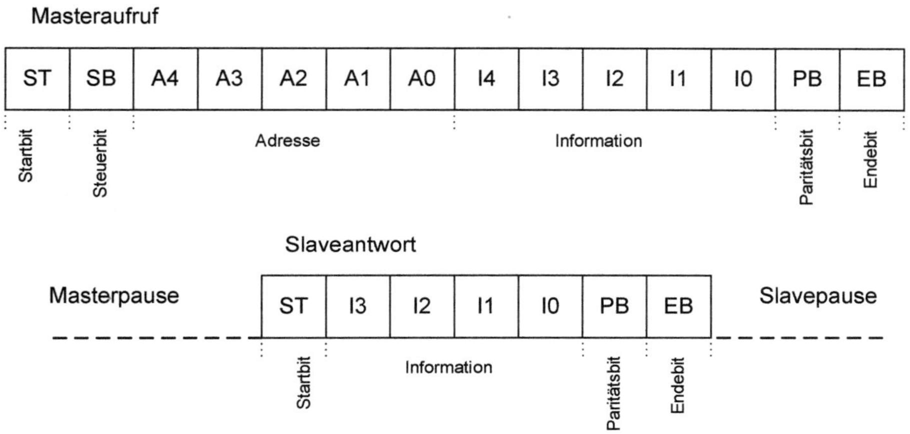

Bild 5.26 AS-Interface Telegrammaufbau

Der Telegrammaufbau soll nachfolgend näher beschrieben werden [KrMa_96].

Masteraufruf:

ST	Startbit:	Beginn eines Masteraufrufs
		0 – gültiges Startbit
		1 – nicht erlaubt
SB	Steuerbit:	kennzeichnet den Daten-/Parameter-/Adressaufruf bzw. Kommandoaufruf
		0 – Daten-/Parameter-/Adressaufruf
		1 – Kommandoaufruf
A0 … A4	Adresse:	Slaveadresse
		(5 Bit)
I0 … I4	Information:	Die 5 Informationsbits enthalten je nach Aufruftyp die Informationen, die an den Slave übermittelt werden. Einzelheiten sind bei der jeweiligen Nachricht beschrieben.
PB	Paritätsbit:	Paritätsbit, die Summe aller „1“ im Masteraufruf muss gerade sein.
EB	Endebit:	Ende des Masteraufrufs
		0 – nicht erlaubt
		1 – gültiges Endebit

Slaveantwort:

ST	Startbit:	Beginn einer Slaveantwort
		0 - gültiges Startbit
		1 - nicht erlaubt
I0 ... I3	Information:	Informationsbits (4 Bit)
PB	Paritätsbit:	Paritätsbit, die Summe aller „1“ im Masteraufruf muss gerade sein.
EB	Endebit:	Ende einer Slaveantwort
		0 - nicht erlaubt
		1 - gültiges Endebit

Damit können die folgenden Masteraufrufe erzeugt werden (Tab. 5.9).

Tabelle 5.9 Masteraufrufe bei AS-Interface (erweiterter Adressmode)

Aufruf	ST	SB	A4	A3	A2	A1	A0	I4	I3	I2	I1	I0	PB	EB
Datenaufruf	0	0	A4	A3	A2	A1	A0	0	Sel	D2	D1	D0	PB	1
Parameteraufruf	0	0	A4	A3	A2	A1	A0	1	Sel	P2	P1	P0	PB	1
Adressieraufruf	0	0	0	0	0	0	0	A4	A3	A2	A1	A0	PB	1
ID1 schreiben	0	1	0	0	0	0	0	0	ID3	ID2	ID1	ID0	PB	1
Adresse löschen	0	1	A4	A3	A2	A1	A0	0	Sel	0	0	0	PB	1
Reset Slave	0	1	A4	A3	A2	A1	A0	1	Sel	1	0	0	PB	1
E/A-Konfiguration lesen	0	1	A4	A3	A2	A1	A0	1	Sel	0	0	0	PB	1
ID-Code lesen	0	1	A4	A3	A2	A1	A0	1	Sel	0	0	1	PB	1
ID-Code 1 lesen	0	1	A4	A3	A2	A1	A0	1	Sel	0	1	0	PB	1
ID-Code 2 lesen	0	1	A4	A3	A2	A1	A0	1	Sel	0	1	1	PB	1
Status lesen	0	1	A4	A3	A2	A1	A0	1	Sel	1	1	0	PB	1
Broadcast: Reset	0	1	1	1	1	1	1	1	0	1	0	0	PB	1

Binäre Informationsdarstellung

Speziell für AS-Interface wurde ein neues Modulationsverfahren entwickelt und spezifiziert. Dies war notwendig, um alle an ein solches intelligentes Installationssystem gestellten Anforderungen zu erfüllen. Bei AS-Interface kommt die Alternierende Puls Modulation (AMP) zum Einsatz. Der Ablauf der Signalübertragung soll anhand von Bild 5.27 verdeutlicht werden. Die zu sendende Bitfolge wird im ersten Schritt MAN-codiert (Manchester-Code, M II, siehe auch Abschnitt 5.3). Der daraus generierte Sendestrom erzeugt mit der nur einmal im System vorhandenen Induktivität durch Differentiation einen Signalspannungspegel auf der AS-Interface-Leitung. Ein Stromanstieg generiert einen negativen Spannungsimpuls, ein Abfall einen positiven Spannungsimpuls. Im Empfänger erfolgt eine Decodierung der Signale.

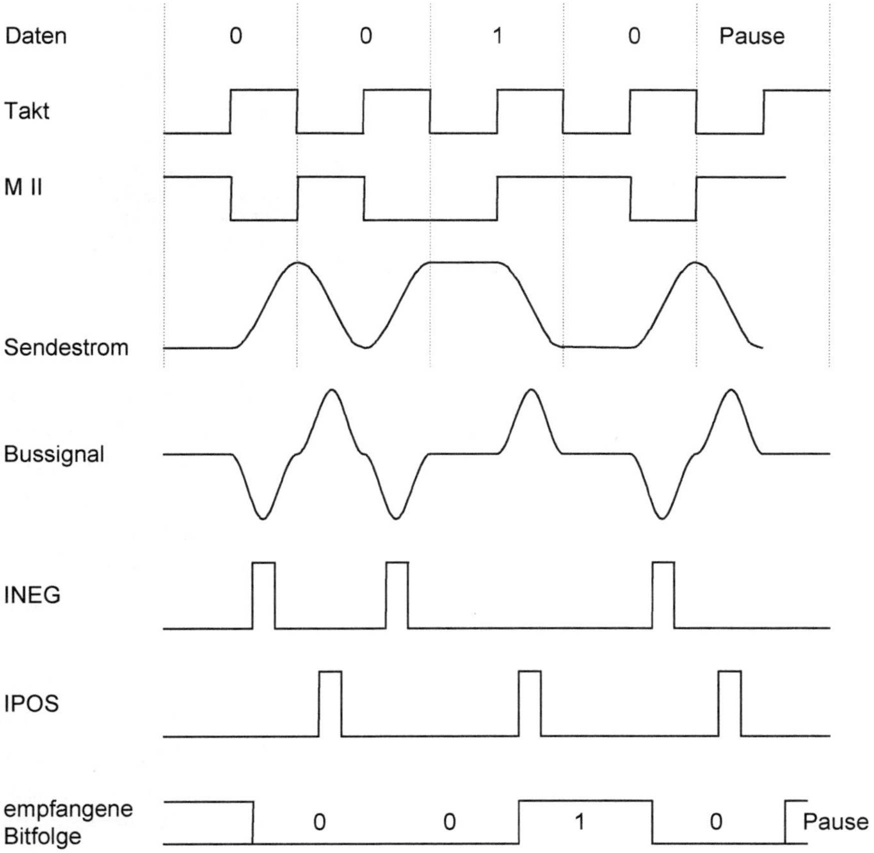

Bild 5.27 Ablauf der Signalübertragung

Systemkomponenten

Der AS-Interface Master sorgt für den Datenaustausch über die AS-Interface-Leitung. Er fragt die Sensoren ab und übermittelt den Aktuatoren entsprechend die aktuellen Stellinformationen. Weiterhin ist der Master Bindeglied zu übergeordneten Systemen wie z.B. SPS, IPC und Gateway zu anderen Feldbussystemen. Die Datenübertragung erfolgt über eine zweiadrige AS-Interface-Leitung. Gleichzeitig wird über diese Leitung auch die Hilfsenergie zur Versorgung der Slaves bereitgestellt. Hervorzuheben ist die Kontaktiertechnik zum Anschluss der AS-Interface-Komponenten. Die Kontaktierung erfolgt durch Kontaktmesser, die den Mantel des Kabels und die Adern durchdringen und damit einen zuverlässigen Kontakt herstellen. Es entfällt zeitaufwendiges Auftrennen, Abisolieren, Adernendhülsen setzen und Anklemmen. Bild 5.28 zeigt das Prinzip und eine Variante dieser Kontaktiermöglichkeit mit Hilfe der Durchdringungstechnik.

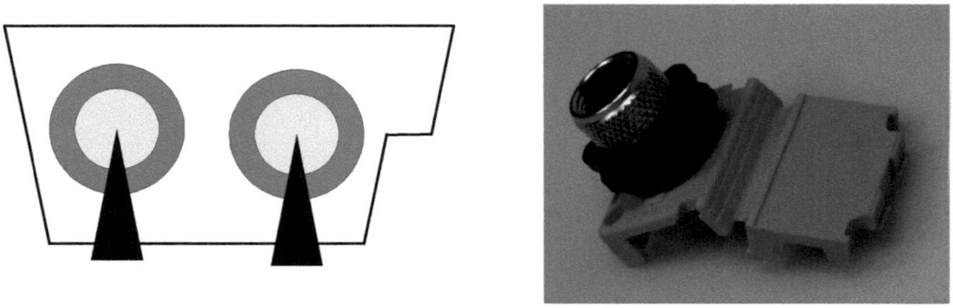

Bild 5.28 Kontaktiermöglichkeit mit AS-Interface

Neben den Grundkomponenten wie Master, Slave und Netzteil existieren noch weitere Komponenten für das AS-Interface. Bereits erwähnt wurden Repeater, um die Erweiterung der Leitungslänge auf 300 m zu ermöglichen. Zum Schutz gegen Überspannung, hervorgerufen z. B. durch Blitzschlag, Schaltvorgänge (High Voltage) und hohe statische Aufladungen stehen Überspannungsschutzmodule bereit. Zur Detektion von evtl. auftretenden Erdschlüssen werden Erdschlusswächter angeboten. Weiterhin stehen unterschiedliche Diagnosetools zur Verfügung, um u. a. eine Fehlersuche zu unterstützen [B+W].

In Bild 5.29 ist das AS-Interface ServiceBook dargestellt. Beim ServiceBook handelt es sich um ein handliches, leistungsfähiges Werkzeug zur Inbetriebnahme und Wartung des AS-Interface. Das Servicegerät ermöglicht die Erfassung aller wichtigen Daten des AS-Interface, unabhängig von dem jeweiligen Betriebszustand. Dazu wird das ServiceBook direkt an das AS-Interface angeschlossen. Die Hilfsenergieversorgung erfolgt wahlweise über ein Steckernetzteil oder den USB-Anschluss. Als Anzeige- und Bedienkomponente kann ein PC oder Notebook verwendet werden, welcher über die USB-Schnittstelle mit dem ServiceBook kommuniziert (siehe Bild 5.29). Einzelne Funktionen sind über verschiedene Masken konfigurierbar. Die Darstellung der empfangenen Daten erfolgt wahlweise im Bit-, Byte-, oder Textformat. Optional besteht die Möglichkeit, ein Oszilloskop anzuschließen. Hierfür wird ein Triggerausgang am ServiceBook bereitgestellt. Empfangene und vorverarbeitete Systemdaten können als Listing über einen Drucker ausgegeben oder in einer Datei gespeichert werden [FTZ_25].

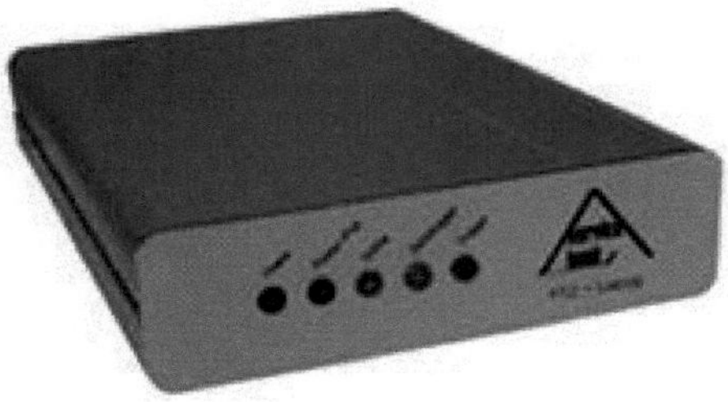

Bild 5.29 AS-Interface ServiceBook

Sicherheitsgerichtete Anwendungen

In Automatisierungsanlagen bei denen Personen durch z. B. gefährliche Bewegungen (Roboter) oder Maschinen (Pressen) Gefahren ausgesetzt sind, müssen zusätzliche Maßnahmen ergriffen werden, um deren Sicherheit zu gewährleisten. Dies trifft ebenfalls für die industrielle Datenkommunikation zu. Folgende Vorkehrungen müssen getroffen werden [AS_04]:

- Die Daten dürfen nicht verfälscht werden.
- Es dürfen keine Verzögerungen auftreten.
- Datenverlust ist zu vermeiden.
- Die Daten müssen eindeutig ihrer Quelle zuordenbar sein.
- Die Datenfolge muss stimmen.

Die bereits dargestellten Verfahren zur Datenübertragung und Datensicherung bilden die Basis, um das AS-Interface auch bei sicherheitsgerichteten Anwendungen einzusetzen. D. h. bei gleicher Gerätetechnik und gleichem Protokoll wird der Betrieb sicherheitsgerichteter Komponenten ermöglicht. Dabei handelt es sich um Geräte wie: NOT-AUS-Taster, Lichtgitter, Türüberwachungen und Laserscanner. In Bild 5.30 sind einige Beispiele (eigene Fotos) dargestellt.

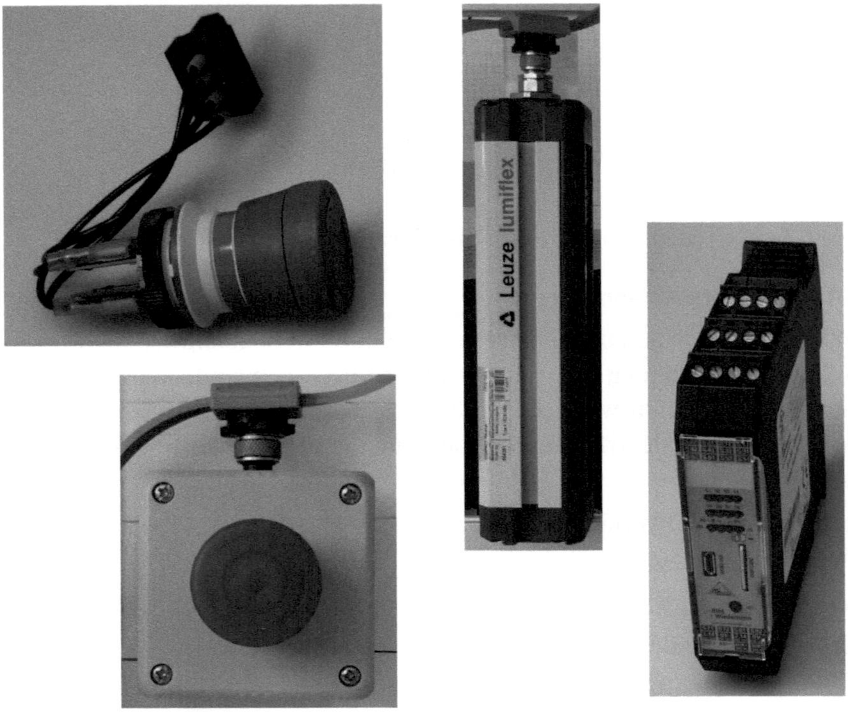

Bild 5.30 Beispiele sicherheitsgerichteter Geräte

Zur Realisierung der sicherheitsgerichteten Anwendungen werden ein Safety-Monitor und die entsprechenden sicheren Slaves im AS-Interface-Kreis eingebunden (Bild 5.31). Ein Mischbetrieb mit nicht sicheren Slaves ist ohne Probleme möglich.

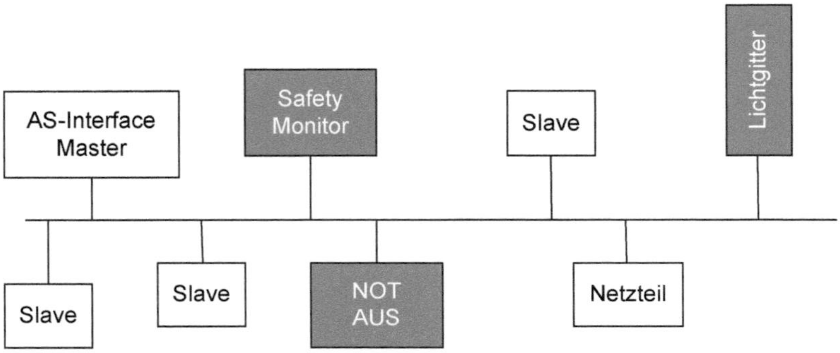

Bild 5.31 AS-Interface mit sicheren Slaves

Der Safety-Monitor übernimmt die Überwachung des Datenverkehrs auf der AS-Interface-Leitung. Jeder sichere Slave verfügt über eine Codetabelle mit dem Inhalt von 8 x 4 Bit. Zum Aufbau der Codetabelle sind entsprechende Regeln erstellt worden, um eine hohe Übertragungssicherheit zu gewährleisten. Die Codesequenzen werden zyklisch übertragen und im Safety-Monitor mit dem Sollwert verglichen. Bei Abweichungen (keine Übereinstimmung), hervorgerufen durch Störungen, Ausfälle oder Auslösung einer sicherheitsgerichteten Komponente, erfolgt durch den Safety-Monitor eine sichere Abschaltung. Dies geschieht dann innerhalb von 40 ms. Somit steht der sichere Slave mit dem Safety-Monitor in einer spezifischen Kommunikationsverbindung. Als sicherer Slave stehen eine Vielzahl von Komponenten für den Schaltschrankeinbau und den Feldeinsatz zur Verfügung. Bezeichnet wird das System „AS-Interface Safety at Work“ [AS_04].

ASi-5

In den letzten Jahren erfolgte eine intensive Erweiterung des Aktuator-Sensor-Interface. Mit der Entwicklung und Verfügbarkeit von ASi-5 werden dem Anwender nun eine Reihe von zusätzlichen Funktionalitäten und Diagnosemöglichkeiten bereitgestellt. Damit wird die gesamte Performance von AS-Interface enorm erhöht und die Anlagenverfügbarkeit verbessert.

Während ASi-3 die klassische Pulsmodulation nutzt (Bild 5.27), kommt bei ASi-5 OFDM (Orthogonal Frequency Division Multiplex Modulationsverfahren) zur Anwendung. OFDM ist eine Technologie, bei welcher mehrere Frequenzen gleichzeitig für die Datenübertragung verwendet werden. Dies schlägt sich in einer enormen Leistungssteigerung nieder (Faktor 40 zu ASi-3). So werden u.a. die Datenübertragungsgeschwindigkeit und -breite erhöht, außerdem auch kürzere Zykluszeiten, integrierte Diagnose, höhere Teilnehmeranzahl, erweiterte Sicherheitstechnik, komplexere Geräte und eine unkomplizierte Integration von I/O-Link ermöglicht.

Ein sehr wichtiger Aspekt bei der Entwicklung von ASi-5 war die Systemkompatibilität mit ASi-3. Diese Forderung ist vollständig erfüllt. Damit können ASi-3- und ASi-5-Komponenten gemeinsam in einem Netz betrieben werden. Tab. 5.10 fasst die Systemparameter der ASi-5 Technologie ergänzend zu Tab. 5.8 zusammen [Beck_21].

Tabelle 5.10 Eckdaten zu ASi-5

Kenngröße	ASi-5
Informationsbreite	1...16 Bit (ggf. bis 64 Bit)
Zykluszeit	ca. 1,2 ms
Vollausbau 96 Teilnehmer	ca. 5 ms
Frequenzbereich der Träger	1...10 MHz
Anzahl aktive Teilnehmer	bis zu 96
Leitungslänge	400 m mit Doppelmaster
Zyklische Prozessdaten gesamt	3072 Byte Eingangs- und Ausgangsdaten
Zyklische Prozessdaten pro Teilnehmer	bis zu 32 Byte Eingangs- und Ausgangsdaten
Doppeladressvermeidung	ja
Azyklische Daten	ja
Topologie	wie ASi-3
Ex-Schutz	ja
Wireless-Komponente	ja, möglich
Koexistenz mit ASi-3	ja

5.7 Übungsaufgaben zu Kapitel 5

Wiederholungsfragen

- Welche Aufgabe erfüllt die industrielle Kommunikation?
- Wie kann die Kommunikation erfolgen?
- Ordnen Sie die Kommunikationsmöglichkeiten in das Ebenenmodell ein.
- Wozu dient das OSI-Referenzmodell?
- Welche Anforderungen werden an Feldbussysteme gestellt?
- Benennen Sie die verschiedenen Zugriffsverfahren.
- Worauf ist bei Funkübertragungen zu achten?
- Was ist IO-Link?

6 Informationsverarbeitung

Im folgenden Abschnitt werden die Aufgaben der Informationsverarbeitung näher betrachtet. Sie schließt den Kreis zu den zuvor vorgestellten Automatisierungskomponenten (Bild 6.1). Die Informationsverarbeitung empfängt die Informationen aus dem Prozess, vergleicht diese mit vorgegebenen Werten und berechnet daraus die Ausgangsgrößen zur Ansteuerung der Aktuatoren.

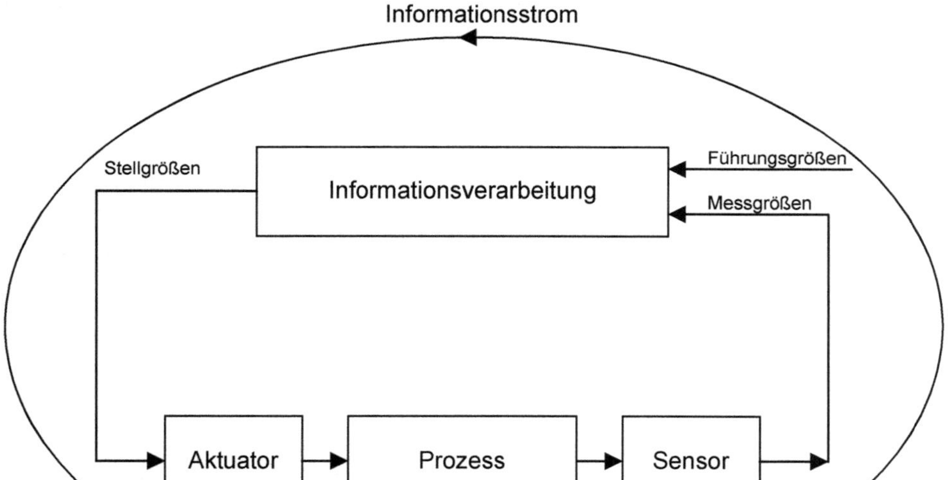

Bild 6.1 Informationsfluss im Automatisierungssystem

6.1 Überblick

Resultierend aus den verschiedenen Anwendungsbereichen und vielfältigster Rahmenbedingungen werden an die Informationsverarbeitungskomponenten unterschiedlichste Anforderungen gestellt. Nachfolgend sind daher allgemeine Anforderungen und Kennzeichen an die Informationsverarbeitung zusammengestellt:

- Echtzeitfähigkeit
- Betriebssystem, Verarbeitungsgeschwindigkeit, Speicherarchitektur
- Ein- und Ausgabe von Prozesssignalen
- Interface für Sensoren, Aktuatoren, Kommunikationssysteme
- Sicherheit und Zuverlässigkeit
- zuverlässige hochwertige Komponenten, redundante Systeme
- Resistenz gegen Umwelteinflüsse
- spezielle Gehäuse, Schaltschrankmontage

Bedingt durch die Vielfalt der unterschiedlichen technischen Prozesse existieren auch unterschiedlichste Arten und Ausprägungen von Informationsverarbeitungssystemen. Weiterhin gibt es noch Abstufungen in Abhängigkeit von der Komplexität der Automatisierungsanlage. Jede Informationsverarbeitungskomponente lässt sich aber in drei Bereiche gliedern (siehe Bild 6.2).

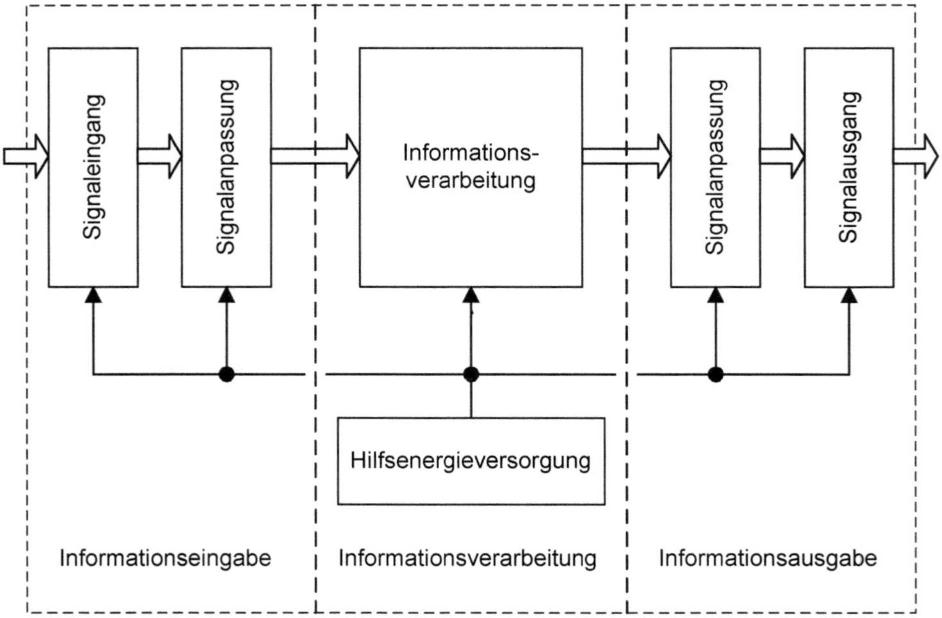

Bild 6.2 Grundsätzlicher Aufbau einer Informationsverarbeitungseinheit

Wie Bild 6.2 zeigt, handelt es sich dabei um die Informationseingabe (Messsignal), der eigentlichen Informationsverarbeitung und einer Informationsausgabe (Stellsignal). Diese übernehmen die jeweilige Signalanpassung. Dabei sind die Ausprägungen der Ein- und Ausgabeeinheiten so vielfältig, wie es Kommunikationsmöglichkeiten gibt (siehe Kapitel 5). Geräte zur Informationsverarbeitung werden nach verschiedenen Kriterien unterschieden. Informationsverarbeitungssysteme können nach deren grundsätzlichen Aufbau und der technischen Ausführung differenziert werden. Im Bild 6.3 sind unterschiedliche Arten und Entwicklungsschritte der Informationsverarbeitung, im Weiteren als Steuerung bezeichnet, dargestellt. Einige Aspekte werden nachfolgend näher vorgestellt.

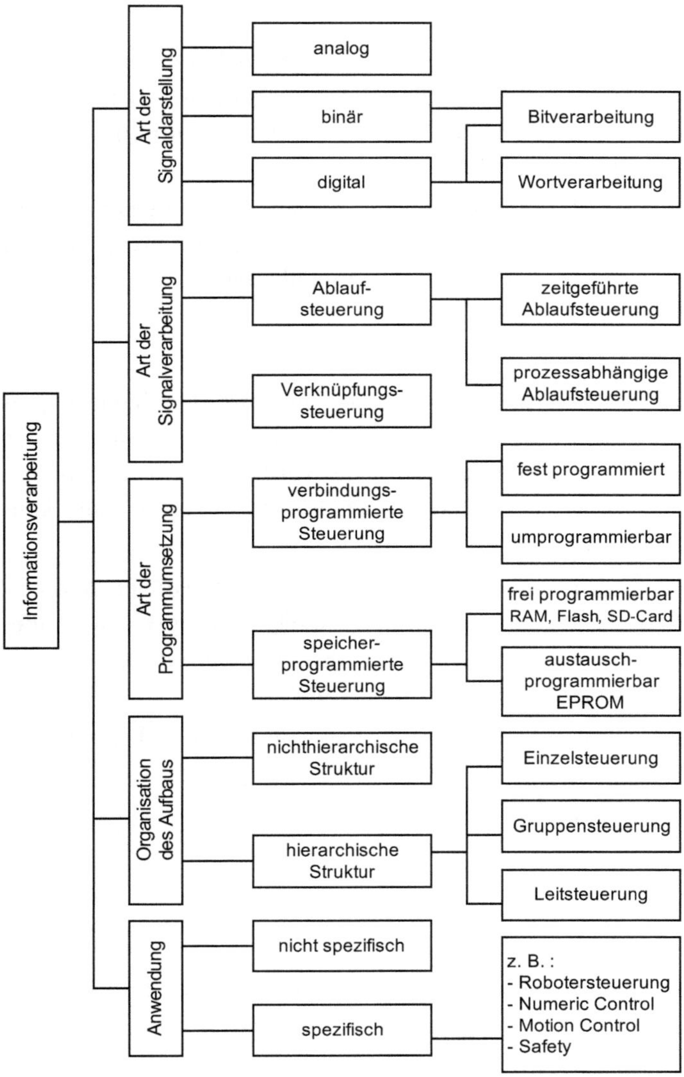

Bild 6.3 Ausprägungen der Informationsverarbeitung

Stellvertretend werden nachfolgend drei Aspekte der Informationsverarbeitung kurz erläutert.

Art der Signaldarstellung

Analog: Der Informationsgehalt kann innerhalb festgelegter Grenzen beliebig viele Werte annehmen, z. B. Temperaturmessung.

Binär: Der Informationsgehalt kann nur die zwei Werte 0 oder 1 annehmen, z. B. Schalter (geöffnet/geschlossen).

Digital: Die diskreten Werte des Informationsgehaltes entsprechen einem vereinbarten Alphabet, z. B. Temperaturmessung in einer vereinbarten Verarbeitungsbreite (12 bit).

Art der Signalverarbeitung

Ablaufsteuerung: Als Ablaufsteuerung werden Steuerungen bezeichnet, welche einem zwangsweisen Ablauf in einzelnen Schritten unterliegen. Der Übergang von einem Schritt zum Folgeschritt kann zeitabhängig (z. B. Zeitschaltung) und prozessabhängig (Prozessinformationen) erfolgen.

Verknüpfungssteuerung: Als Verknüpfungssteuerung werden Steuerungen bezeichnet, deren Funktion auf der Kombination logischer Verknüpfungen basiert. Funktionstabellen dienen zur Darstellung der Zusammenhänge zwischen den Eingangs- und Ausgangssignalen.

Art der Programmumsetzung

Verbindungsprogrammiert: Als verbindungsprogrammiert werden Steuerungen bezeichnet, deren Funktion auf festen Verdrahtungen basiert. Eine Änderung der Steuerungsfunktion bedingt immer eine Änderung der Verdrahtung. Verbindungsprogrammierte Steuerungen können kontaktlos (Schaltkreis, Thyristor) oder kontaktbehaftet (Relais) realisiert werden.

Speicherprogrammiert: Als speicherprogrammiert werden Steuerungen bezeichnet, deren Funktion auf ein Programm im Programmspeicher basiert. Eine Änderung der Steuerungsfunktion kann durch Änderung des jeweiligen Programms im Programmspeicher durch ein Programmiergerät realisiert werden.

Informationsverarbeitungsgeräte für die Automatisierungstechnik können wie folgt realisiert werden:

- Speicherprogrammierbare Steuerungen (SPS),
- Mikrocontroller,
- Industrie PC oder
- Prozessleitsystem.

Bedingt durch ihr breites Einsatzspektrum sollen im Weiteren die SPS näher betrachtet werden.

■ 6.2 Speicherprogrammierbare Steuerungen

Die Norm IEC 61131 definiert Speicherprogrammierbare Steuerungen wie folgt:

„Ein digital arbeitendes elektronisches System für den Einsatz in industriellen Umgebungen mit einem programmierbaren Speicher zur internen Speicherung der anwenderorientierten Steuerungsanweisungen zur Implementierung spezifischer Funktionen wie z. B. Verknüpfungssteuerung, Ablaufsteuerung, Zeit, Zähl- und arithmetische Funktionen, um durch digitale oder analoge Eingangs- und Ausgangssignale verschiedene Arten von Maschinen und Prozessen zu steuern. Die speicherprogrammierbare Steuerung und die zugehörigen Peripheriegeräte (SPS-System) sind so konzipiert, dass sie sich leicht in ein industrielles Steuerungssystem integrieren und in allen ihren beabsichtigten Funktionen einsetzen lassen."

Neben der im deutschen Sprachraum genutzten Bezeichnung (seit 1981 Norm) existieren noch weitere Bezeichnungen für „Speicherprogrammierbare Steuerung":

PIC	Programmable Interface Controller
SPC	Stored-Program Controller
PC	Programmable Controller
PLC	Programmable Logic Controller
PAC	Programmable Automation Controller
FPS	frei programmierbare Steuerung

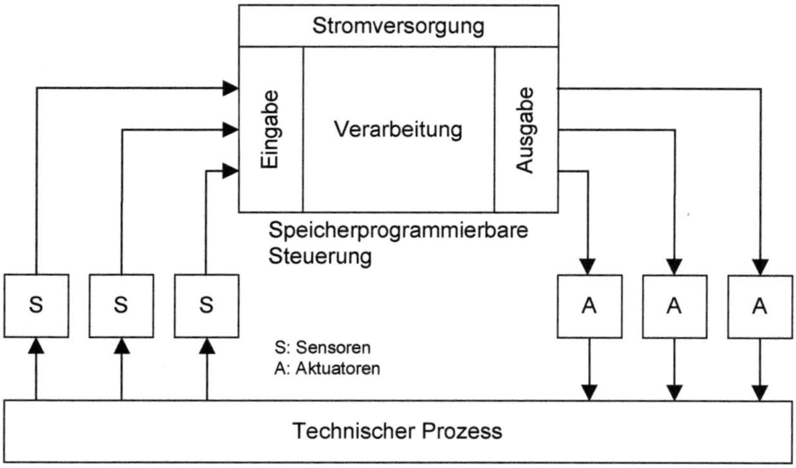

Bild 6.4 Einordnung Speicherprogrammierbare Steuerung

In der Norm IEC 61131 werden weiterhin die Standards für Funktionalität, Zuverlässigkeit und Sicherheit für Speicherprogrammierbare Steuerungen festgelegt. Diese ist wie folgt gegliedert:

IEC 61131-1 Teil 1: Allgemeine Informationen

IEC 61131-2 Teil 2: Betriebsmittelanforderungen und Prüfungen

IEC 61131-3 Teil 3: Programmiersprachen

IEC 61131-4 Teil 4: Anwenderrichtlinien

IEC 61131-5 Teil 5: Kommunikationsmöglichkeiten

IEC 61131-6 Teil 6: Steuerungskommunikation

IEC 61131-7 Teil 7: Fuzzy-Logik

Die Anwendungsgebiete Speicherprogrammierbarer Steuerungen sind sehr vielfältig. Dazu gehören:

- Montagelinien
- Verpackungsanlagen
- verfahrenstechnische Prozesse
- Lagersysteme
- Transportstrecken
- Signalanlagen
- Überwachungseinrichtungen

Tabelle 6.1 fasst die Vor- und Nachteile einer SPS kurz zusammen.

Tabelle 6.1 Vor- und Nachteile von Speicherprogrammierbaren Steuerungen

Vorteile	Nachteile
kürzere Projektierungszeiten	Fachkenntnisse erforderlich
geringer Platzbedarf	höhere Kosten für Software
unkomplizierter Programmtausch	serielle Verarbeitung
Kommunikationsschnittstellen	
Fernwartung	
geringer Wartungsbedarf	

Grundsätzlich können Speicherprogrammierbare Steuerungen in drei Arten unterschieden werden:

- Hardware-SPS,
- Slot-SPS und
- Soft-SPS.

Auf die verschiedenen Ausprägungen wird später noch eingegangen.

In Bild 6.5 sind die Hauptkomponenten einer SPS dargestellt. Den Kern bildet ein Mikroprozessor mit den notwendigen peripheren Bauelementen zur Ausführung des Anwenderprogramms und Schnittstellen für den Anschluss von Sensoren und Aktuatoren (Feldgeräte). Über weitere Schnittstellen besteht die Möglichkeit, zusätzlich externe Geräte wie z. B. Programmiergeräte und Drucker anzuschließen.

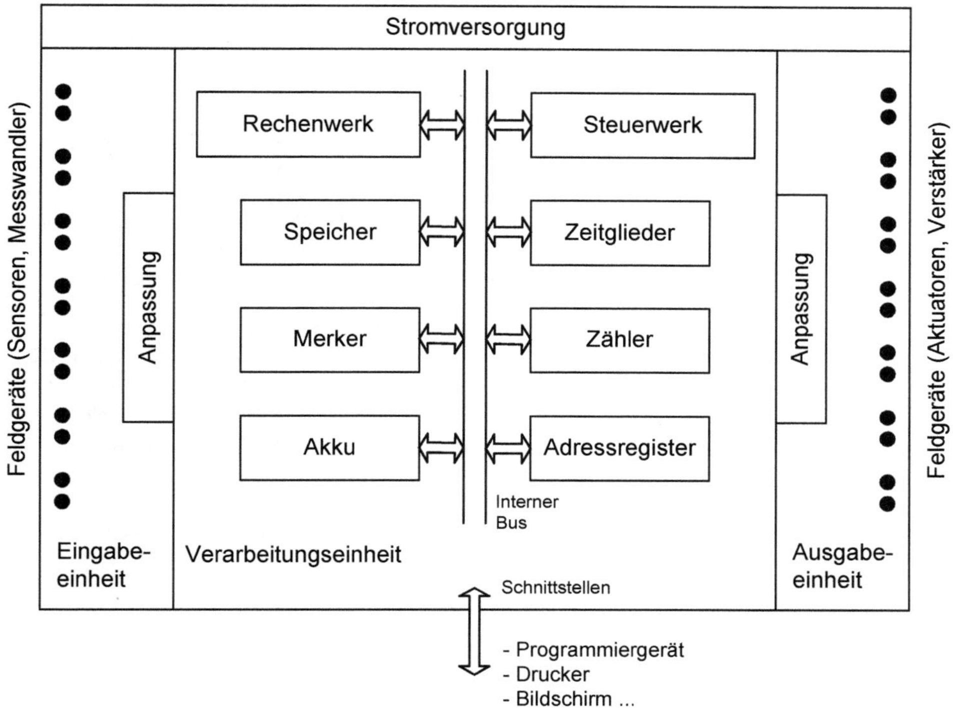

Bild 6.5 Aufbau einer SPS

Tabelle 6.2 zeigt eine Übersicht typischer Baugruppen und externer Geräte für Speicherprogrammierbare Steuerungen.

Tabelle 6.2 Baugruppen und externe Geräte (Beispiele)

Baugruppe	Bemerkungen	Varianten/Funktionen
Stromversorgung	Hilfsenergie	Eingangsspannungen: AC 230 V, 115 V, DC 24 V; Ausgangsspannungen: DC 5 V, 15 V, 24 V
CPU	Zentralbaugruppe mit Steuerwerk und Speicher für Betriebssystem	Daten- und Anwenderprogramme
TIMER, ZÄHLER	Baugruppe für Zeit- und Zählfunktionen	z. B. Ein- und Ausschaltverzögerung, Inkrementieren und Dekrementieren

Tabelle 6.2 Baugruppen und externe Geräte (Beispiele) *(Fortsetzung)*

Baugruppe	Bemerkungen	Varianten/Funktionen
COM	Kommunikations-baugruppe	Punkt-zu-Punkt-Verbindung, Feldbus, Ethernet
Regler	Baugruppe für Reglerfunktionen	z. B. Zwei- und Dreipunktregler, PID-Regler und Antriebsregler
POS	Positionierbaugruppe zum geregelten Positionieren unterschiedlicher Antriebe	
ANALOG I/O	analoge Ein- und Ausgabebaugruppen	verschiedene Eingangsbereiche (0 ... 20 mA, 4 ... 20 mA, 0 ... 10 V, Pt 100); verschiedene Ausgangsbereiche (0 ... 5 V, 0 ... 10 V, 0 ... 20 mA, 4 ... 20 mA); unterschiedliche Anzahl der Ein- und Ausgänge je Baugruppe (4, 8, 2 x 8)
Digitale I/O	digitale Ein- und Ausgangsbaugruppen	unterschiedliche Anzahl der Ein- und Ausgänge je Baugruppe (4, 8, 16, 2 x 8, 2 x 16); unterschiedliche Ein- und Ausgangsspannungen: DC 24 V, AC 24 V, 230 V, max. Ausgangslast: 0,5 A, 2 A; Ausgänge in Halbleiter- oder Relaisausführung
Programmiergerät	Handgeräte, Notebook, PC zur Programm-entwicklung	Programmtest, Simulation, Wartung und Inbetriebnahme
Kommunikations-schnittstellen	Feldbusse, Ethernet-basierte Kommunikationssysteme	AS-Interface, PROFIBUS, PROFINET, MODNet

6.2.1 Arbeitsweise

Eine SPS arbeitet nach dem sogenannten EVA-Prinzip. EVA steht für Eingabe, Verarbeitung und Ausgabe. Die Informationsverarbeitung erfolgt durch ein Steuerprogramm, welches zyklisch und wiederholend durchlaufen wird. Dadurch werden Änderungen von Eingangsinformationen sofort erkannt und können entsprechend verarbeitet werden. Dieser zyklische Ablauf ist in Bild 6.6 dargestellt. Zuerst wird ein Prozessabbild der Eingänge (PAE) generiert. Alle Eingangssignale werden so abgespeichert. Danach startet das Anwenderprogramm und das gespeicherte Prozessabbild wird als Eingangsbild genutzt. Die Abarbeitung des Anwenderprogramms erfolgt sequentiell. Verschiedene Funktionen und Funktionsbausteine werden aufgerufen. Das Prozessabbild der Ausgänge (PAA) wird beschrieben. Nach Abarbeitung der letzten Steueranweisung werden die Informationen der PAA an die Ausgänge übertragen und ein Zyklus ist beendet. Die Abarbeitung des Steuerprogramms beginnt wieder von vorn. Ein vollständiger Durchlauf wird als Zykluszeit bezeichnet. Die Zykluszeit setzt sich wie folgt zusammen:

- Abfrage der Eingänge und Aktualisierung des Prozessabbildes
- Abarbeitung des Programms
- Übertragung der Ergebnisse aus dem Prozessabbild der Ausgänge in die Ausgabebaugruppen
- Laufzeit des Betriebssystems

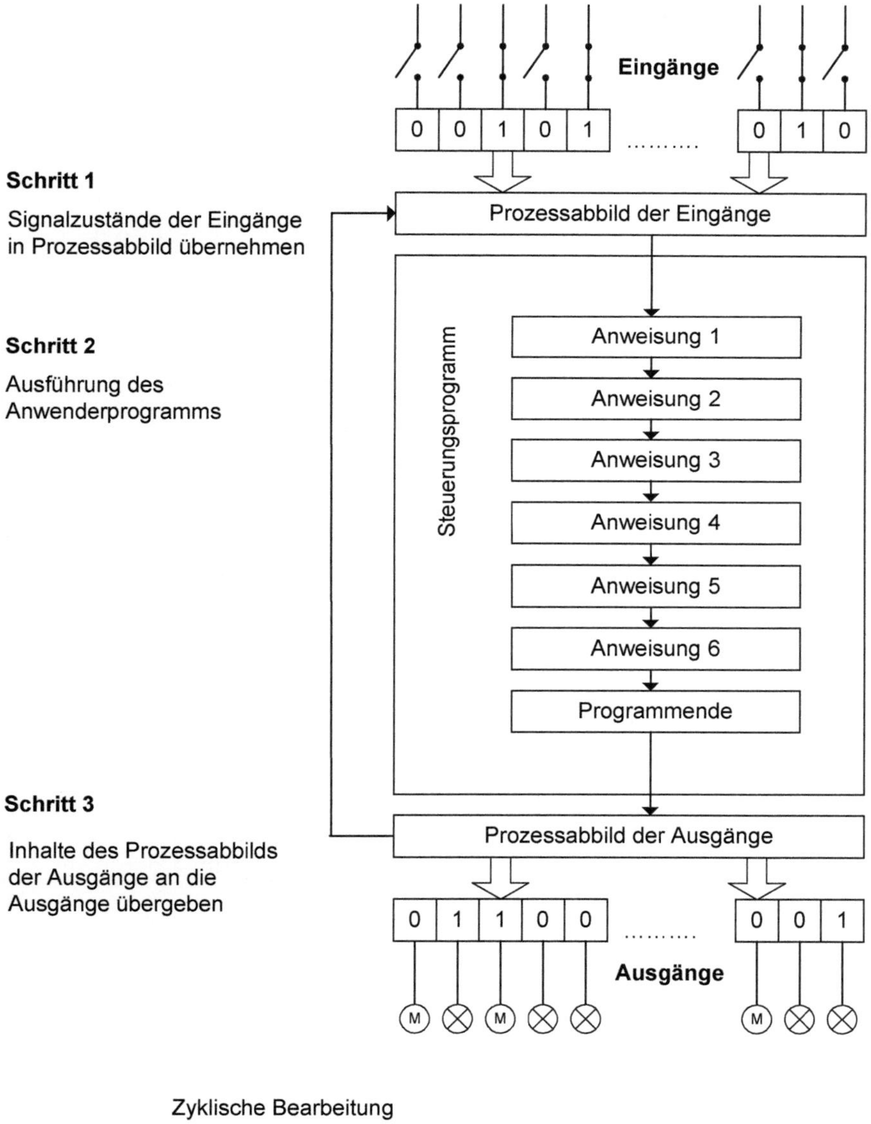

Bild 6.6 Zyklische Bearbeitung

6.2.2 Umsetzungen/Realisierungen

Bild 6.7 und 6.8 zeigen unterschiedliche Ausprägungen Speicherprogrammierbarer Steuerungen. Je nach Anwendungsfall werden die entsprechenden Ausführungen Speicherprogrammierbarer Steuerungen genutzt.

Kompakt SPS

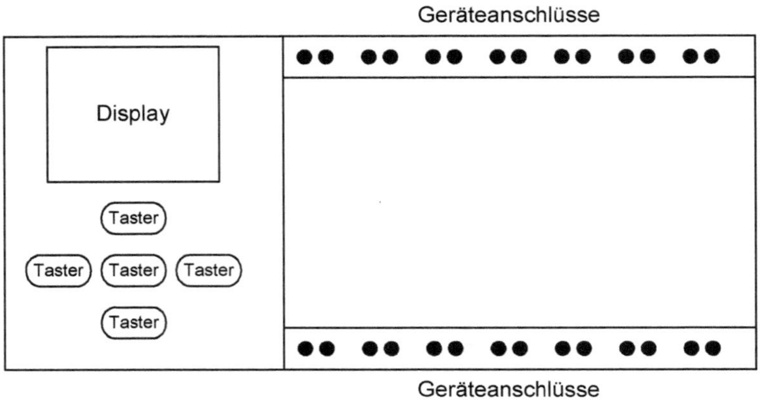

Modulare SPS

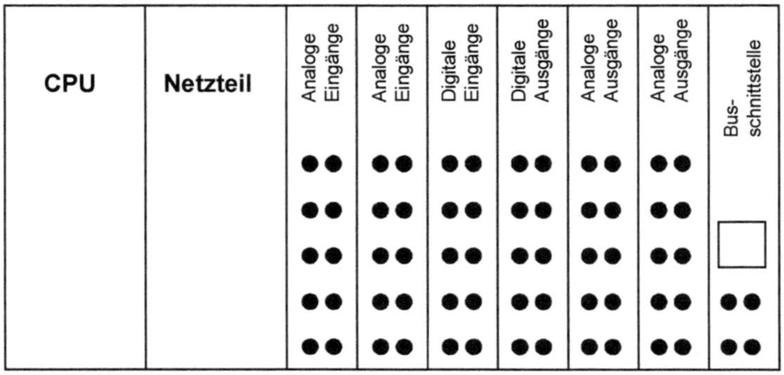

Bild 6.7 SPS-Varianten (1)

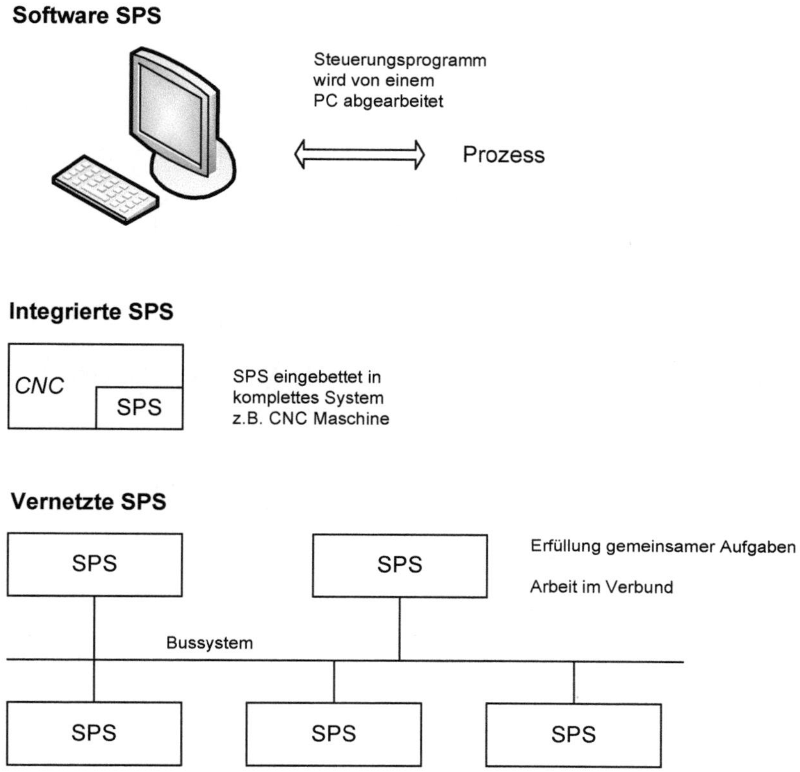

Bild 6.8 SPS-Varianten (2)

6.2.3 Programmiersprachen

Zur Programmierung Speicherprogrammierbarer Steuerungen stehen dem Anwender nach IEC 61131 Teil 3 fünf Programmiersprachen zur Verfügung und sind in dieser Norm definiert. Grob lassen sie sich in Text- und grafische Sprachen gliedern (Bild 6.9).

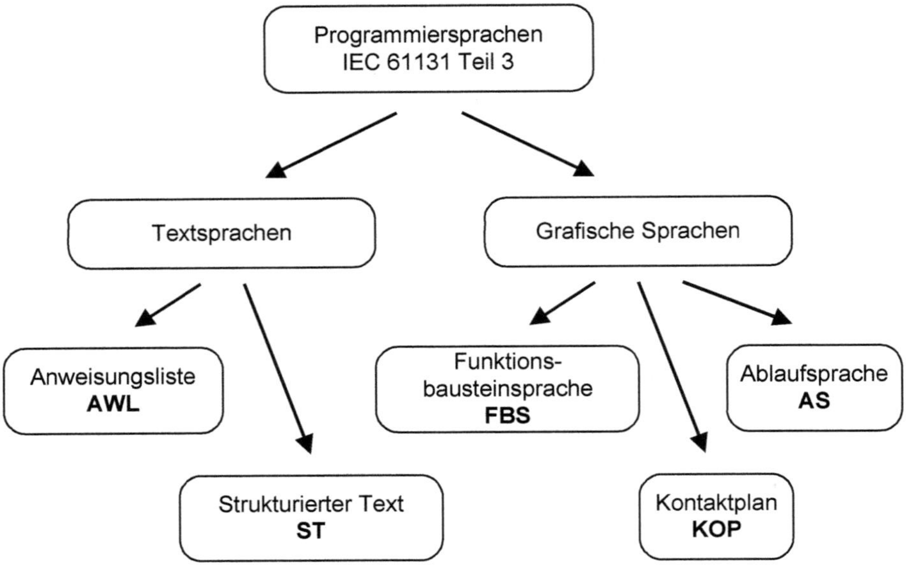

Anweisungsliste, AWL	Instruction List, IL
Strukturierter Text, ST	Structured Text, ST
Funktionsbausteinsprache, FBS	Funktion Block Diagram, FBD
Kontaktplan, KOP	Ladder Diagram, LD
Ablaufsprache, AS	Sequential Funktion Chart, SFC

Bild 6.9 Programmiersprachen für Speicherprogrammierbare Steuerungen

Anweisungsliste (AWL): Bei der Anweisungsliste handelt es sich um eine maschinennahe Sprache. Sie ähnelt sehr der Assemblersprache. Die Anweisungsliste wird in Europa auch heute noch sehr gern verwendet, wobei sie keine komfortable Programmierung unterstützt. Die Abarbeitung der Programme erfolgt zeilenweise. Nachfolgende Aufstellung zeigt einen Auszug von Operatoren für Anweisungslisten gefolgt von einem kurzen Programmbeispiel.

Operator	Beschreibung
LD, LDN	Ladebefehle
OR, AND	boolesche Operatoren
JMP, JMPL	Sprungfunktionen
SHL, SHR	Schiebeoperationen
ABS, NEG	arithmetische Operatoren

LD	2.5	Lade Eingang 2.5
AND	2.6	UND-Verknüpfung mit Eingang 2.6
ST	2.1	Ausgabe am Ausgang 2.1

Strukturierter Text: Im Unterschied zur Anweisungsliste ist Strukturierter Text eine höhere Programmiersprache. Hochsprachen setzen sich heute zur Programmierung von Mikrocontrollern und SPS immer mehr durch und weisen auch deren Merkmale wie:

- übersichtliche Programmierung,
- bessere Darstellung und Lesbarkeit,
- niedrigere Fehleranfälligkeit und
- möglicher Effizienzverlust

auf. Der strukturierte Text ähnelt sehr der Programmiersprache C. Beispiele für Befehle in ST findet man nachfolgend.

Befehl	Beschreibung
FOR, WHILE, REPEAT	Schleifen
IF, CASE	Auswahlbefehle
EXIT	Abbruch

Funktionsbausteinsprache: Bei der Funktionsbausteinsprache werden Funktionen und Funktionsbausteine grafisch miteinander verbunden und zu Blockschaltbildern angeordnet. Dazu stehen Grundelemente wie einfache Logikoperationen bis hin zu komplexen Funktionsbausteinen zur Verfügung. Die Funktionsbausteinsprache ist gut zur Erstellung von Verknüpfungssteuerungen geeignet. Bild 6.10 zeigt ein Beispiel für eine Programmierung in Funktionsbausteinsprache.

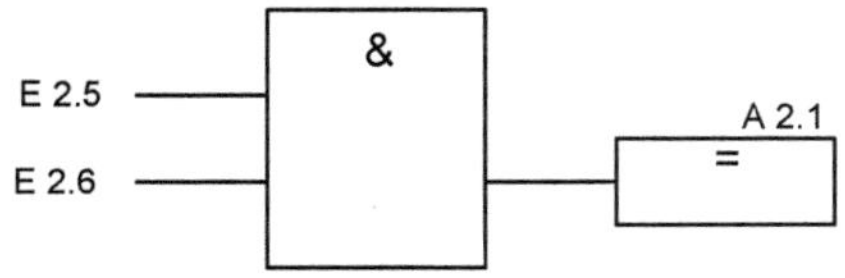

Bild 6.10 Beispiel für Funktionsbausteinsprache

Kontaktplan: Der Kontaktplan hat sich aus der klassischen Verdrahtungstechnik (Relaissysteme) entwickelt. Boolesche Signale werden als Stromfluss durch ein Schaltnetzwerk miteinander verbunden. In Bild 6.11 ist ein Kontaktplan dargestellt. Dabei ist die gleiche Anwendung aus Bild 6.10 in KOP umgesetzt.

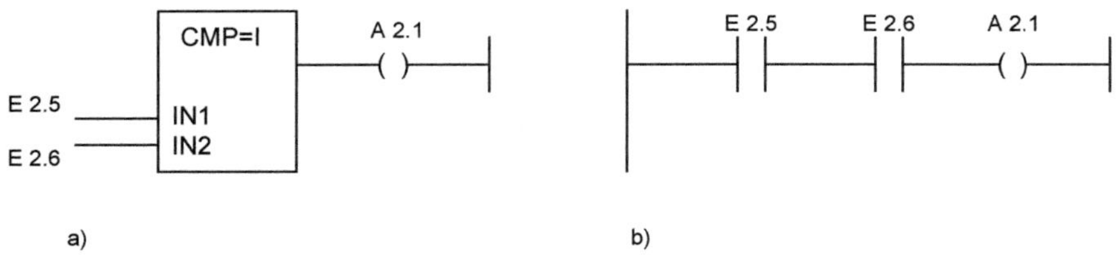

Bild 6.11 Beispiele für Kontaktplan

Ablaufsprache: Oft ist es notwendig, komplexe Steuerungsaufgaben in eine entsprechende Anzahl an Teilaufgaben zu zerlegen. Dafür wurde die Ablaufsprache entwickelt. Der Aufruf der einzelnen Teilaufgaben wird von der Ablaufsteuerung kontrolliert. Dabei können die einzelnen Teilaufgaben auch in anderen Programmiersprachen wie AWL, ST oder FBS geschrieben sein. Die Ablaufsprache ähnelt stark den Petri-Netzen und kann somit auch bei nebenläufigen Prozessen angewendet werden. Bild 6.12 zeigt ein Beispiel für eine Ablaufsprache mit ihren typischen Elementen.

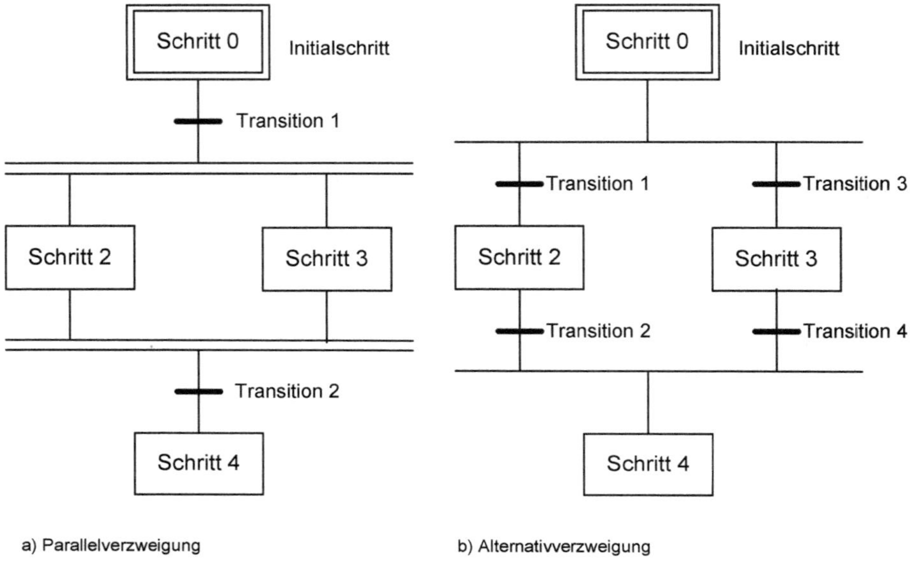

Bild 6.12 Ablaufsprache

■ 6.3 Übungsaufgaben zu Kapitel 6

Wiederholungsfragen

- Welche Aufgabe hat die Informationsverarbeitung?
- Wie können IV-Systeme unterschieden werden?
- Welche Vorteile haben Speicherprogrammierbare Steuerungen?
- Skizzieren Sie den Aufbau einer SPS.
- Wie erfolgt die Abarbeitung der Steuerungsaufgabe?
- Welche Varianten von Speicherprogrammierbaren Steuerungen sind Ihnen bekannt?
- Welche Programmiersprachen stehen zur Verfügung?

7 Projektierung und Planung

Dieses Kapitel gibt einen ersten Einblick in die Projektierung und Planung von Automatisierungsanlagen. Dazu wird auf die notwendigen Schritte und technischen Hilfsmittel eingegangen. Zudem soll die Vielzahl der zu erstellenden Unterlagen und Dokumente verdeutlicht werden (siehe Bild 7.1). Der Weg dahin wird in Kapitel 7 näher beschrieben.

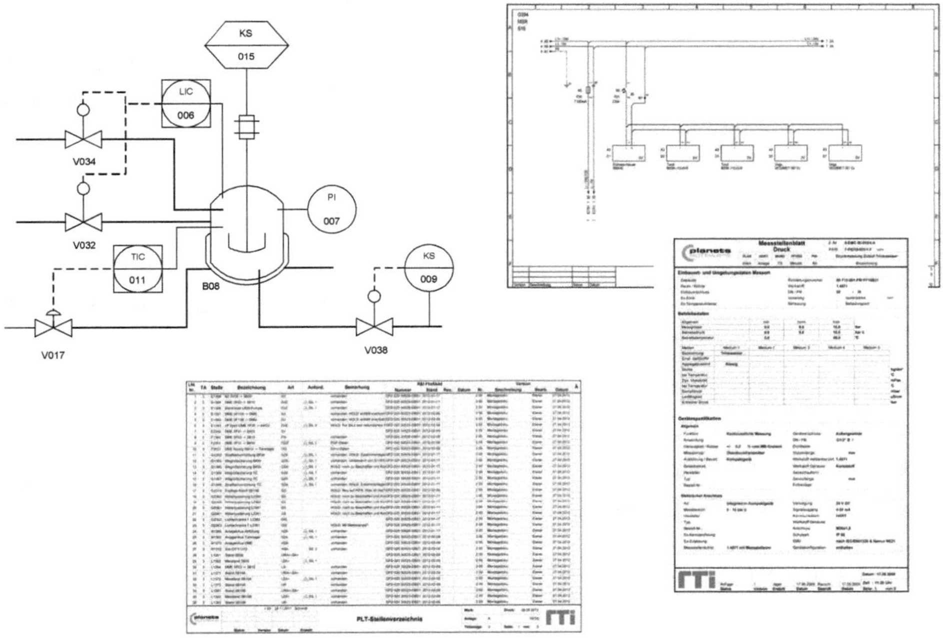

Bild 7.1 Planungsunterlagen

Es werden die einzelnen Projektierungsphasen vorgestellt und der Entwurf von Planungsunterlagen behandelt. Ein durchgängiges Beispiel soll die einzelnen Bearbeitungsstufen verdeutlichen. Abschließend wird auf die rechnergestützte Projektierung mit CAE-Systemen eingegangen. Die einzelnen Arbeitsschritte werden am Beispiel zur Automatisierung verfahrenstechnischer Prozesse vertiefend vorgestellt.

7.1 Einführung

Für die Bearbeitung einer Mess-, Steuerungs- oder Regelungsaufgabe ist zunächst eine entsprechende Beschreibung der umzusetzenden Automatisierungsaufgabe notwendig. In diese Beschreibung ist der zu automatisierende Prozess mit einzubeziehen. Bedingt durch die Vielfältigkeit der am technischen Prozess beteiligten Fachdisziplinen und die unterschiedlichsten Anforderungen werden verschiedene Beschreibungsmethoden benötigt. Beispiele sind Schaltpläne, Steuerungsprogramme und Konstruktionspläne. Die im Folgenden beschriebenen Beschreibungsmethoden stehen am Anfang der Bearbeitung einer Automatisierungsaufgabe. Diese Bearbeitung erfolgt in verschiedenen aufeinanderfolgenden Stufen. Durch die Beschreibung jeder Stufe entsteht ein Set an Unterlagen. Nach Abschluss dieses Vorganges, im Folgenden als **Projektierung** bezeichnet, müssen alle statischen und dynamischen Systemelemente umfassend dokumentiert sein. Wichtig für die Beschreibung der Automatisierungsaufgabe sind

- eine praktikable Handhabung,
- die Beschränkung auf unbedingt notwendige Merkmale und
- ein einfacher und übersichtlicher Aufbau.

Im Ergebnis entstehen verschiedenste Dokumentationen, angepasst an den jeweiligen Verwendungszweck. Sie bestehen z. B. aus:

- maßstabsgerechten Zeichnungen
- beschreibendem Text
- qualitativen Schemata
- mathematischen Funktionen
- Algorithmen
- Programmen
- Tabellen

Im Folgenden soll vertiefter auf die Erstellung der Planungsunterlagen für das Basic-Engineering, sogenannter **Fließschemata** eingegangen werden. Literatur zur Entwicklung von Steuerungsprogrammen und Reglerentwürfen findet man u. a. unter [AlPr_07], [Sei_12].

Grafische Beschreibung/Fließbildschemata

In der Automatisierungstechnik wird eine Vielzahl von grafischen Beschreibungsmethoden angewendet. Der Aufbau und die Arten solcher Fließschemata werden in der DIN EN ISO 10628 dokumentiert. Wichtige Methoden werden im Folgenden beschrieben. Für die ersten Beschreibungsschritte wird hierbei die DIN 28004 zugrunde gelegt.

Mit Beginn eines Automatisierungsprojektes erfolgt die Analyse der Anforderungen des zu automatisierenden technischen Prozesses. Nach Möglichkeit wird die Anlage in überschaubare und relativ unabhängige Teilsysteme zerlegt. Daraus entsteht eine abstrahierte grafische Darstellung. Je nach Branche werden diese Darstellungen als **Technologische Schemata** oder **Fließbilder** bezeichnet. Die verwendeten grafischen Elemente werden durch verschiedene Normen standardisiert. Infolge der Projektbearbeitung entsteht somit eine Reihe von grafischen Beschreibungen in zeitlicher Abfolge (siehe Bild 7.2).

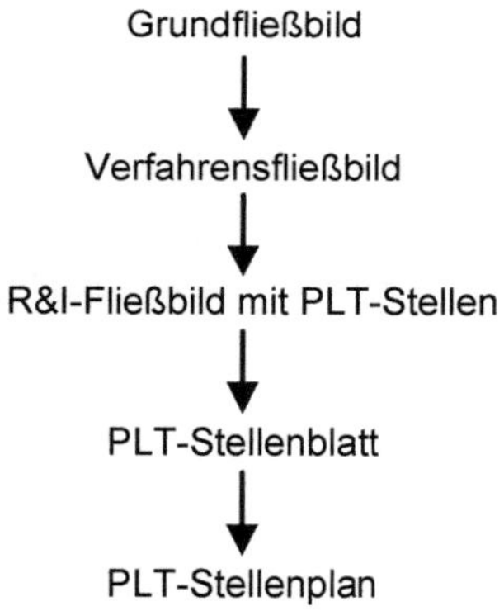

Bild 7.2 Grober Planungsablauf

7.2 Fließbilder

7.2.1 Grundfließbild

Das **Grundfließbild** ist die Beschreibung eines Verfahrens oder einer verfahrenstechnischen Anlage in einfacher Darstellungsform. Die Darstellung erfolgt mit Hilfe von Rechtecken, die durch Linien miteinander verbunden werden.

Dabei können die Rechtecke folgende Bedeutungen haben:

- Verfahrensabschnitte,
- Grundoperationen,
- verfahrenstechnische Anlagen,

- Teilanlagen und
- Anlagenteile.

Die Linien dienen zur Darstellung von Fließlinien für Stoffe oder Energien bzw. Energieträgern. Das Grundfließbild stellt Basic-Informationen zu Ein- und Ausgangsstoffen, Operationen, Fließwege und Fließrichtungen dar. Weiterhin kann das Grundfließbild mit Zusatzinformationen ergänzt werden (z. B. Benennung von Energieträgern) [Berg_01]. Bild 7.3 zeigt typische Beispiele von Grundfließbildern.

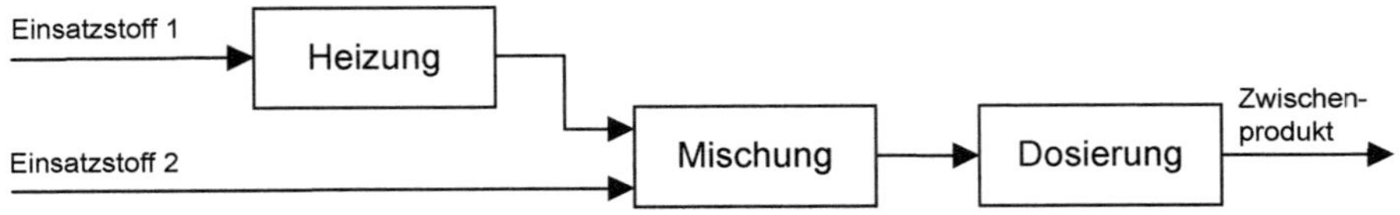

a) Beispiel für eine Mischanlage

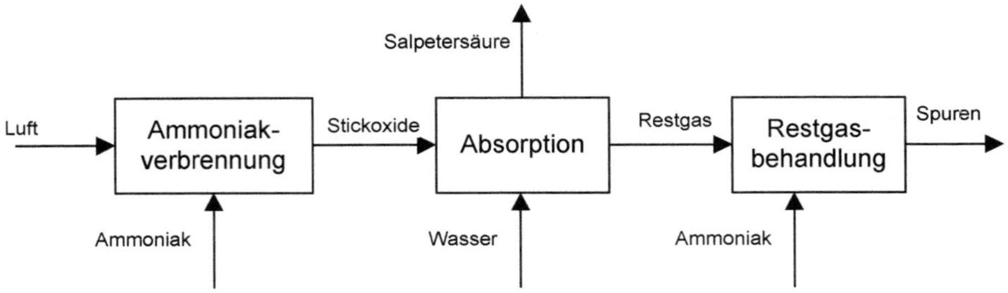

b) Prinzip der Herstellung von Salpetersäure

Bild 7.3 Beispiele für Grundfließbilder

7.2.2 Verfahrensfließbild

Die Darstellung der einzelnen Systemkomponenten, deren Verbindungen und aufeinander wirkenden Systemvorgänge erfolgt in einem **Verfahrensfließbild**. Diese Systemvorgänge sind Teilprozesse, welche in relativ selbstständigen Teilanlagen realisiert werden. Die Teilprozesse lassen sich wiederum hierarchisch in Anlagenteile und Funktionselemente unterteilen [Berg_01]. Bei Verfahren wird nach DIN 28004 wie folgt unterschieden:

Verfahren: Ein Verfahren ist ein Ablauf von chemischen, physikalischen oder biologischen Vorgängen zur Gewinnung, Herstellung oder Beseitigung von Stoffen oder Produkten.

Verfahrensabschnitt: Ein Verfahrensabschnitt ist ein Teil eines Verfahrens, der in sich überwiegend geschlossen ist. Er umfasst eine oder mehrere Grundoperationen.

Grundoperation: Eine Grundoperation ist nach der Lehre der Verfahrenstechnik der einfachste Vorgang bei der Durchführung eines Verfahrens.

Bei der Erstellung von Verfahrensfließbildern kommen Fließbildelemente, wie Symbole und Kennbuchstaben, nach DIN 28004 zur Anwendung. Die Symbole sind über Linien verbunden und stellen wiederum den Fließweg von Stoffen und Energien dar. Beispiele verschiedener Fließbildsymbole sind in Bild 7.4 dargestellt.

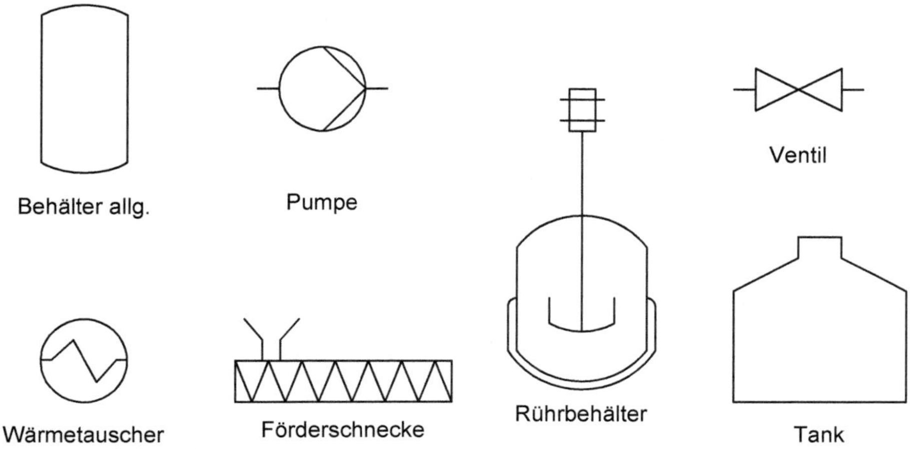

Bild 7.4 Beispiele für Fließbildsymbole nach DIN 28004

Aus dem Grundfließbild der Mischanlage (7.3a) wurde nachfolgend in Bild 7.5 ein Verfahrensfließbild erstellt.

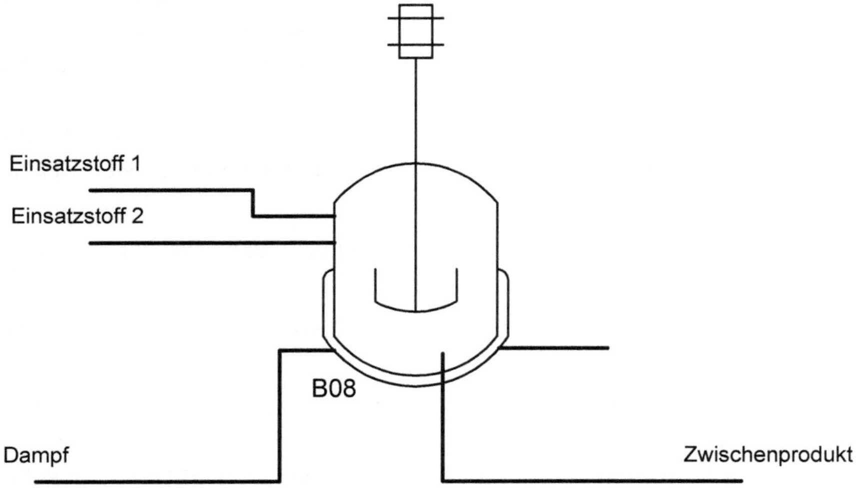

Bild 7.5 Verfahrensfließbild der Mischanlage

■ 7.3 R&I-Fließbilder und PLT-Stellen

Die Beschreibung der Anlagen- und Prozessstruktur erfolgt in R&I-Fließbildern. R&I steht dabei für Rohrleitung und Instrumentierung. Hierbei handelt es sich um eine Erweiterung der Verfahrensfließbilder. Diese werden durch die Stelltechnik ergänzt. In diesen Fließbildern ist somit das gesamte Anlagenschema bzw. einer Teilanlage dargestellt, und es bildet die Grundlage für die Planung einer Automatisierungsanlage. Bild 7.6 zeigt das R&I-Fließbild der Mischanlage.

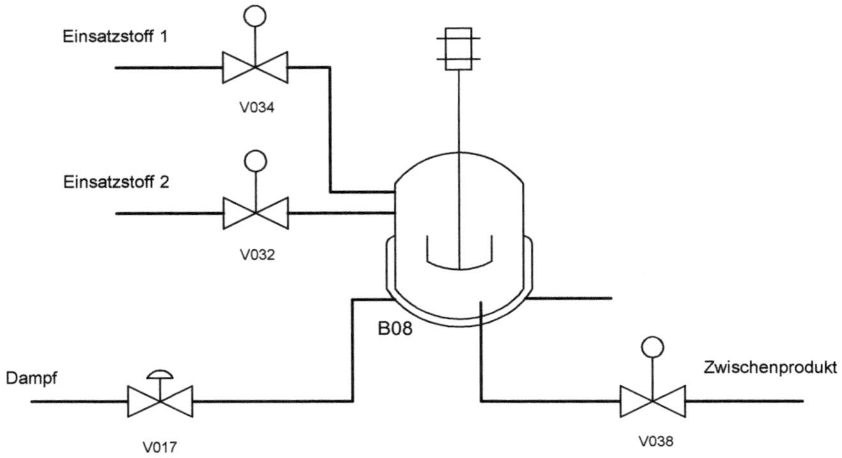

Bild 7.6 R&I-Fließbild zur Mischanlage

Das R&I-Fließbild stellt eine verfahrenstechnische Anlage vollständig aus Sicht der Verfahrenstechnik dar. Es ist damit die Schnittstelle zwischen der Anlagenplanung bzw. -dokumentation und der EMSR-Technik. Aus Sicht der EMSR-Technik sind damit ausschließlich die R&I-Fließbilder interessant, da diese als einzige eine Verbindung von der Verfahrenstechnik zur EMSR-Technik darstellen. In der DIN EN ISO 10828 sind u. a. folgende Grund- und Zusatzinformationen aufgelistet, welche R&I-Fließbilder enthalten müssen bzw. können:

- Funktion und Art der Apparate und Maschinen, einschließlich Antriebsmaschinen, Fördereinrichtungen und installierte Reserve;
- Identifikationsnummer der Apparate und Maschinen einschließlich Antriebsmaschinen;
- kennzeichnende Größen von Apparaten und Maschinen, gegebenenfalls in Form getrennter Listen;
- Bezeichnung von Nennweite, Druckstufe, Werkstoff und Ausführung der Rohrleitungen, z. B. durch Rohrleitungsnummer und Rohrleitungsklasse oder Identifikationsnummer;

- Angaben zu Apparaten, Rohrleitungen und Armaturen;
- Benennung und Durchflüsse bzw. Mengen von Energie bzw. Energieträgern;
- Art wichtiger Geräte für das Messen, Steuern und Regeln;
- Benennung von Anlagenteilen.

Als nächster Schritt ist zu klären, an welchen Stellen die Automatisierungsaufgaben zu erfüllen sind. Dazu sollen folgende Fragen beantwortet werden [Berg_01]:

- Welche Prozessgrößen sind zu messen?
- Wie erfolgt die Beeinflussung der Prozessgrößen?
- Wo erfolgt eine Anzeige oder Registrierung?
- Welche Prozessgrößen sind zu regeln?
- Wo erfolgt die Umsetzung?

Zur Beschreibung der jeweiligen Automatisierungsaufgabe wird das R&I-Fließbild mit PLT-Stellen ergänzt. Durch die Anordnung und Verknüpfung der PLT-Stellen erhält man erste Grobaussagen zur Automatisierung der Anlage. Die Anwendung der PLT-Stellen ist durch die DIN 19227 geregelt. Seit 2009 ist auch die DIN EN 62424 „Darstellung von Aufgaben der Prozessleittechnik" freigegeben. In dieser Norm wird vorrangig die Fließbilderstellung in CAE-Systemen behandelt.

PLT-Stellensymbole nach DIN 19227

PLT-Stellensymbole werden als Kreis oder abgerundetes Rechteck dargestellt. Ausgabe- und Bedienort werden durch die Anzahl von Querstrichen gekennzeichnet. Bild 7.7 zeigt verschiedene Grundformen von PLT-Stellen.

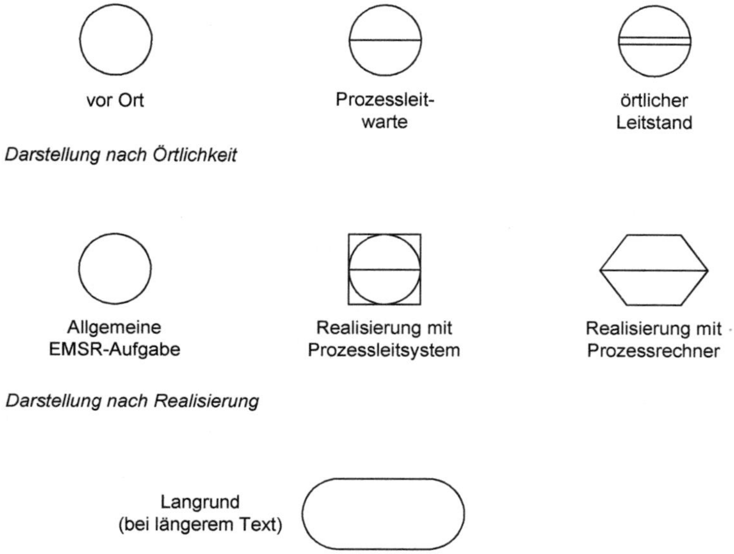

Bild 7.7 Grundformen von PLT-Stellen

Die Verbindung zum Messort wird mit einer durchgängigen Linie hergestellt. Eine gestrichelte Linie bildet die Verbindung zur Stelleinrichtung. Im unteren Feld der PLT-Stelle wird die PLT-Stellennummer eingetragen. Die Automatisierungsaufgabe wird durch festgelegte Kennbuchstaben im oberen Feld beschrieben (Bild 7.8). An der ersten Stelle steht die zu erfassende bzw. beeinflussende Prozessgröße. Es ist möglich, die Prozessgröße durch einen Ergänzungsbuchstaben zu spezifizieren. Die Stellen 2 und 3 stehen für Funktionen, die zur Realisierung der Automatisierungsaufgabe notwendig sind. Hierzu wird die Reihenfolge für R = Registrierung, I = Anzeige, C = Regelung empfohlen. Die Reihenfolge für weitere notwendige Kennbuchstaben ist beliebig, siehe Beispiel in Bild 7.9. In Anhang A sind die Kennbuchstaben zur Kennzeichnung einer PLT-Stelle nach DIN 19227 (1) aufgelistet.

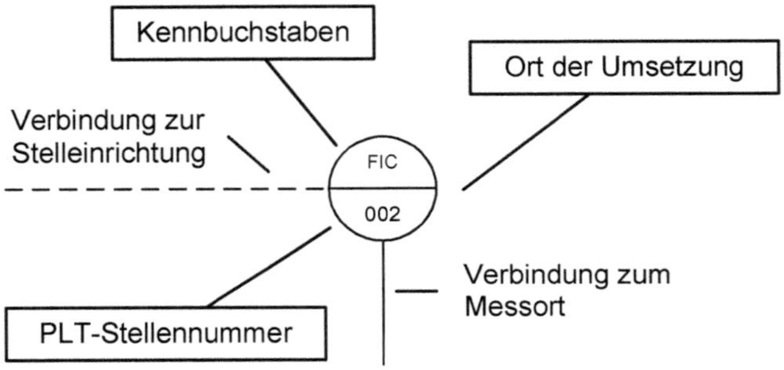

Bild 7.8 Aufbau einer PLT-Stelle

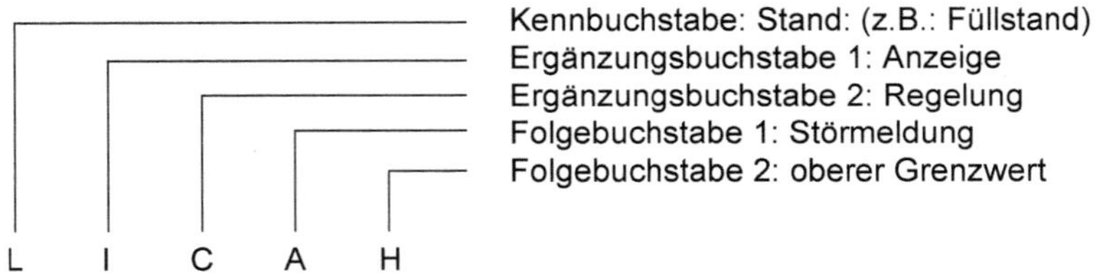

Bild 7.9 Anwendung der Kennbuchstaben

Das bereits bekannte Beispiel des Mischbehälters ist jetzt um die entsprechenden PLT-Stellen ergänzt (siehe Bild 7.10). In Tabelle 7.1 sind die einzelnen Automatisierungsaufgaben näher beschrieben. Im Weiteren erfolgt die Darstellung verschiedener Beispiele von PLT-Stellen (siehe Bild 7.11).

Tabelle 7.1 Erläuterung der PLT-Stellen

PLT-Stelle	Automatisierungsaufgabe	Ort für Umsetzung	Verarbeitung durch
006	Füllstandsregelung für den Behälter B08 über die Ventile V032 und V034 mit Anzeige	Prozessleitwarte	Prozessleitsystem
007	Druckanzeige für den Behälter B08	vor Ort	Instrument
009	zeitgesteuertes Schalten Ablassventil V038	Prozessleitwarte	Instrument
011	Temperaturregelung am Behälter B08 über Dampfstrom (Ventil 017) mit Anzeige	Prozessleitwarte	Prozessleitsystem
015	zeitgesteuertes Schalten (Rührer im Behälter B08)	Prozessleitwarte	Prozessrechner

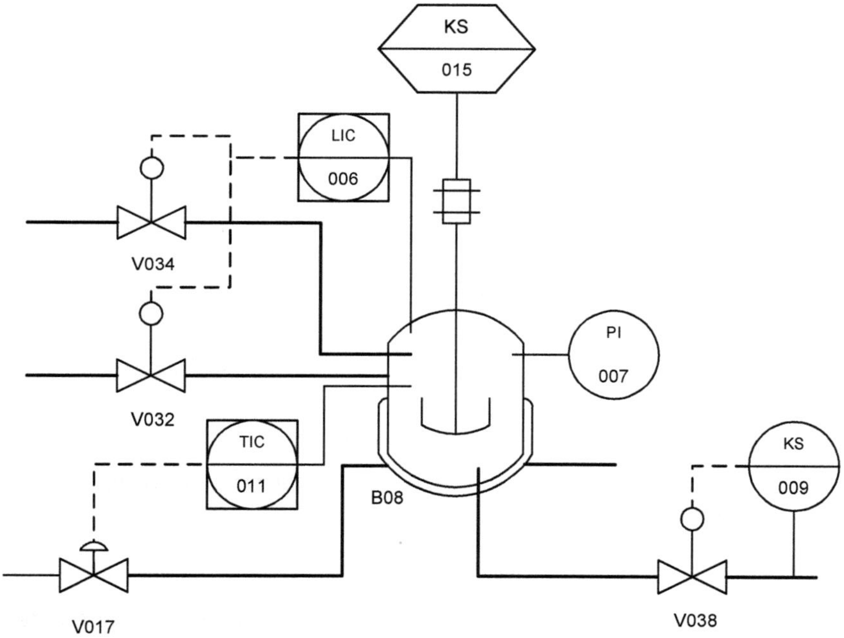

Bild 7.10 R&I-Fließbild zur Mischanlage

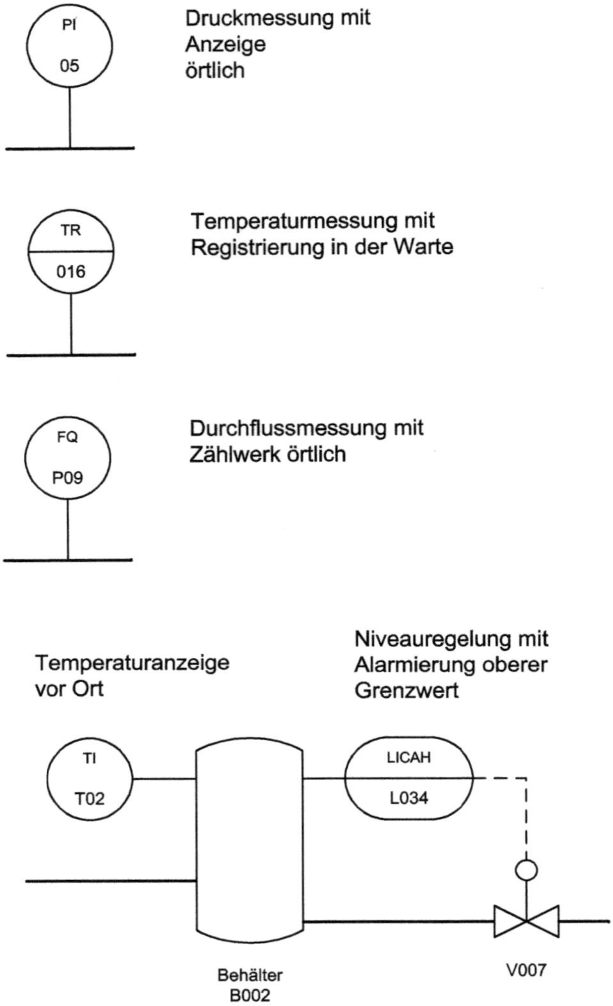

Bild 7.11 Beispiele für PLT-Stellen

DIN EN 62424

Die DIN 62424 erlangte im Jahr 2010 ihre Gültigkeit und definiert die Schnittstellen zum Austausch von PCE-(Process-Control-Engineering-)Daten, welche von R&I-Tools zur Verfügung gestellt werden. Um die Schnittstellen zu vereinigen, wurde ein passendes Datenformat mit der Bezeichnung CAEX (Computer Aided Engineering eXchange) definiert. Weiterhin ist ein eindeutiges Kennzeichnungssystem und Prozessbeschreibung notwendig. Zur DIN 19227 ergeben sich hauptsächlich die folgenden Änderungen: teilweise Änderung der Erst- und Folgebuchstaben für Prozessanforderungen (siehe Anhang F); für sicherheits-, GMP (good manufacturing practice) und qualitätsrelevante Prozessanforderungen werden neue Symbole angelegt (siehe Anhang F); Definition der Datenübertragungssprache CAEX und Beschreibung des elektronischen Datenaustausches.

Bild 7.12 zeigt die Darstellungsstruktur einer PCE-Aufgabe in einem R&I-Fließbild nach DIN EN 62424. Innerhalb des Stellensymbols findet man ausschließlich PCE-Kategorie, -Funktion und die Kennzeichnung. Alle weiteren Zustandsinformationen befinden sich außerhalb vom Symbol in zehn Datenfeldern. Dies betrifft z.B. die Funktionen A, H, L, O, S und Z. Diese dürfen nur außerhalb des Symbols (Oval) verwendet werden. So erfolgt beispielsweise die Darstellung von Alarmen rechts neben dem Symbol. Ebenfalls neu ist die Nutzung von zusätzlichen Symbolen für weitere PCE-Aufgaben wie: GMP-relevante Sensoren oder Aktoren (Kreis), Sicherheitsfunktionen (Dreieck), qualitätsrelevante PCE-Aufgaben (Quadrat). Weiterhin kann es auch bei mehreren Aufgaben notwendig sein, zusätzliche Symbole zu zeichnen. Wie bei der DIN 19227 werden die Trennstriche im Oval zur Aussage über den Ort der Umsetzung genutzt. Hier wird unterschieden zwischen: lokal, lokales Stellpult und zentraler Leitstand. Zur Anzeige von Verarbeitungsfunktionen und Kategorien wurden entsprechende Kennbuchstaben festgelegt (Anhang F).

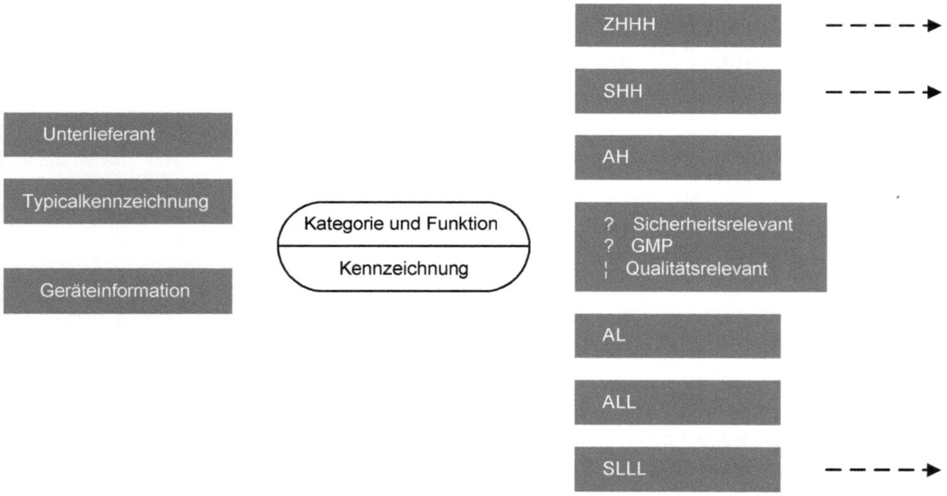

Bild 7.12 Struktur einer PCE-Aufgabe

Für die Aktorseite (Verarbeitungsfunktion) werden ebenfalls Stellensymbole verwendet und Kennbuchstaben festgelegt. Tabelle 7.2 zeigt drei Beispiele.

Tabelle 7.2 PCE-Verarbeitungsfunktionen für Aktoren

Kurbezeichnung	Funktion
YS	Auf/Zu-Ventil
YC	Stellarmatur
NS	An/Aus-Motor

Die Referenzkennzeichnung dient der eindeutigen Identifizierung von PCE-Aufgaben und wird im unteren Teil des Symbols dargestellt. Weiterhin besteht die Möglichkeit, am Symbol Informationen wie Unterlieferant, Typical und zum Gerät darzustellen (siehe Bild 7.13).

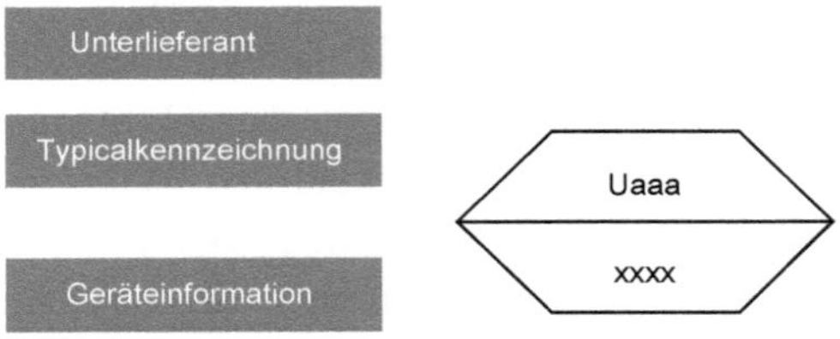

Bild 7.13 Struktur einer Verarbeitungsfunktion

Den funktionalen Zusammenhang zwischen Sensor und Aktor verkörpern die PCE-Leitfunktionen. Bei einfachen Zusammenhängen kann die PCE-Leitfunktion auch entfallen. Die Kennzeichnung im oberen Teil beginnt immer mit einem U gefolgt von verschiedenen Verarbeitungsfunktionen. Bild 7.14 zeigt ein Beispiel für die Darstellung einer PCE-Aufgabe nach DIN EN 7.14.

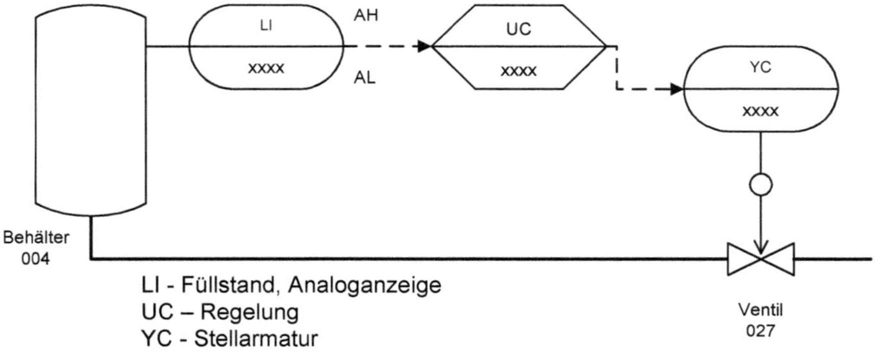

Bild 7.14 PCE-Aufgabe nach DIN EN 62424

7.4 PLT-Stellenblatt und PLT-Stellenplan

Nachfolgend soll näher auf das PLT-Stellenblatt und den PLT-Stellenplan eingegangen werden. Diese beiden Dokumente werden nach der Fertigstellung des R&I-Fließbildes generiert und bilden eine weitere Grundlage für die nachfolgend zu erstellenden Planungsunterlagen. Für jede PLT-Stelle werden ein Stellenblatt und ein Stellenplan angefertigt. Diese beschreiben u.a. die Gerätewahl und Verschaltung der Automatisierungsgeräte.

7.4.1 PLT-Stellenblatt

Nach dem Eintrag der PLT-Stellen in das R&I-Fließbild erfolgt im nächsten Schritt die Erstellung der PLT-Stellenblätter. In dieser Aufstellung werden alle Geräte der entsprechenden PLT-Stelle zusammengestellt und aufgelistet. Die PLT-Stellenblätter, auch als **Messstellenblätter** bezeichnet, spezifizieren ein Mess- oder ein Stellgerät in einer verfahrenstechnischen Anlage sowie die Anschluss- und Umgebungsbedingungen seines Einbauortes. Sie stellen damit auch eine Verbindung zwischen der Verfahrenstechnik und der EMSR-Technik dar. Aufgelistet werden Einbauort- und Umgebungsdaten, Betriebsdaten, Gerätedaten sowie zusätzliche Informationen.

Einbauort- und Umgebungsdaten: Es wird beschrieben, wie und wo das Gerät eingebaut wird. Dazu gehören Angaben zu Einbaulage, Isolierung, Einbauanschluss, Rohrleitungs- oder Anlagenteilbezeichnung.

Betriebsdaten: Hier werden die Betriebsbedingungen in der Rohrleitung oder dem Anlagenteil beschrieben. Dazu gehören Grenzwerte der betreffenden Prozessgrößen, notwendiger Mess- bzw. Stellbereich des Feldgerätes und Stoffdaten, denen das Gerät ausgesetzt ist.

Gerätedaten: Sie beinhalten alle Daten, die das Gerät genau beschreiben wie z.B. Hersteller, Typenbezeichnung, Bestellnummer, Gehäusedaten, Mess- und Stellbereiche. Auch Daten zu zusätzlichen Funktionen, Anschlussart und Ex-Kennzeichen werden hier dokumentiert.

Zusätzliche Informationen: Dazu gehören z.B. Daten zur Energieversorgung, Kabelanschlüsse, Schnittstellen sowie weitere elektrische Daten.

Die Bilder 7.15 und Bild 7.16 zeigen das Beispiel für ein Messstellenblatt.

planets software

Messstellenblatt Druck

				Z.-Nr.:	0-EMC 00-002/4-A
				P&ID:	7-PID10-001/1-F vom
PLAN	DORT	MUND	7P1002	PIA-	Druckmessung Zulauf Trinkwasser
Werk	Anlage	TA	Messst.	Art	Bezeichnung

Einbauort- und Umgebungsdaten Messort

Gebäude:		Rohrleitungsnummer	: 50-710-001-FW-FF16B21		
Raum / Bühne:		Werkstoff:	1.4571		
Einbauanschluss:		DN / PN:	50 / 16		
Ex-Zone:		Isolierung:		Isolierstärke:	mm
Ex-Temperaturklasse:		Beheizung:		Beheizungsart:	

Betriebsdaten

Allgemein	min.	norm	max.	
Messgrösse:	0,0	5,0	10,0	bar
Betriebsdruck:	0,0	5,0	10,0	bar ü
Betriebstemperatur:	5,0		40,0	°C

Medien	Medium 1	Medium 2	Medium 3	Medium 4	Medium 5	
Bezeichnung:	Trinkwasser					
Einst. GefStoffV:						
Aggregatzustand:	flüssig					
Dichte:						kg/dm³
bei Temperatur:						°C
Dyn. Viskosität:						mPas
bei Temperatur:						°C
Dampfdruck:						mbar
Leitfähigkeit:						µS/cm
Kritischer Druck						bar

Gerätespezifikation

Allgemein

Funktion:	Kontinuierliche Messung	Geräteanschluss:	Außengewinde
Anwendung:		DN / PN:	G1/2" B /
Genauigkeit / Klasse	+/- 0,2 % vom MB-Endwert	Dichtleiste:	
Messprinzip:	Überdrucktransmitter	Stutzenlänge:	mm
Ausführung / Bauart:	Kompaktgerät	Werkstoff medienberührt:	1.4571
Belastbarkeit:		Werkstoff Gehäuse:	Kunststoff
Hersteller:		Sensorbauform:	
Typ:		Sensorlänge:	mm
Bestell-Nr.:		Einbaulage:	

Elektrischer Anschluss

Art:	Integriert in Kompaktgerät	Versorgung:	24 V DC
Messbereich:	0 - 10 bar ü	Signalausgang:	4-20 mA
Hersteller:		Kommunikation:	HART
Typ:		Werkstoff Gehäuse:	
Bestell-Nr.:		Anschluss:	M20x1,5
Ex-Kennzeichnung:		Schutzart:	IP 66
Ex-Zulassung:		EMV:	nach IEC/EN61326 & Namur NE21
Messstellenschild:	1.4571 mit Messstellennr.	Gerätekonfiguration:	enthalten

rTi

						Datum : 17.06.2009
Anfrage	1	Jäger	17.06.2009	Rausch	17.06.2009	Zeit : 11:20 Uhr
Status	**Version**	**Erstellt**	**Datum**	**Geprüft**	**Datum**	**Seite : 1 von: 2**

Bild 7.15 Typischer Aufbau eines Messstellenblattes (1)

planets software

Messstellenblatt Druck

Z.-Nr.:	0-EMC 00-002/4-A
P&ID:	7-PID10-001/1-F vom

PLAN	DORT	MUND	7P1002	PIA-	Druckmessung Zulauf Trinkwasser
Werk	Anlage	TA	Messst.	Art	Bezeichnung

Zubehör

Art:	Ventilblock mit Prüfanschluss	Prozessanschluss:	G 1/2" B
Anwendung:	Form A nach DIN 16271	Geräteanschluss:	G 1/2"
Hersteller:		PN:	
Herstellertyp:		Werkstoff Gehäuse:	1.4571
Bestell-Nr.:		Werkstoff medienberührt:	

Bescheinigungen und Zertifikate

CE X WHG ☐ SIL ☐ DGRL ☐ ATEX ☐ Prüfprotokoll nach 3.1 X siehe Bemerkungen X

Dokumentation

3-fach, deutsch
EG-Konformitätserklärung
Betriebs- und Instandhaltungsunterlage
Montageanweisung
Ergänzung der Messstellenblätter

Bemerkungen

Absperrventil vormontiert am Drucktransmitter

rTi

Anfrage	1	Jäger	17.06.2009	Rausch	17.06.2009	Datum : 17.06.2009 Zeit : 11:20 Uhr
Status	Version	Erstellt	Datum	Geprüft	Datum	Seite : 2 von: 2

Bild 7.16 Typischer Aufbau eines Messstellenblattes (2)

Letztendlich liefern die PLT-Stellenblätter alle Informationen, um die Feldgeräte zu spezifizieren und auch zu bestellen. An der Erstellung der PLT-Stellenblätter sind sowohl die Verfahrenstechnik als auch die Automatisierungstechnik gleichermaßen beteiligt. Von der Verfahrenstechnik werden die Umgebungsbedingungen und die Betriebsdaten der PLT-Stelle vorgegeben. Mit diesen Informationen werden die Geräte ausgewählt, welche auch diese Anforderungen erfüllen.

7.4.2 PLT-Stellenplan

Nach dem Eintrag der PLT-Stellen in das R&I-Fließbild und der Generierung zuvor beschriebener PLT-Stellenblätter erfolgt im nächsten Schritt die Erstellung der PLT-Stellenpläne. Die PLT-Stellen geben keine Informationen bezüglich der gerätetechnischen und örtlichen Zuordnung der verschiedenen Funktionseinheiten. Dazu ist eine weitere grafische Darstellung notwendig. PLT-Stellenpläne bilden dann die Grundlage zur Installation der Automatisierungsanlage. Während die PLT-Stellen nur hinsichtlich der eigentlichen Automatisierungsaufgabe eine Aussage geben, werden in den PLT-Stellenplänen weitere Informationen zu Struktur und Aufbau des Systems dargestellt. Dazu gehören u. a.:

- Gerätewahl
- Automatisierungsstruktur
- Realisierung der Automatisierungsfunktionen
- Kommunikation
- Verarbeitung
- Einbauorte
- Signalwahl

Die Einteilung des PLT-Stellenplans erfolgt nach den möglichen Einbauorten. Dazu wird der Plan in die Bereiche Feld, Schaltraum und Warte gegliedert.

- **Feld:** Messstutzen an Anlagenteilen, Prozessinterface, Stellplatz für Verteilerschränke
- **Schaltraum:** zentraler Raum mit Schaltschränken u. a. zur Unterbringung von Signalwandlern, Steuereinrichtungen und Regelungseinrichtungen. Dieser Schaltschrank befindet sich meist in unmittelbarer Nähe der Prozessleitwarte, daher auch oft als Wartennebenraum bezeichnet.
- **Wartenraum:** zentraler Kommunikationsraum für das Anlagenpersonal mit Pulten, Fronttafeln, Anzeige- und Bedienkomponenten. Aktuelle Anlagen sind heutzutage vorrangig mit Personal Computer und großen Monitoren zur übersichtlichen Darstellung von Anlagenbildern ausgestattet.

Für jede PLT-Stelle wird ein PLT-Stellenplan angefertigt. Die grafische Darstellung erfolgt beginnend mit der Signalaufnahme im Feld und wird mit der Verbindung zur Verarbeitungseinheit und letztlich zum Stellgerät komplettiert.

Bild 7.17 zeigt die grundlegende Struktur eines PLT-Stellenplans.

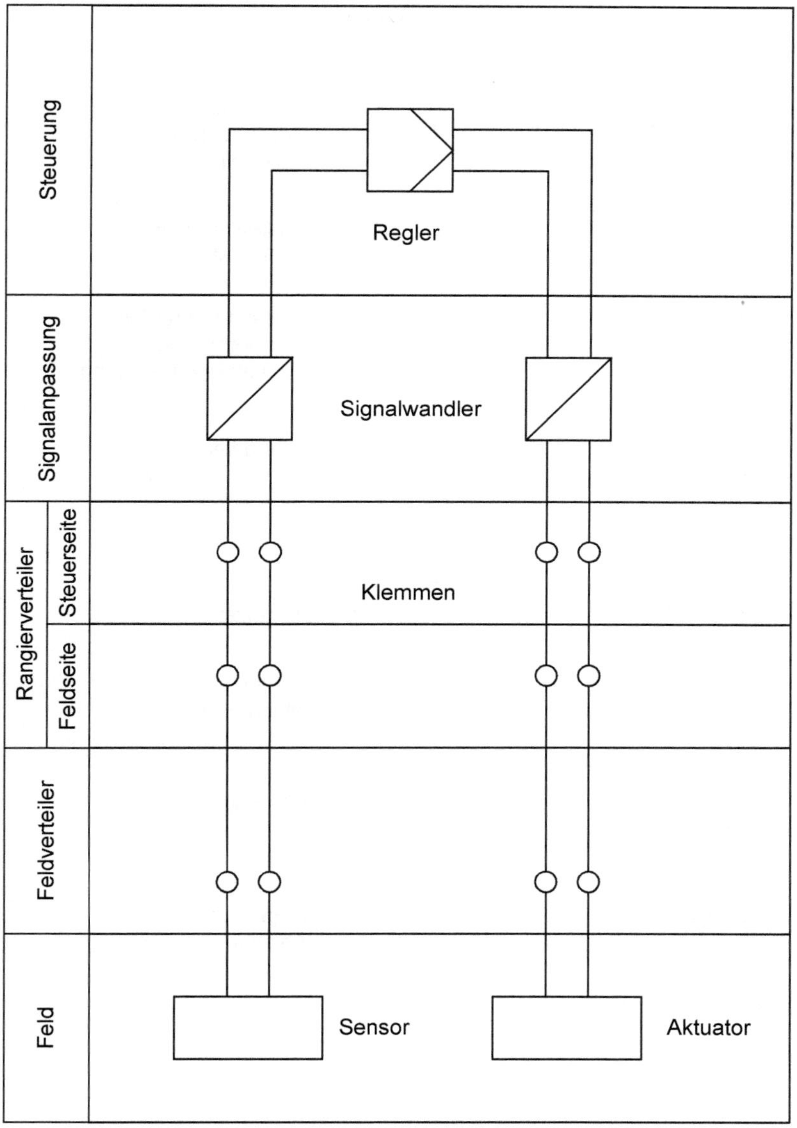

Bild 7.17 Struktur eines PLT-Stellenplans

Im Beispiel kommt ein Hardwareregler zum Einsatz, um den Signalweg ohne Unterbrechung zu veranschaulichen. In größeren Anlagen werden hier vorrangig Prozessleitsysteme eingesetzt. Basis für den PLT-Stellenplan bildet hierbei die DIN 19227 Teil 2. In Bild 7.18 und Bild 7.19 sind einige Beispiele von Symbolen für PLT-Stellenpläne dargestellt.

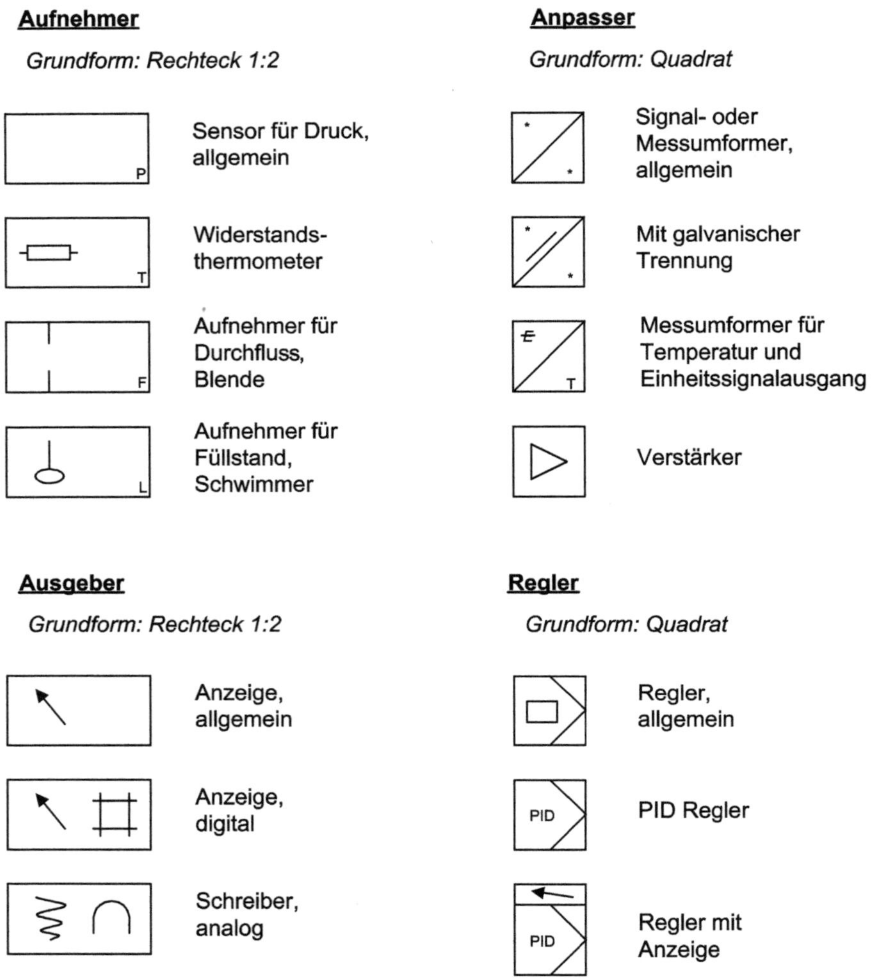

Bild 7.18 Beispiele nach DIN 19227 (1)

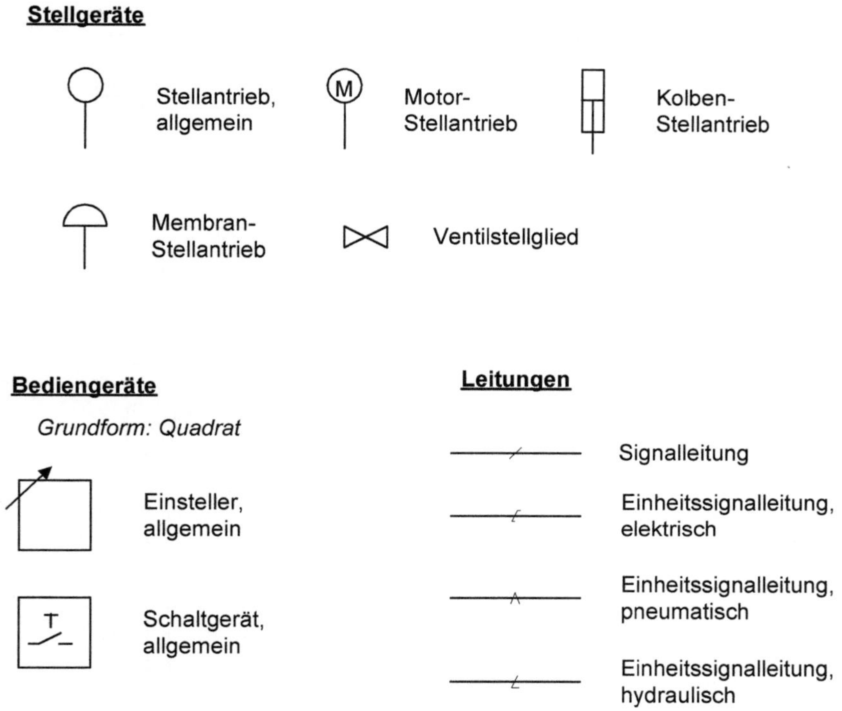

Bild 7.19 Beispiele nach DIN 19227 (2)

Für das in Bild 7.10 dargestellte R&I-Fließbild der Mischanlage ist im Weiteren zur PLT-Stelle 011 ein PLT-Stellenplan exemplarisch dargestellt. Durch die PLT-Stelle 011 wird die folgende Automatisierungsaufgabe beschrieben (vgl. Tabelle 7.1):

- T-Temperatur, I-Anzeige, C-Reglung
- Umsetzung in der Warte
- Realisierung mit PLS
- Temperaturbeeinflussung durch geregelten Dampfstrom
- Membranstellantrieb

Bild 7.20 zeigt die Umsetzung der PLT-Stelle 011 in einen entsprechenden PLT-Stellenplan.

Die Erstellung aller notwendigen Unterlagen zur Planung und Projektierung erfolgt heute mit CAE-Systemen. Auf diese Werkzeuge wird noch separat eingegangen.

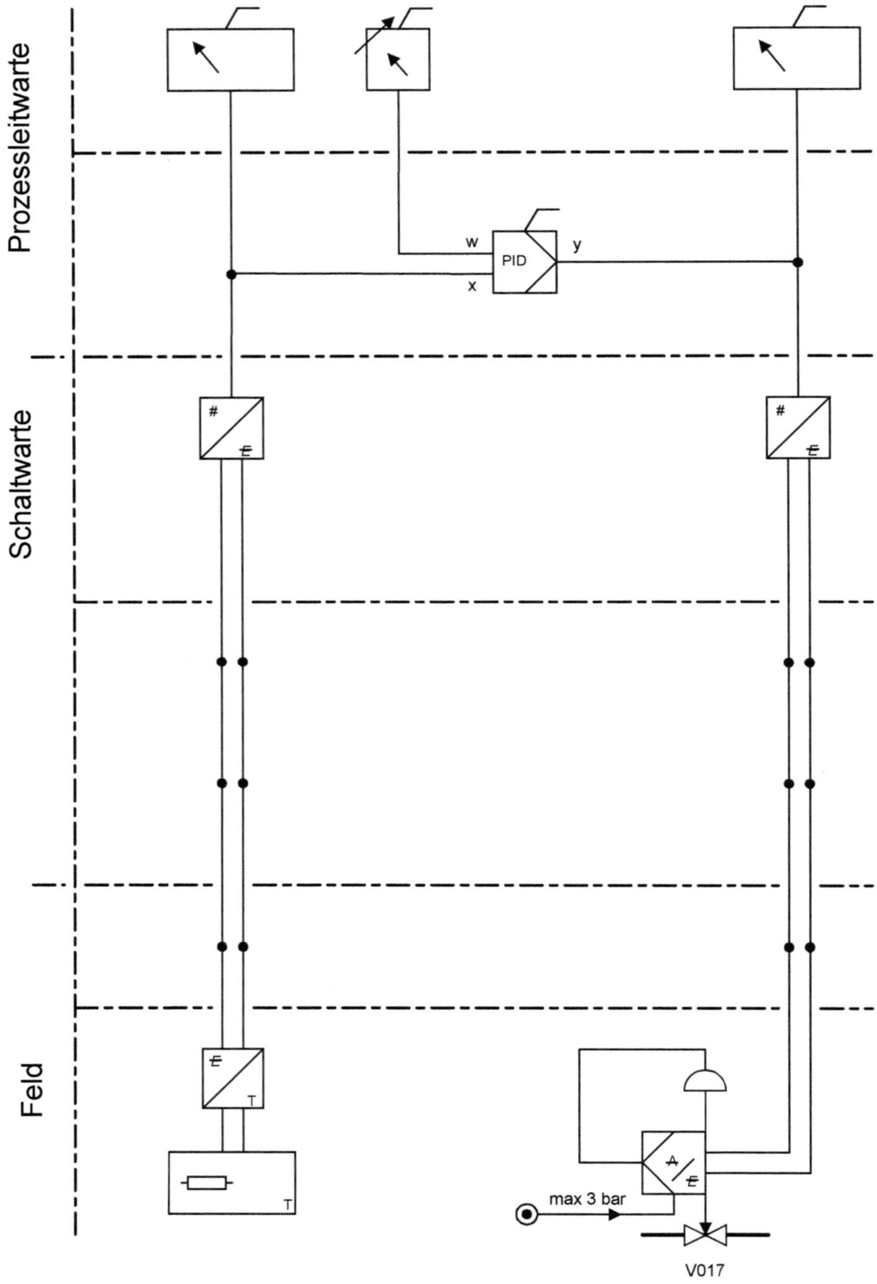

Bild 7.20 PLT-Stellenplan zur PLT-Stelle 011

■ 7.5 Anlagenkennzeichnung

Zur eindeutigen Kennzeichnung der eingebauten Gerätetechnik und aller anderen Anlagenteile wurde ein **Anlagenkennzeichnungssystem** (AKS od. AKZ) entwickelt. Hierbei handelt es sich um eine branchenübergreifende Festlegung. Im Kraftwerksbereich findet das **Kraftwerkskennzeichnungssystem** (KKS) Anwendung (DIN ISO TS 16952: Technische Produktdokumentation, Teil 10 - Kraftwerke). Eine Beschreibung der Anlagenkennzeichnung erfolgt durch die DIN EN 81346. Diese Norm löste die DIN 6779 ab und liefert einheitliche Grundregeln von Kennzeichnungen für alle technischen Anwendungen. Somit kann eine einheitliche Kennzeichnung für alle Gewerke wie z.B.

- Elektrotechnik,
- Handwerk,
- Maschinenbau und das
- Bauwesen

erfolgen.

Weiterhin ist diese Norm Grundnorm für weitere Normen. So z.B. die ISO/TS 16952-1 zur technischen Produktdokumentation und der Initiative RDS-PP (Reference Designation System for Power Plants) zur Kennzeichnung von Kraftwerksanlagen.

Das Kennzeichnungssystem wird in verschiedenen Gewerken wie Maschinen- und Bautechnik sowie Elektro- und Leittechnik angewendet. Außerdem erfolgt durch Planer, Hersteller und Betreiber eine firmenübergreifende Nutzung. Weitestgehende Festlegungen sind in der IEC 81346 dokumentiert. Da sie branchenübergreifend ist, findet man in einer Vielzahl an Beiblättern entsprechende branchenspezifizierte Beschreibungen (Kraftwerk, Schiffbau, Chemie). Diese umfassende Norm wird selbst bei der intensiven Anwendung von Kraftwerken mit KKS nicht vollständig ausgeschöpft. Die Anlagenkennzeichnung ist nach den folgenden Aspekten strukturiert:

- **der funktionale Aspekt,**
  gekennzeichnet durch ein „="
- **der produktbezogene Aspekt,**
  gekennzeichnet durch ein „-"
- **der ortsbezogene Aspekt,**
  gekennzeichnet durch ein „+"

Die drei Aspekte eines Objekts sollen durch Bild 7.21 verdeutlicht werden.

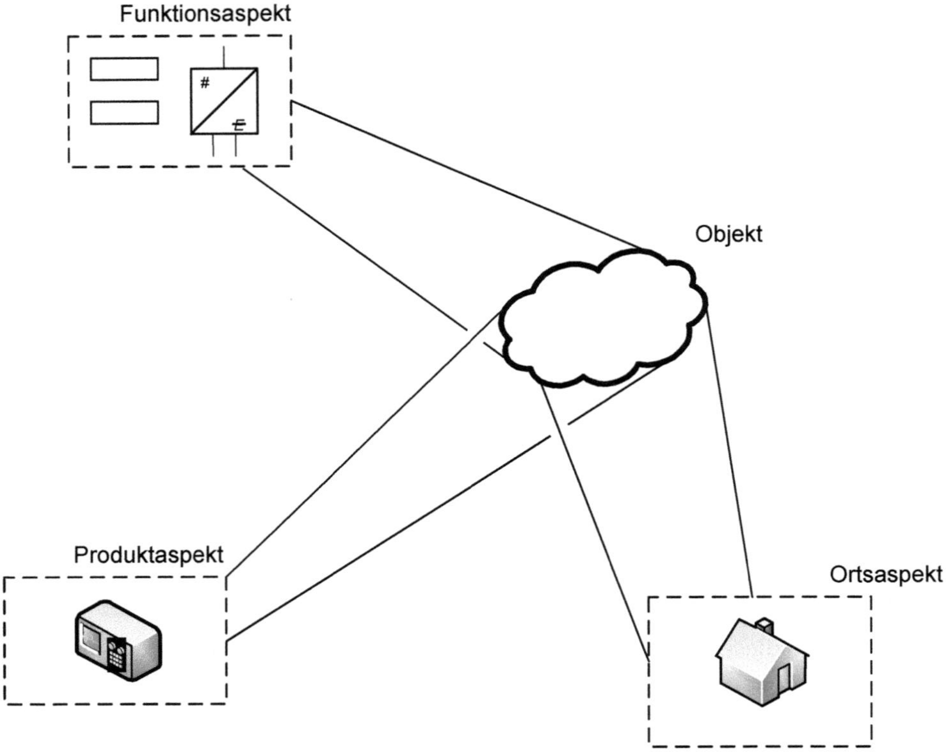

Bild 7.21 Aspekte eines Objektes

Die entsprechenden Kennbuchstaben zur eindeutigen Kennzeichnung der Objekte sind im zweiten Teil der IEC 81346 aufgelistet. Diese Kennbuchstaben gelten für elektrische und mechanische Objekte. Tabelle 7.3 und Tabelle 7.4 zeigen einige Beispiele.

Tabelle 7.3 Tabelle der Hauptklassen (Auszug)

Kennbuchstabe	Zweck oder Aufgabe
C	Speichern von Material, Energie oder Information
K	Verarbeiten von Signalen und Informationen
P	Darstellen von Informationen
V	Verarbeiten von Materialien oder Produkten
X	Verbinden von Objekten

Tabelle 7.4 Tabelle der Hauptklassen und Unterklassen (Auszug)

C1 C2	Zweck oder Aufgabe des Objektes
C	Speicherung von Energie, Information oder Material
CA	Speichern, kapazitiv
CB	Speichern, induktiv
CN	Speicher, Sammeln und Lagern von Stoffen
CQ	Speichern von mechanischer Energie

Dieser kurze Auszug soll die Struktur der Kennbuchstaben verdeutlichen und zeigt die Möglichkeit, jedes Objekt in einer technischen Anlage zu kennzeichnen.

■ 7.6 Projektierungsphasen

Im Bereich der Automatisierungstechnik versteht man unter **Projektierung** alle planenden Arbeitsvorgänge, von der Angebotsphase bis zur vollständigen Inbetriebnahme der Anlage. Bei diesem Vorgang werden verschiedene Phasen durchlaufen. In Abhängigkeit von der Automatisierungsaufgabe und dem technischen Prozess existieren unterschiedliche Ausprägungen.

Die einzelnen Projektierungsphasen lassen sich vereinfacht in einem Wasserfallmodell darstellen (siehe Bild 7.22). Jede Phase hat als Produkt ein oder mehrere Ergebnisdokumente, auf welche die nächste Phase wiederum aufbaut. Es kann keine Phase übersprungen werden.

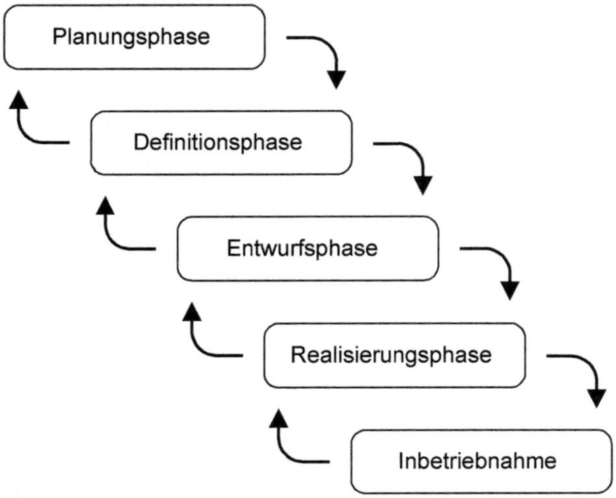

Bild 7.22 Projektierungsphasen

7.6.1 Planungsphase

Das Lastenheft ist Hauptbestandteil dieser ersten Phase. Es wird vom Auftraggeber bzw. Planer vollständig erstellt. Im Lastenheft wird definiert, WAS und WOFÜR zu lösen ist. Es dient als Ausschreibungs-, Angebots- und Vertragsgrundlage. Hier sind Aufgabe und Lösung vordergründig qualitativ beschrieben.

Darin sind enthalten:

- die eindeutig beschriebene Lösung der Aufgabe,
- erforderliche Mengen und Qualitäten,
- eventuell zu beachtende Randbedingungen.

Die Schwerpunkte eines Lastenheftes sind:

1. Einführung in das Projekt
   Beschreibung der Ziele und Anlagenkomplexe, der Einordnung in das Unternehmen und Eckdaten (Aufwand, Nutzen, Termine etc.).
2. Beschreibung der Ausgangssituation
   Zu automatisierender Prozess, vorhandene Automatisierungs- und Kommunikationssysteme.
3. Aufgabenstellung
   Struktur der Aufgabenkomplexe, Beschreibung der Arbeitspakete und Darstellung des Bearbeitungsablaufs
4. Definition der Schnittstellen zwischen den einzelnen Systemkomponenten
   Hardware, Software, Anlagenfahrer ...
5. Anforderungen an die Systemtechnik
   Leistungsparameter, Kommunikationsumgebung, Informationsverarbeitung, Kompatibilität
6. Anforderungen an die Inbetriebnahme und den Einsatz
   Montage- und Inbetriebnahmetechnologie, Schulung und Softwarepflege
7. Anforderungen an die Qualität
   Bedienerfreundlichkeit, Flexibilität, Zuverlässigkeit, Verfügbarkeit und Sicherheit
8. Anforderungen an die Projektabwicklung
   Organisation und Management

Das Lastenheft zeigt also die vom Auftragnehmer zu erbringenden Leistungen qualitativ und quantitativ auf. In der industriellen Praxis wird fast immer auf die Ausschreibung zurückgegriffen, die meist nicht mit der für die Lastenhefte geforderten Breite und Tiefe Prozessverfahrenstechnik und zugehörige Automatisierungsaufgaben ausweist. Deshalb muss der Auftragnehmer in seinem Pflichtenheft Inhalt, Umfang sowie Kosten des zu realisierenden Automatisierungsprojektes bestmöglich vorausdenken und kalkulieren.

7.6.2 Definitionsphase

In der zweiten Phase wird ein Pflichtenheft vom Auftragnehmer unter Beachtung der im Lastenheft genannten Anforderungen erstellt. Es beschreibt die Realisierung aller Anforderungen des Lastenheftes. Das Pflichtenheft beschreibt, WIE und WOMIT die Anforderungen zu realisieren sind. Es wird eine definitive Aussage über die Realisierung der Aufgabe gemacht. Nach Auftragserteilung wird das Pflichtenheft vom Auftragnehmer, dem Lieferer der Anlage erstellt.

Nach Genehmigung durch den Auftraggeber wird das Pflichtenheft die verbindliche Vereinbarung für die Realisierung und Abwicklung des Projektes für Auftraggeber und Auftragnehmer. Die Schwerpunkte des Lastenheftes 1. bis 8. (evtl. modifiziert) werden um weitere Schwerpunkte ergänzt und bilden somit die Grundlage für das Pflichtenheft.

- Systemtechnische Lösung
  Dokumentation der gewählten Strukturen mit Beschreibung der Ein- und Ausgangsgrößen, der Einzelfunktionen sowie der Kommunikation
- Systemtechnik
  Hard- und Software mit Angaben u. a. über die Leistungsparameter sowie über die Bedienbarkeit, Sicherheit, Zuverlässigkeit und Verfügbarkeit

Das Pflichtenheft ist bindend, wenn es vom Auftraggeber bestätigt wird und enthält nunmehr die folgenden Informationen:

1. Zielbestimmung (Musskriterien, Sollkriterien, Kannkriterien, Abgrenzungskriterien)
2. Produkteinsatz (Anwendungsbereich, Zielgruppe, Betriebskriterien)
3. Produktübersicht
4. Produktfunktionen
5. Produktdaten
6. Produktleistungen
7. Qualitätsanforderungen
8. nichtfunktionale Anforderungen
9. technische Produktumgebung (Software, Hardware, Orgware, Schnittstellen)
10. Gliederung in Teilprojekte

Wünschenswert ist es, auf alle Punkte einzugehen, da es sich hier um ein verpflichtendes Dokument handelt. Eine falsche Angabe kann den Auftragnehmer und/oder den Auftraggeber teuer zu stehen kommen.

7.6.3 Entwurfsphase

In der dritten Phase wird die Entwicklungsarbeit nach den Vorgaben des Pflichtenheftes durchgeführt.

Hierzu gehört die Erstellung u. a. der

- R&I-Fließbilder,
- PLT-Stellenblätter,
- PLT-Stellenpläne,
- Steuerungssoftware sowie des
- MATLAB-Modells.

Entwerfen ist eine kreative schöpferische Leistung, bei der die eigentliche Ingenieursarbeit beginnt. Modelle für Regler und Prozesse müssen entworfen und getestet werden. Dabei empfehlen sich Programme für Simulationen wie Matlab/Simulink und Dymola. Die Projektierungsunterlagen der Anlage kann man mit Hilfe moderner CAE-Systeme, wie z. B. PLANEDS[1], realisieren. Dabei können Funktionspläne, Stromlaufpläne, Stellpläne und Schrankaufbauten komplett erstellt werden. Man kann also sagen, die Anlage entsteht im Rechner.

7.6.4 Realisierungsphase

In der vierten Phase erfolgt die Montageprojektierung. Sie sichert den Aufbau der Automatisierungsanlage im Sinne des gewünschten Leistungsumfanges. Dazu gehören auch Leistungen wie Reglerstrukturierung und -parametrierung.

Alle installierten Bedienelemente, Meldeglieder, Sensoren und Aktuatoren werden einem Funktionstest unterworfen. Das gilt auch für die Regelkreise und binären Steuerungen.

7.6.5 Inbetriebsetzungsphase/Abnahmephase

In der letzten Phase des Vorgehensmodells wird die vorab getestete Software eingespielt und erst offline, danach online getestet. Eventuelle Nachbesserungen können in diesem Abschnitt noch verwirklicht werden, bis letztendlich der Funktionsnachweis erbracht wurde. Es werden diverse Messreihen durchgeführt. Außerdem findet die Erprobung der Regelkreise und binären Steuerungen statt. Mit der Übergabe der Dokumentation (Benutzungs- und Wartungsanleitung) erfolgt die Abnahme und Bewertung des Arbeitsergebnisses durch den Auftraggeber. In allen

---

1. PLANEDS

Phasen der Projektierung empfiehlt sich eine Zusammenarbeit bzw. Rücksprache mit dem Auftraggeber.

Nach Übergabe der Anlage beginnt die eigentliche Betriebs- und Lebenszeit des Systems. Diese Betriebszeit wird von der Phase „Wartung" und „Instandhaltung" begleitet.

Unter „Wartung" versteht man laut DIN 31051

„Maßnahmen zur Verzögerung des Abbaus des vorhandenen Abnutzungsvorrates der Betrachtungseinheit".

Wartung beschäftigt sich mit der Pflege einer Anlage, damit diese weiterhin funktionsfähig bleibt. Dabei werden Verschleißteile ausgetauscht, Betriebsmittel gereinigt, gefettet oder geschmiert.

Zur „Instandhaltung" gehört das Reparieren und Austauschen von technischen Einrichtungen. Damit sollen Systemausfälle vermieden oder ausgefallene Systeme wiederhergestellt werden.

7.6.6 Phasen am Beispiel verfahrenstechnischer Anlagen

In Anlehnung an die zuvor vorgestellten Planungsphasen haben sich speziell für die Projektierung und Errichtung verfahrenstechnischer Anlagen die folgenden sieben Planungsschritte bewährt (siehe Bild 7.23). Der Ablauf und die Methoden zur Planung verfahrenstechnischer Projekte werden im NAMUR-Arbeitsblatt 35 beschrieben [NA_03]. Es handelt sich dabei nicht um eine Vorschrift, sondern um Erfahrungsberichte und Arbeitsgrundlagen zur fakultativen Anwendung.

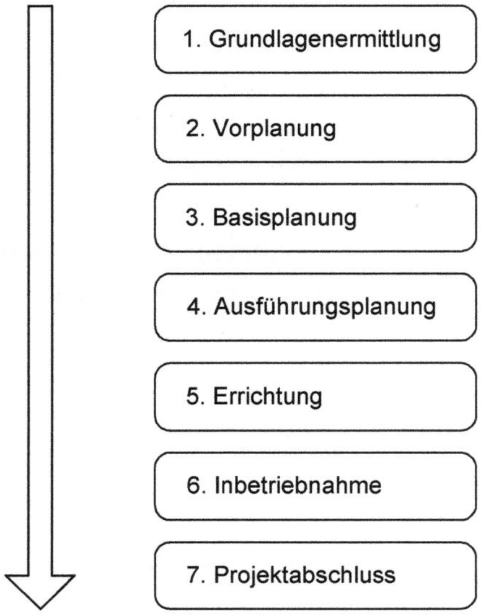

Bild 7.23 Planungsschritte

1. Grundlagenermittlung

Im ersten Schritt geht es vorrangig um die Festlegung der eigentlichen Projektziele. Auf Grundlage von u. a. der Verfahrensbeschreibung, dem groben Verfahrensfließbild und der geplanten Anlagenkapazität erfolgt die Erstellung des Lastenheftes mit den zuvor beschriebenen Bestandteilen. Die Ausarbeitung wird von Mitarbeitern der Verfahrensentwicklung, Anlagenplanung, PLT, Produktion und Betriebstechnik ausgeführt. Im Weiteren erfolgt eine Schätzung der Grobkosten durch den Anlagenplaner. Diese Schätzung liegt bei ± 30 % der real zu erwartenden Kosten.

2. Vorplanung

Auf Basis des Lastenheftes wird das Anlagenkonzept erstellt. Dazu gehören Aussagen zu Standort, Kosten, Terminen und dem Sicherheitskonzept. Umgesetzt werden diese Arbeiten von der Verfahrensentwicklung, Anlagenplanung, PLT, Produktion, Betriebs- und Sicherheitstechnik. Mit diesem zur Verfügung stehenden Anlagenkonzept erfolgt eine weitere Kostenabschätzung, wobei die Genauigkeit immer noch bei ± 10 bis 20 % liegt.

3. Basisplanung

Das in Phase 2 (Vorplanung) erstellte Anlagenkonzept bildet nun die Grundlage für weiterführende Arbeiten. Als Erstes werden alle PLT-Funktionen festgelegt. Hier erfolgt die eindeutige Definition der Automatisierungsaufgaben u. a. mit

- Festlegungen zur Auftragsabwicklung,
- R&I-Fließbildern mit PLT-Stellen,
- PLT-Stellenblättern,
- endgültigem Pflichtenheft,
- sicherheitsrelevanter PLT-Stelle.

Ebenfalls werden die zur Verfügung stehenden Verfahrensfließbilder, R&I-Fließbilder und PLT-Stellenblätter um aktuelle und neu beschaffte verfahrenstechnische Daten ergänzt. Hierbei arbeitet ein Team aus Produktion, Anlagenplanung und PLT zusammen.

Auf Basis des endgültigen Pflichtenheftes und weiterer Dokumente wie PLT-Stellenblätter und sicherheitsrelevanten PLT-Stellen wird nun die technische Realisierung festgelegt. Dazu gehören u. a.:

- PLT-Stellenblätter
- Verbraucherlisten
- Hilfsenergien
- Bedienkonzept
- Raumaufteilung

Im Anschluss erfolgt die nächste Kostenkalkulation. Grundlage hierzu bilden alle Dokumente zur technischen Realisierung. Das Ergebnis ist eine Kalkulation der Kosten mit einer Genauigkeit von ± 5 bis 10 %.

4. Ausführungsplanung

Anhand der erstellten Dokumente werden nun die zu verwendenden Geräte festgelegt. Das Ergebnis sind Gerätelisten, Gerätespezifikationen und PLT-Stellenblätter. Bild 7.24 und Bild 7.25 zeigen dazu als Beispiel Dokumente (Stromlaufplan und Stückliste) zur Beschaffung eines Schaltschrankes.

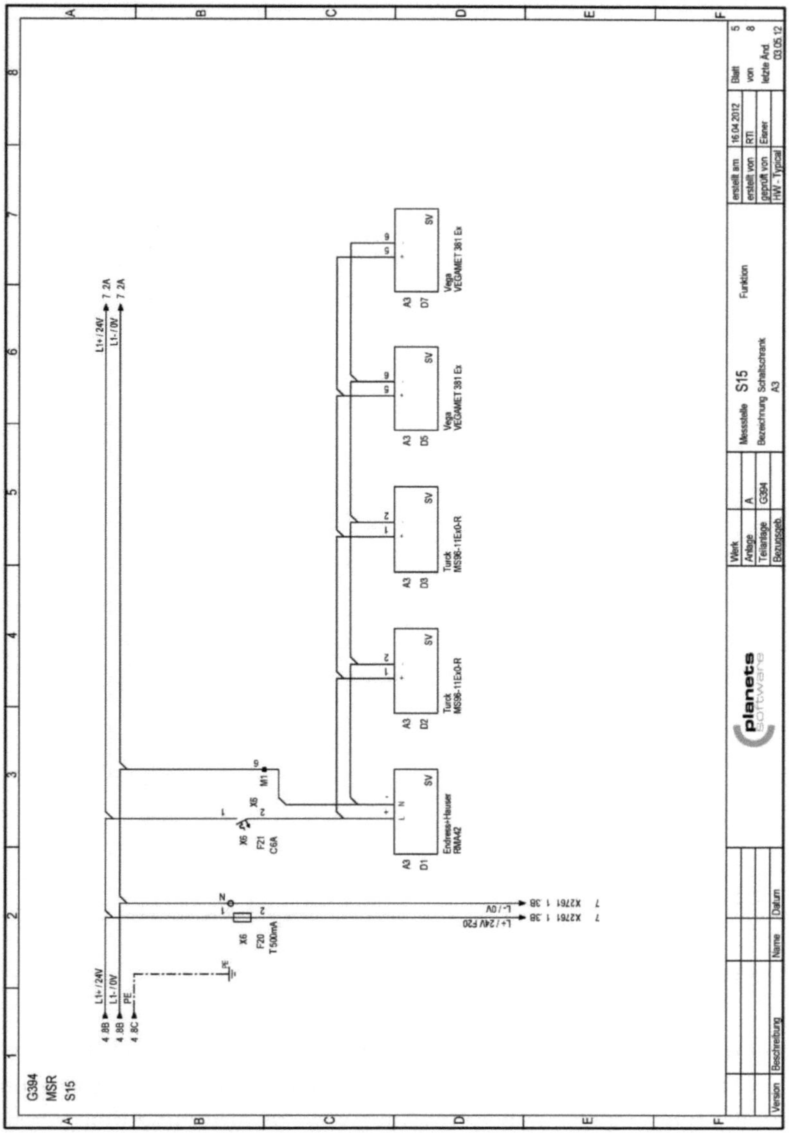

Bild 7.24 Dokumente zur Beschaffung (Stromlaufplan)

Lfd. Nr.	Baugruppe			Hersteller	Bestellnummer	Tech. Daten		Bezeichnung	Beschreibung
106	O1	A3	D2	Pepperl+Fuchs	HD2-GTR-4PA				Gateway-modul
107	O1	A3	D3	Pepperl+Fuchs	HD2-FBPS-1.500				PA-Bus modul
108	O1	A3	D4	Pepperl+Fuchs	HD2-FBPS-1.500				PA-Bus modul
109	O1	A3	D5	Pepperl+Fuchs	HD2-FBPS-1.500				PA-Bus modul
110	O1	A3	D6	Pepperl+Fuchs	HD2-FBPS-1.500				PA-Bus modul
111	O1	A3	D7	Pepperl+Fuchs	HD2-DM-A				Diagnosemodul PA-Bus
112	O1	A3	D8	Pepperl+Fuchs	HD2-FBPS-1.500				PA-Bus modul
113	O1	A3	D9	Pepperl+Fuchs	HD2-FBPS-1.500				PA-Bus modul
114	O1	A3	D10	Pepperl+Fuchs	HD2-FBPS-1.500				PA-Bus modul
115	O1	A3	D11	Pepperl+Fuchs	HD2-FBPS-1.500				PA-Bus modul
116	O1	A4		Pepperl+Fuchs	MB-FB-4R.GEN &...GTR				Baseplates Sekmentkoppler
117	O1	A4	D1	Pepperl+Fuchs	HD2-GTR-4PA				Gateway-modul
118	O1	A4	D2	Pepperl+Fuchs	HD2-GTR-4PA				Gateway-modul
119	O1	A4	D3	Pepperl+Fuchs	HD2-FBPS-1.500				PA-Bus modul
120	O1	A4	D4	Pepperl+Fuchs	HD2-FBPS-1.500				PA-Bus modul
121	O1	A4	D5	Pepperl+Fuchs	HD2-FBPS-1.500				PA-Bus modul
122	O1	A4	D6	Pepperl+Fuchs	HD2-FBPS-1.500				PA-Bus modul
123	O1	A4	D7	Pepperl+Fuchs	HD2-DM-A				Diagnosemodul PA-Bus
124	O1	A4	D8	Pepperl+Fuchs	HD2-FBPS-1.500				PA-Bus modul
125	O1	A4	D9	Pepperl+Fuchs	HD2-FBPS-1.500				PA-Bus modul
126	O1	A4	D10	Pepperl+Fuchs	HD2-FBPS-1.500				PA-Bus modul
127	O1	A4	D11	Pepperl+Fuchs	HD2-FBPS-1.500				PA-Bus modul
128	X6							Spannungsverteilung Schrank	BxH var., Montageplatte
129	X6		M1					Masse L1	Durchgangsklemmen var.
130	X6		M2					Masse L2	Durchgangsklemmen var.
131	X6		PE						Durchgangsklemmen var.
132	X6		F1	ABB	S 201 S-C 10	C	10 A		SA 1-polig
133	X6		F2	ABB	S 201 S-C 10	C	10 A		SA 1-polig
134	X6		F3	ABB	S 201 S-C 10	C	10 A		SA 1-polig
135	X6		F4	ABB	S 201 S-C 10	C	10 A		SA 1-polig
136	X6		F5	ABB	S 201 S-C 4	C	4 A	ABB S900	SA 1-polig
137	X6		F6	Phoenix Contact	UKK 5-TG / ST-SILED-UK 4	T	5 A	Power Rail 1	Schmelzsicherung 1-pol + N
138	X6		F7	Phoenix Contact	UKK 5-TG / ST-SILED-UK 4	T	5 A	Power Rail 2	Schmelzsicherung 1-pol + N
139	X6		F8	Phoenix Contact	UKK 5-TG / ST-SILED-UK 4	T	500 mA		Schmelzsicherung 1-pol + N
140	X6		F9	Phoenix Contact	UKK 5-TG / ST-SILED-UK 4	T	500 mA		Schmelzsicherung 1-pol + N
141	X6		K1	Phoenix Contact	PLC-RSC-24DC-21				Schaltrelais 1W

RTi	Werk		Rahmen	Stückliste	Druck:	08.05.2012 10:08
	Gebäude	G394	Einschub		Seite: 4 von:	8
	Raum	MSR	Klemme		Bearbeiter:	RTI
	Schrank	S15	Leiste			planets software

Bild 7.25 Dokumente zur Beschaffung (Stückliste)

Weiterhin erfolgt die Festlegung der zentralen Einrichtungen. Auf Grundlage von z. B. Gebäude- und Lageplänen entstehen technische Spezifikationen mit Aussagen zur elektrischen Energieversorgung, Bereitstellung von Steuerluft und Komponenten der leittechnischen Einrichtungen.

5. Errichtung

Im ersten Schritt werden alle Bestellungen veranlasst und alle notwendigen Tätigkeiten zur Montage vorbereitet. Es erfolgt die Konfiguration der Software und die Überprüfung aller angestrebten Funktionen. In Bild 7.26 ist auszugsweise eine Kabelliste dargestellt und Bild 7.27 zeigt die dazugehörige Verschaltungsliste. Nach diesen Unterlagen werden von der Montagefirma der Kabelzug und der Anschluss der Kabeladern durchgeführt.

Lfd. Nr.	Kabelnummer	Start	Ziel	Kabeltyp		Länge in m	Bezeichnung
40	SK4SECPWR	DMS/G394/MSR/S15/X6/F28	DMS/G394/MSR/S15/O1/A4	Ölflex 110	2x2,5	3,00	
41	V10X4S15X2.1	DMS/G394/MSR/S15/A3/D4	DMS/G394/MSR/V10/X4	RD-Y(ST)Y	8x2x0,5	12,00	
42	V10X6S15X2.1	DMS/G394/MSR/S15/X2	DMS/G394/MSR/V10/X6	RD-Y(ST)Y	8x2x0,5	12,00	
43	V10X6S15X2.2	DMS/G394/MSR/S15/X2	DMS/G394/MSR/V10/X6	RD-Y(ST)Y	8x2x0,5	12,00	
44	V10X6S15X2.3	DMS/G394/MSR/S15/X2	DMS/G394/MSR/V10/X6	RD-Y(ST)Y	8x2x0,5	12,00	
45	V10X6S15X2.4	DMS/G394/MSR/S15/X2	DMS/G394/MSR/V10/X6	RD-Y(ST)Y	8x2x0,5	12,00	
46	V10X6S15X2.5	DMS/G394/MSR/S15/X2	DMS/G394/MSR/V10/X6	RD-Y(ST)Y	8x2x0,5	12,00	
47	V392001EXI	DMS/G394/MSR/S15/V392001EXI	DMS/G392/0A0/V392001EXI/X1	Ölflex 400-CP	41G1,5	150,00	
48	V392002EX	DMS/G394/MSR/S15/V392002EX/F1	DMS/G392/0A0/V392002EX/X1	Ölflex 400-CP	41G1,5	150,00	
49	V392003EX	DMS/G394/MSR/S15/V392003EX	DMS/G392/0A0/V392003EX/X1	Ölflex 400-CP	41G1,5	150,00	
50	V392006EX	DMS/G394/MSR/S15/L/V392006EX	DMS/G392/0A0/V392006EX/X1	Ölflex 400-CP	41G1,5	150,00	Neu 12.04.17
51	V392011EX	DMS/G394/MSR/S15/X24V/F011	DMS/G392/0A0/V392011EX/X0	NYY-J	3x25	150,00	
52	V392031EXI	DMS/G394/MSR/S15/O1/A1	DMS/G392/0A0/PA1/V392031EXI	Profibus PA Typ A	1x2x1,6	150,00	
53	V392034EXI	DMS/G394/MSR/S15/O1/A2	DMS/G392/0A0/PA1/V392034EXI	Profibus PA Typ A	1x2x1,6	150,00	
54	V392036EXI	DMS/G394/MSR/S15/O1/A4	DMS/G392/0A0/PA1/V392036EXI	Profibus PA Typ A	1x2x1,6	150,00	
55	V392040EXI	DMS/G394/MSR/S15/O1/A4	DMS/G392/0A4/PA2/V392040EXI	Profibus PA Typ A	1x2x1,6	140,00	
56	V392101EXI	DMS/G394/MSR/S15/V392101EXI	DMS/G392/1A0/V392101EXI/X1	Ölflex 400-CP	41G1,5	140,00	
57	V392102EX	DMS/G394/MSR/S15/V392102EX/F1	DMS/G392/1A0/V392102EX/X1	Ölflex 400-CP	41G1,5	140,00	
58	V392111EX	DMS/G394/MSR/S15/X24V/F111	DMS/G392/1A0/V392111EX/X0	NYY-J	3x16	140,00	
59	V392131EXI	DMS/G394/MSR/S15/O1/A1	DMS/G392/1A0/PA4/V392131EXI	Profibus PA Typ A	1x2x1,6	150,00	
60	V392135EXI	DMS/G394/MSR/S15/O1/A2	DMS/G392/1A0/PA4/V392135EXI	Profibus PA Typ A	1x2x1,6	150,00	
61	V392139EXI	DMS/G394/MSR/S15/O1/A2	DMS/G392/1A0/PA4/V392139EXI	Profibus PA Typ A	1x2x1,6	150,00	
62	V392141EXI	DMS/G394/MSR/S15/O1/A4	DMS/G392/1A0/PA3/V392141EXI	Profibus PA Typ A	1x2x1,6	150,00	
63	V392145EXI	DMS/G394/MSR/S15/O1/A4	DMS/G392/1A0/PA5/V392145EXI	Profibus PA Typ A	1x2x1,6	150,00	
64	V392201EXI	DMS/G394/MSR/S15/V392201EXI	DMS/G392/2A0/V392201EXI/X1	Ölflex 400-CP	41G1,5	150,00	
65	V392202EX	DMS/G394/MSR/S15/V392202EX/F1	DMS/G392/2A0/V392202EX/X1	Ölflex 400-CP	41G1,5	140,00	
66	V392211EX	DMS/G394/MSR/S15/X24V/F211	DMS/G392/2A0/V392211EX/X0	NYY-J	3x25	150,00	
67	V392231EXI	DMS/G394/MSR/S15/O1/A1	DMS/G392/2A0/PA7/V392231EXI	Profibus PA Typ A	1x2x1,6	150,00	
68	V392235EXI	DMS/G394/MSR/S15/O1/A2	DMS/G392/2A0/PA7/V392235EXI	Profibus PA Typ A	1x2x1,6	150,00	
69	V392239EXI	DMS/G394/MSR/S15/O1/A3	DMS/G392/2A0/PA6/V392239EXI	Profibus PA Typ A	1x2x1,6	150,00	
70	V392243EXI	DMS/G394/MSR/S15/O1/A3	DMS/G392/2A0/PA6/V392243EXI	Profibus PA Typ A	1x2x1,6	150,00	
71	V6X2S15X7.1	DMS/G394/MSR/S15/X7/F26	DMS/G394/MSR/V6/X2	RD-Y(ST)Y	8x2x0,5	10,00	Neu 12.04.16
72	V6X2S15X7.2	DMS/G394/MSR/S15/X7/F31	DMS/G394/MSR/V6/X2	RD-Y(ST)Y	8x2x0,5	10,00	Neu 12.04.16
73	V7X1S15X7.1	DMS/G394/MSR/S15/X7/F12	DMS/G394/MSR/V7/X1	RD-Y(ST)Y	8x2x0,5	10,00	Neu 12.04.16
74	V7X1S15X7.2	DMS/G394/MSR/S15/X7/F14	DMS/G394/MSR/V7/X1	RD-Y(ST)Y	8x2x0,5	10,00	Neu 12.04.16
75	V7X1S15X7.3	DMS/G394/MSR/S15/X7/F19	DMS/G394/MSR/V7/X1	RD-Y(ST)Y	8x2x0,5	10,00	Neu 12.04.16
76	W3000	DMS/G394/MSR/S15/X5	DMS/G394/MSR/V7/X3	J-Y(ST)Y	10x2x0,8	10,00	
77	W3003	DMS/G394/MSR/S15/X7/K01	DMS/G394/MSR/V7/X4	Ölflex 110	4x1,5	10,00	
78	X24V	DMS/G394/MSR/S18/LAST3	DMS/G394/MSR/S15/X24V/F011	NYY-J	3x25	10,00	

RTi	Werk		Rahmen	**Kabelliste**	Druck: 25.04.2012 13:11
	Gebäude	G394	Einschub		
	Raum	MSR	Baugr.		Seite: 2 von: 3
	Schrank	S15	Leiste		Bearbeiter: RTI

planets software

Bild 7.26 Dokumente zur Montage (Kabelliste)

Anl.	TA	Messst.	Zielbezeichnung 1 (K)	Kabel-Nr. 1	RG	A	Klemme	Brücke	Kabel-Nr. 2	RG	A	Zielbezeichnung 2 (K)	Rangierung
A	7	E2720	DMS/G394/MCC-R/EV2N06/BA003/X19 : 18	E2720-SIG	1	BL	1		V392004EX	1	SW	DMS/G392/0A0/V392004EX/X1 : 1	
A	7	E2720	DMS/G394/MCC-R/EV2N06/BA003/X19 : 17	E2720-SIG	1	RT	2		V392004EX	2	SW	DMS/G392/0A0/V392004EX/X1 : 2	
A	7	E2720	DMS/G394/MCC-R/EV2N06/BA003/X19 : 19	E2720-SIG	1	GR	3		V392004EX	3	SW	DMS/G392/0A0/V392004EX/X1 : 3	
A	7	E2720	DMS/G394/MCC-R/EV2N06/BA003/X19 : 20	E2720-SIG	1	GE	4		V392004EX	4	SW	DMS/G392/0A0/V392004EX/X1 : 4	
A	7	E2723	DMS/G394/MCC-R/FV3N06/DA003/X19 : 18	E2723-SIG	1	BL	5		V392004EX	5	SW	DMS/G392/0A0/V392004EX/X1 : 5	
A	7	E2723	DMS/G394/MCC-R/FV3N06/DA003/X19 : 17	E2723-SIG	1	RT	6		V392004EX	6	SW	DMS/G392/0A0/V392004EX/X1 : 6	
A	7	E2723	DMS/G394/MCC-R/FV3N06/DA003/X19 : 19	E2723-SIG	1	GR	7		V392004EX	7	SW	DMS/G392/0A0/V392004EX/X1 : 7	
A	7	E2723	DMS/G394/MCC-R/FV3N06/DA003/X19 : 20	E2723-SIG	1	GE	8		V392004EX	8	SW	DMS/G392/0A0/V392004EX/X1 : 8	
A	7	E2730	DMS/G394/MCC-R/FV3N06/BA001/X19 : 18	E2730-SIG	1	BL	9		V392004EX	9	SW	DMS/G392/0A0/V392004EX/X1 : 9	
A	7	E2730	DMS/G394/MCC-R/FV3N06/BA001/X19 : 17	E2730-SIG	1	RT	10		V392004EX	10	SW	DMS/G392/0A0/V392004EX/X1 : 10	
A	7	E2730	DMS/G394/MCC-R/FV3N06/BA001/X19 : 19	E2730-SIG	1	GR	11		V392004EX	11	SW	DMS/G392/0A0/V392004EX/X1 : 11	
A	7	E2730	DMS/G394/MCC-R/FV3N06/BA001/X19 : 20	E2730-SIG	1	GE	12		V392004EX	12	SW	DMS/G392/0A0/V392004EX/X1 : 12	
A	7	E2732	DMS/G394/MCC-R/FV3N06/DA001/X19 : 18	E2732-SIG	1	BL	13		V392004EX	13	SW	DMS/G392/0A0/V392004EX/X1 : 13	
A	7	E2732	DMS/G394/MCC-R/FV3N06/DA001/X19 : 17	E2732-SIG	1	RT	14		V392004EX	14	SW	DMS/G392/0A0/V392004EX/X1 : 14	
A	7	E2732	DMS/G394/MCC-R/FV3N06/DA001/X19 : 19	E2732-SIG	1	GR	15		V392004EX	15	SW	DMS/G392/0A0/V392004EX/X1 : 15	
A	7	E2732	DMS/G394/MCC-R/FV3N06/DA001/X19 : 20	E2732-SIG	1	GE	16		V392004EX	16	SW	DMS/G392/0A0/V392004EX/X1 : 16	
A	7	E2750	DMS/G394/MCC-R/FV3N06/DA002/X19 : 18	E2750-SIG	1	BL	17		V392004EX	17	SW	DMS/G392/0A0/V392004EX/X1 : 17	
A	7	E2750	DMS/G394/MCC-R/FV3N06/DA002/X19 : 17	E2750-SIG	1	RT	18		V392004EX	18	SW	DMS/G392/0A0/V392004EX/X1 : 18	
A	7	E2750	DMS/G394/MCC-R/FV3N06/DA002/X19 : 19	E2750-SIG	1	GR	19		V392004EX	19	SW	DMS/G392/0A0/V392004EX/X1 : 19	
A	7	E2750	DMS/G394/MCC-R/FV3N06/DA002/X19 : 20	E2750-SIG	1	GE	20		V392004EX	20	SW	DMS/G392/0A0/V392004EX/X1 : 20	
A	7	E2760	DMS/G394/MCC-R/FV3N06/KA001/X19 : C6	E2760-SIG	1	BL	21		V392004EX	21	SW	DMS/G392/0A0/V392004EX/X1 : 21	
A	7	E2760	DMS/G394/MCC-R/FV3N06/KA001/X19 : C5	E2760-SIG	1	RT	22		V392004EX	22	SW	DMS/G392/0A0/V392004EX/X1 : 22	
A	7	E2760	DMS/G394/MCC-R/FV3N06/KA001/X19 : A5	E2760-SIG	1	GR	23		V392004EX	23	SW	DMS/G392/0A0/V392004EX/X1 : 23	
A	7	E2760	DMS/G394/MCC-R/FV3N06/KA001/X19 : A6	E2760-SIG	1	GE	24		V392004EX	24	SW	DMS/G392/0A0/V392004EX/X1 : 24	
A	7	E2764	DMS/G394/MCC-R/EV2N06/RA001/X19 : C6	E2764-SIG	1	BL	25		V392004EX	25	SW	DMS/G392/0A0/V392004EX/X1 : 25	
A	7	E2764	DMS/G394/MCC-R/EV2N06/RA001/X19 : C5	E2764-SIG	1	RT	26		V392004EX	26	SW	DMS/G392/0A0/V392004EX/X1 : 26	
A	7	E2764	DMS/G394/MCC-R/EV2N06/RA001/X19 : A5	E2764-SIG	1	GR	27		V392004EX	27	SW	DMS/G392/0A0/V392004EX/X1 : 27	
A	7	E2764	DMS/G394/MCC-R/EV2N06/RA001/X19 : A6	E2764-SIG	1	GE	28		V392004EX	28	SW	DMS/G392/0A0/V392004EX/X1 : 28	
A	5	E3505	DMS/G394/MCC-R/EV2N06/KA001/X19 : C6	E3505-SIG	1	BL	29		V392004EX	29	SW	DMS/G392/0A0/V392004EX/X1 : 29	
A	5	E3505	DMS/G394/MCC-R/EV2N06/KA001/X19 : C5	E3505-SIG	1	RT	30		V392004EX	30	SW	DMS/G392/0A0/V392004EX/X1 : 30	
A	5	E3505	DMS/G394/MCC-R/EV2N06/KA001/X19 : A5	E3505-SIG	1	GR	31		V392004EX	31	SW	DMS/G392/0A0/V392004EX/X1 : 31	
A	5	E3505	DMS/G394/MCC-R/EV2N06/KA001/X19 : A6	E3505-SIG	1	GE	32		V392004EX	32	SW	DMS/G392/0A0/V392004EX/X1 : 32	
A	6	E3620	DMS/G394/MCC-R/FV3N06/BA002/X19 : 18	E3620-SIG	1	BL	33		V392004EX	33	SW	DMS/G392/0A0/V392004EX/X1 : 33	
A	6	E3620	DMS/G394/MCC-R/FV3N06/BA002/X19 : 17	E3620-SIG	1	RT	34		V392004EX	34	SW	DMS/G392/0A0/V392004EX/X1 : 34	
A	6	E3620	DMS/G394/MCC-R/FV3N06/BA002/X19 : 19	E3620-SIG	1	GR	35		V392004EX	35	SW	DMS/G392/0A0/V392004EX/X1 : 35	
A	6	E3620	DMS/G394/MCC-R/FV3N06/BA002/X19 : 20	E3620-SIG	1	GE	36		V392004EX	36	SW	DMS/G392/0A0/V392004EX/X1 : 36	
A	6	E3630	DMS/G394/MCC-R/FV3N06/BA003/X19 : 18	E3630-SIG	1	BL	37		V392004EX	37	SW	DMS/G392/0A0/V392004EX/X1 : 37	

Werk		Rahmen	
Gebäude	G394	Einschub	
Raum	MCC-R	Baugr.	
Schrank	S20	Leiste	X4

Verschaltungsliste Klemmenleiste

Druck:			25.04.2012 14:48
Seite:	1	von:	3
Bearbeiter:			RTI

Bild 7.27 Dokumente zur Montage (Verschaltungsliste Klemmenleiste)

6. Inbetriebnahme

Nach Errichtung der Anlage beginnt die Inbetriebnahme. Nachfolgend ist ein Beispiel für eine Messstellenliste (Bild 7.28) mit zugehörigem Messstellenplan (Bild 7.29) dargestellt, welche als Grundlage für die Signalprüfung und Inbetriebnahme dienen. Weiterhin wird in dieser Phase das Personal ausgebildet und die überarbeiteten Anlagendokumente werden übergeben.

Lfd. Nr.	TA	Stelle	Bezeichnung	Art	Anford.	Bemerkung	R&I-Fließbild Nummer	R&I-Fließbild Stand	R&I-Fließbild Rev.	R&I-Fließbild Datum	Version Nr.	Version Beschreibung	Version Bearb.	Version Datum	Ä
1	3	E1308	N2 3V08 -> 3B09	EU		vorhanden	GFD 020 30529-OB01	2012-01-17			2.00	Montagedoku.	Eisner	27.04.2012	
2	3	E1364	DME 3P03 -> 3B10	EUZ	SIL 1	vorhanden	GFD 020 30529-OB01	2012-01-17			2.00	Montagedoku.	Eisner	27.04.2012	
3	3	E1366	Steckdose LKW-Pumpe	EUZ	SIL 1	vorhanden	GFD 020 30529-OB01	2012-01-17			2.00	Montagedoku.	Eisner	27.04.2012	
4	3	E1391	DME 3P13A -> DMS	EU		vorhanden; HOLD: entfällt eventuell	GFD 020 30523-OB01	2012-02-09			2.00	Montagedoku.	Eisner	27.04.2012	
5	3	E1392	DME 3P13B -> DMS	EU		vorhanden; HOLD: entfällt eventuell	GFD 020 30523-OB01	2012-02-09			2.00	Montagedoku.	Eisner	27.04.2012	
6	3	E1393	off Spec DME 3P30 -> 5W22	EUZ	SIL 2	HOLD: Für SIL2 wird redundantes S	GFD 020 30523-OB01	2012-02-09			2.00	Montagedoku.	Eisner	27.04.2012	
7	3	E2300	DME 3P31 -> 2A02	EU			GFD 020 30523-OB01	2012-02-09			2.00	Montagedoku.	Eisner	27.04.2012	
8	3	F1365	DME 3P03 -> 3B10	FIS-		vorhanden	GFD 020 30529-OB01	2012-02-09			2.00	Montagedoku.	Eisner	27.04.2012	
9	3	F2301	DME 3P31 -> BKW	FQIZ	SIL 2	PDP-Daten	GFD 020 30523-OB01	2012-02-09			2.00	Montagedoku.	Eisner	27.04.2012	
10	3	F3631	DME flüssig 6W10 -> Tanklager	FIQ		Simu-Daten	GFD 020 30523-OB01	2012-02-09			2.00	Montagedoku.	Eisner	27.04.2012	
11	3	G1362	Straffseilvorrichtung BKW	GZA	SIL 1	vorhanden; HOLD: Zusammenleger	GFD 020 30529-OB01	2012-01-17			2.00	Montagedoku.	Eisner	27.04.2012	
12	3	G1365	Wegrollsicherung BKW	GZA-	SIL 1	vorhanden, Umbenannt von G1365	GFD 020 30529-OB01	2012-01-17			2.00	Montagedoku.	Eisner	27.04.2012	
13	3	G1365	Wegrollsicherung BKW	GZA-	SIL 1	HOLD: noch zu Beschaffen und Ko	GFD 020 30529-OB01	2012-01-17			2.00	Montagedoku.	Eisner	27.04.2012	
14	3	G1366	Wegrollsicherung TC	GZA	SIL 1	vorhanden	GFD 020 30529-OB01	2012-01-17			2.00	Montagedoku.	Eisner	27.04.2012	
15	3	G1367	Wegrollsicherung TC	GZA	SIL 1	vorhanden	GFD 020 30529-OB01	2012-01-17			2.00	Montagedoku.	Eisner	27.04.2012	
16	3	G1368	Straffseilvorrichtung TC	GZA	SIL 1	vorhanden; HOLD: Zusammenleger	GFD 020 30529-OB01	2012-01-17			2.00	Montagedoku.	Eisner	27.04.2012	
17	3	G2314	Endlage Abluft 3B10B	GO		HOLD: Neu auf RIFB; Was ist das?	GFD 020 30523-OB01	2012-02-09			2.00	Montagedoku.	Eisner	27.04.2012	
18	3	G2360	Höhenjustierung L2360	GS		HOLD: noch zu Beschaffen und Ko	GFD 020 30529-OB01	2012-01-17			2.00	Montagedoku.	Eisner	27.04.2012	
19	3	G2360	Höhenjustierung L2360	GS		HOLD: noch zu Beschaffen und Ko	GFD 020 30529-OB01	2012-01-17			2.00	Montagedoku.	Eisner	27.04.2012	
20	3	G2361	Höhenjustierung L2361	GS		HOLD: noch zu Beschaffen und Ko	GFD 020 30529-OB01	2012-01-17			2.00	Montagedoku.	Eisner	27.04.2012	
21	3	G2361	Höhenjustierung L2361	GS		HOLD: noch zu Beschaffen und Ko	GFD 020 30529-OB01	2012-01-17			2.00	Montagedoku.	Eisner	27.04.2012	
22	3	G2362	Lichtschranke f. L2360	GIS			GFD 020 30529-OB01	2012-01-17			2.00	Montagedoku.	Eisner	27.04.2012	
23	3	G2363	Lichtschranke f. L2361	GIS		HOLD: Mit Meldelampe?	GFD 020 30529-OB01	2012-01-17			2.00	Montagedoku.	Eisner	27.04.2012	
24	3	H1365	AnlagenAus Abfüllung	HZA	SIL 1	vorhanden	GFD 020 30529-OB01	2012-01-17			2.00	Montagedoku.	Eisner	27.04.2012	
25	3	H1365	AnlagenAus Tanklager	HZA	SIL 1	vorhanden	GFD 020 30523-OB01	2012-02-09			2.00	Montagedoku.	Eisner	27.04.2012	
26	3	H1370	AnlagenAus DME	HSA		vorhanden	GFD 020 30523-OB01	2012-02-09			2.00	Montagedoku.	Eisner	27.04.2012	
27	3	H1372	Vor-Ort Y1372	HSA	SIL 2	vorhanden	GFD 020 30523-OB01	2012-02-09			2.00	Montagedoku.	Eisner	27.04.2012	
28	3	L1351	Stand 3B30	LIRA+-SA+			GFD 020 30523-OB01	2012-02-09			2.00	Montagedoku.	Eisner	27.04.2012	
29	3	L1352	Maxstand 3B30	LZA+	SIL 1		GFD 020 30523-OB01	2012-02-09			2.00	Montagedoku.	Eisner	27.04.2012	
30	3	L1364	DME 3P03 -> 3B10	LS-		vorhanden	GFD 020 30529-OB01	2012-02-09			2.00	Montagedoku.	Eisner	27.04.2012	
31	3	L1371	Stand 3B10A	LIRA+-SA+		vorhanden	GFD 020 30523-OB01	2012-02-09			2.00	Montagedoku.	Eisner	27.04.2012	
32	3	L1372	Maxstand 3B10A	LZA+	SIL 1	vorhanden	GFD 020 30523-OB01	2012-02-09			2.00	Montagedoku.	Eisner	27.04.2012	
33	3	L1373	Stand 3B10A	LIR		vorhanden	GFD 020 30523-OB01	2012-02-09			2.00	Montagedoku.	Eisner	27.04.2012	
34	3	L1381	Stand 3B10B	LIRA+-SA+		vorhanden	GFD 020 30523-OB01	2012-02-09			2.00	Montagedoku.	Eisner	27.04.2012	
35	3	L1382	Maxstand 3B10B	LZA+	SIL 1	vorhanden	GFD 020 30523-OB01	2012-02-09			2.00	Montagedoku.	Eisner	27.04.2012	
36	3	L1383	Stand 3B10B	LIR		vorhanden	GFD 020 30523-OB01	2012-02-09			2.00	Montagedoku.	Eisner	27.04.2012	

Status	Version	Datum	Erstellt
	1.23	28.11.2011	Schmidt

PLT-Stellenverzeichnis

Werk: Druck: 08.05.2012
Anlage: A 09:59
Teilanlage: 3 Seite: 1 von: 3

Bild 7.28 Beispiel für Messstellenliste

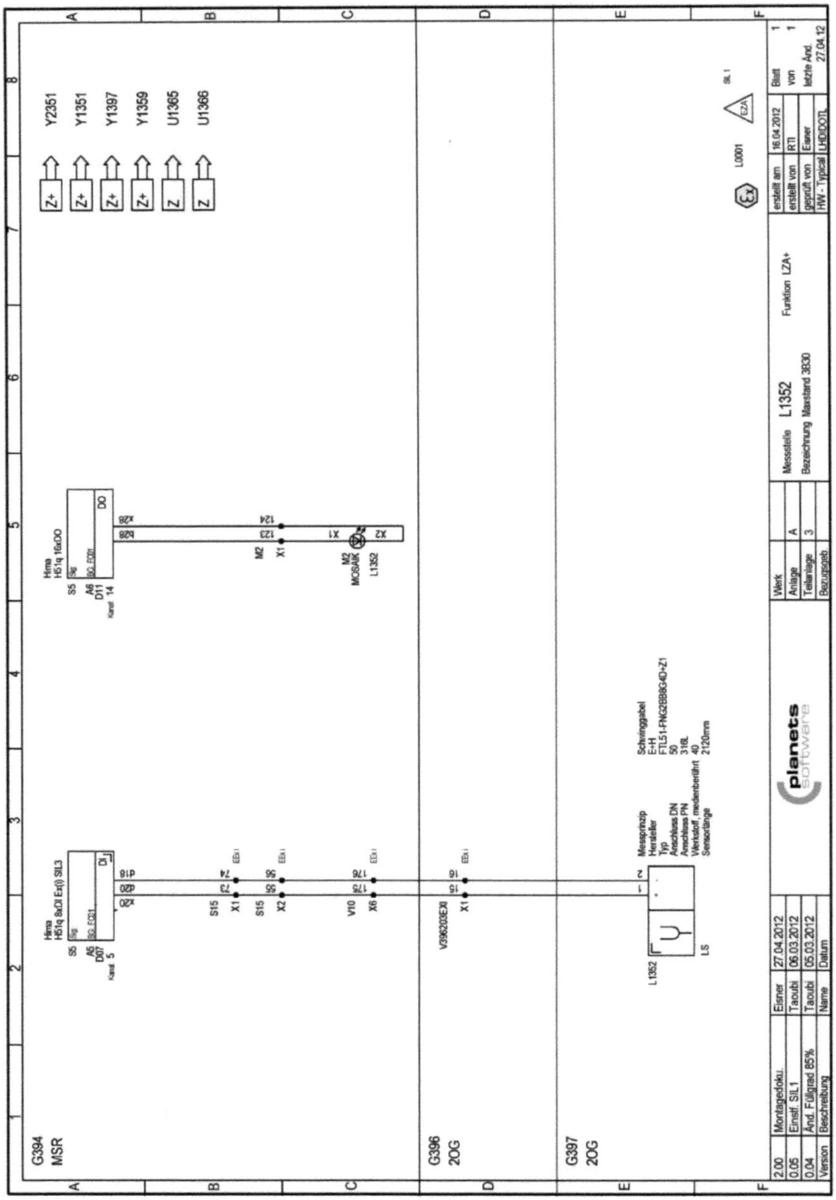

Bild 7.29 Beispiel für Messstellenplan

7. Projektabschluss

Beim Projektabschluss wird der Abschlussbericht erstellt und die Projektabrechnung durchgeführt.

Projektierungsaufwand

Die dargestellte Grafik in Bild 7.30 soll die unterschiedlichen Aufwände in den einzelnen Phasen in Bezug auf das Gesamtprojekt zeigen. Schwerpunkt bildet die Ausführungsplanung gefolgt von der Errichtung und der Basisplanung.

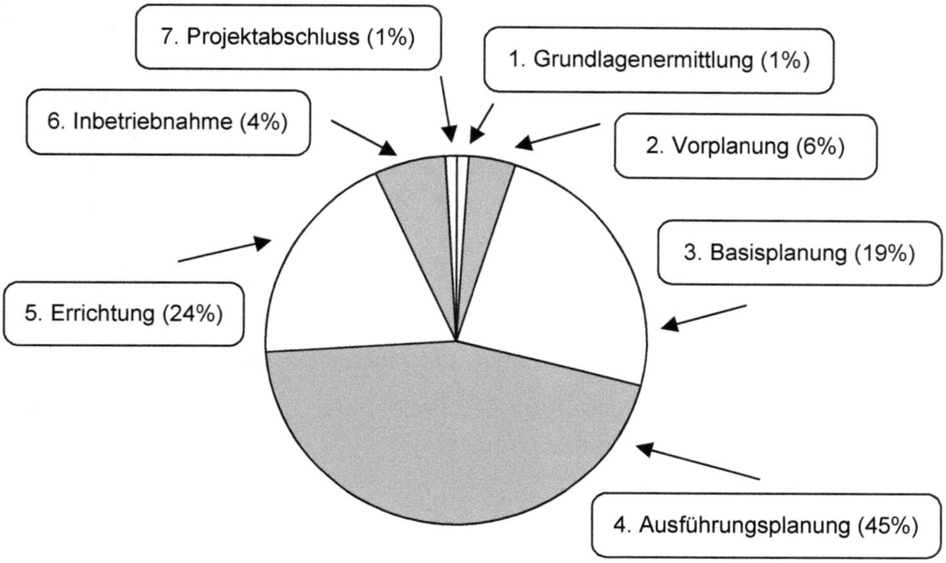

Bild 7.30 Aufteilung der Einzelaufwände

7.7 Rechnergestützte Projektierung

CAE steht, wie bereits dargestellt, für Computer Aided Engineering, also Computerunterstützung von Arbeitsprozessen für Ingenieure. Dabei umfasst der Begriff alle Arten von Programmen, die dem Ingenieur als Werkzeug dienen. Neben der Modellierung und Konzeption beinhaltet CAE fortschrittliche Analysen, Simulationen vieler physikalischer Vorgänge oder Optimierungswerkzeuge. Hier sind die wichtigsten genannt:

- NC-Programmierung und -Simulation
- Kinematik- und Starrkörpersimulationen
- Mehrkörpersimulation (MKS)
- mechanische Beanspruchung von Bauteilen und Baugruppen (FEM)
- Strömungssimulationen mit Computational Fluid Dynamics (CFD)
- thermische Simulationen mit CFD oder FEM

- Elektroniksimulationen (Schaltungsentwicklung und -simulation)
- Magnetismussimulationen (inkl. Elektromagnetismus)
- Prozesssimulationen (Computer Aided Process Engineering, CAPE)

CAE-Systeme, die sich mit der Projektierung beschäftigen, haben in der Industrie für den Anlagenbau und die Anlagenpflege einen sehr hohen Stellenwert. Das Besondere bei der rechnergestützten Projektierung ist, dass ein zweites Abbild der Anlage in Form eines Datenmodells entsteht. CAE-Systeme ermöglichen die komplette Abwicklung von Planung, Bau und Betrieb im Chemie- und Kraftwerksanlagenbau. Durch die hohe Datenkonsistenz zwischen den einzelnen Teilgebieten müssen Daten nur einmal gepflegt werden. Diese Systeme sind datenbankgestützt und modular aufgebaut. Die entsprechenden Modellbereiche zu den Teilgebieten werden in der Praxis als **Welten** bezeichnet:

- Abbild der Anlage- bzw. Prozesshierarchie: Anlagen- bzw. **Prozesswelt**
- Abbild der Funktionshierarchie des Prozessleitsystems: **Funktionswelt**
- Abbild der Hierarchie der Aufstellungs- und Einbauorte: **Ortswelt**

Damit die durchgängige Bearbeitung des Projektierungsprozesses gewährleistet ist, benötigt man folgende Voraussetzungen:

- leistungsfähige Hardware,
- komfortable, gewohnte Entwicklungsoberfläche,
- multiuserfähiges, leistungsfähiges Betriebsystem,
- objektorientierte relationale Datenbank mit Zugriffsschutz,
- modulartigen Aufbau der Applikationssoftware,
- komfortables Pflegen der Datenbank (Standard- und Stammdaten).

Für spezielle Aufgabenstellungen (SPS, Komponenten eines PLS- oder Bussystems) werden auch weiterhin systemspezifische Anwenderprogramme genutzt. Damit Daten zu diesen Programmen übermittelt werden können, müssen klare und einheitliche Schnittstellen definiert sein.

7.7.1 Arten von CAE-Systemen

Die derzeit auf dem Markt befindlichen Systeme lassen sich in drei verschiedene Arten unterteilen. In den 70er- und 80er-Jahren kam man auf die Idee und hatte letztlich die Möglichkeit, Zeichnungen am Computer zu erstellen. Solche dokumentenbasierte Systeme halfen den Ingenieuren, mittels Symbolbibliotheken, Makros und Listen Dokumente für die Konstruktion zu erstellen. Da Modifikationen erst im Dokument stattfanden, konnten Dateninkonsistenzen entstehen. Auch konnte jeweils nur eine Person an einem Projekt arbeiten. AUTOCAD und Microstation arbeiten auch heute noch nach diesem Prinzip. Gleichzeitig entstanden die datenbankbasierten Systeme. Diese Datenbanken beinhalten alle Informationen zu Geräten und Funktionen. Daraus wurden dann vorgefertigte PLT-Stellenpläne erzeugt. Das Problem hierbei ist, dass eine Änderung in den Datensätzen nicht zwingend in den Dokumenten ersichtlich ist. Relativ neu ist der Ansatz objektorientierter Systeme. Man versucht ein Bauteil realitätsgetreu darzustellen. Bekannt aus der Programmierung, erben hier Klassen Eigenschaften ihrer Superklasse.

Ein Beispiel: Es gibt viele verschiedene Arten von Motoren. Sie unterscheiden sich in Bauform, Leistung und Anwendungsgebiet. Doch bleiben es Motoren. Man erstellt also eine Grundform eines Motors (Superklasse) mit Eigenschaften, die jeder Motor aufweist. Alle Motoren erben nun von dieser Klasse Eigenschaften und können noch eigene Eigenschaften hinzufügen. Dieses Prinzip erleichtert die Pflegearbeiten der Datenbank, ebenso verhindert die bidirektionale Verbindung Inkonsistenzen. Weiterhin ergibt sich vor allem die Möglichkeit der Auswertung der Planungsdaten in Form von Listen. Statt fehlerträchtiger manueller Übertragung werden typische Montagedokumente wie Kabelliste, Verschaltungsliste, Stückliste etc. aus der Datenbank fehlerfrei und ohne zusätzlichen Arbeitsaufwand generiert [Bay_08].

7.7.2 Ausprägungen von CAE-Systemen

Die zunehmende Komplexität der Anlagen und der damit verbundene enorme Projektierungsaufwand führten zur Entwicklung von entsprechenden CAE-(Computer-Aided-Engineering)-Systemen. Diese Systeme sind in vielfältigster Ausprägung verfügbar und nicht mehr aus dem Projektierungsalltag wegzudenken. Der PC wurde auch für Planungsarbeiten zum Werkzeug des Ingenieurs. Bei der Umsetzung von Automatisierungsobjekten ist mit folgenden möglichen Schwierigkeiten zu rechnen:

- Einhaltung der Zeitvorgaben
- Dokumentation
- verschiedene Versionen und Varianten der Komponenten und Teilsysteme
- Projektmanagement
- Qualitätssicherung
- Zusammenarbeit zwischen den Projektbeteiligten

Um einen möglichst reibungslosen Ablauf bei der Errichtung von Anlagen zu gewährleisten, verfolgt man mit der rechnergestützten Projektierung diese Ziele:

- Vermeidung von Fehlern (Aufgabenstellung, Entwurfsfehler, ⅔ aller Fehler entstehen in der Entwurfsphase)
- Durchführung von Prüfungen
- möglichst frühzeitige Abschätzung des Zeitverhaltens

- Senkung der Routinearbeit
- Komplexität besser beherrschen
- Unterstützung des Projektmanagements
- Verbesserung der Kommunikation

Grundsätzlich unterscheidet man zwei Varianten von CAE-Systemen, die komponentenorientierte Variante und die integrierte Variante (siehe Bild 7.31). Die nachfolgenden Darstellungen sollen die Strukturen der beiden Varianten verdeutlichen (siehe Bild 7.32 und Bild 7.33).

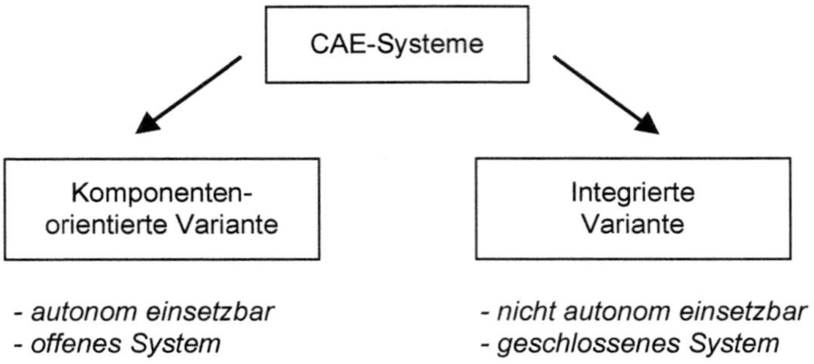

Bild 7.31 Varianten von CAE-Systemen

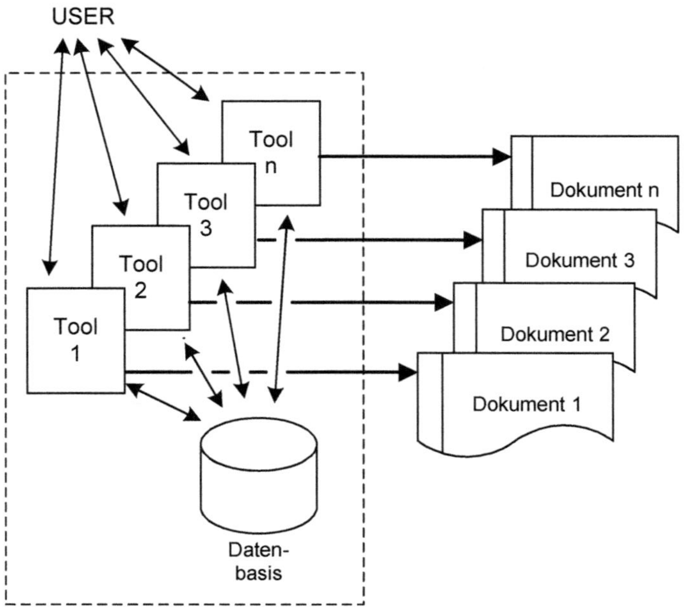

Bild 7.32 Komponentenorientierte Variante

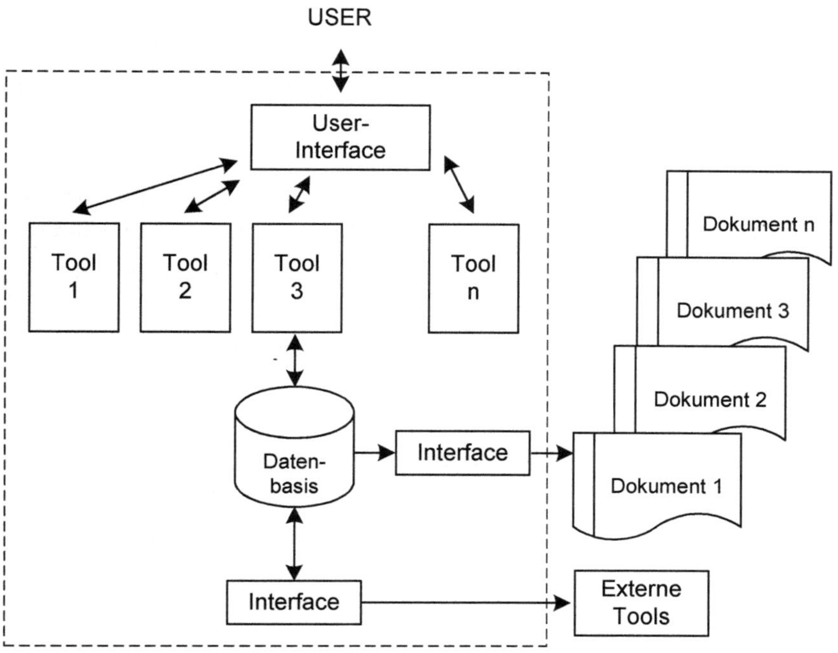

Bild 7.33 Integrierte Variante

7.7.3 CAE-System PLANEDS

PLANEDS ist das datenbankgestützte, langjährig bewährte Planungswerkzeug der Firma Planets Software GmbH. Als objektorientiertes CAE-System findet PLANEDS bei der Projektierung des R&I-Fließbildes sowie der Elektro- und Prozessleittechnik Verwendung. Dabei wird die im Bild 7.19 (Abschnitt 7.5) dargestellte Methode zugrunde gelegt, Objekte unter den Aspekten der Funktion, des Ortes und des Produktes zu beschreiben. Im Zuge der Planung entsteht so das exakte Abbild der Anlage in PLANEDS. Unterschiedlich e Sichten auf dieses Modell (Geräte, Funktionen, Orte ...) bieten eine praxisgerechte Übersicht, die nach Errichtung der Anlage die fortgesetzte Nutzung des Werkzeugs als Anlageninformationssystem durch den Betreiber optimal unterstützt.

PLANEDS erlaubt ein uneingeschränkt paralleles Engineering. Dieses funktioniert lokal (LAN) oder auch weltweit über das Internet. Dabei erfüllt es die zuvor genannten Voraussetzungen für CAE-Systeme [PLA_13]:

- Mehrnutzersystem mit Zugriff auf eine gemeinsame leistungsfähige Datenbank bei einheitlicher konsistenter und ständig aktualisierter Datenhaltung; jede Information wird im Modell nur an einer Stelle abgelegt

- benutzerfreundliche Arbeitsoberfläche mit objektorientierter Darstellung der projektierten Systemkomponenten (Objektmanager), Übersichtlichen Symbol-, Menü- und Statusleisten, einer Zeichnungsebene mit einblendbarer Werkzeugbox, bedienerfreundlich gestalteten Menüs sowie einer kontextbezogenen Online-Hilfe
- weitgehende Möglichkeiten zur Systemkonfiguration durch den Nutzer und damit eine gute Adaptierbarkeit des Systems an die betrieblichen Erfordernisse
- phasenbezogene Dokumentationsausgaben unter gezielter Auswahlmöglichkeit des darzustellenden Datenumfangs
- Bereitstellung der vollständigen, d.h. der aktuellen und versionierten Anlagendokumentation einschließlich zugeordneter, nicht in PLANEDS erzeugter Fremddokumente aus der Datenbank
- Systemschnittstellen zum Datenim- und -export, und damit zur Kommunikation mit vor- und nachgelagerten sowie parallel genutzten Systemen
- modularartiger Aufbau der Applikationssoftware bei einheitlicher Bedienoberfläche

Aufbau

Die Planung von Anlagen findet in der Regel teamorientiert statt. Um die eigenen Aufgaben im Kontext der fortschreitenden Planung effizient bearbeiten zu können, stellt dies hohe Anforderungen an die Informationsbereitstellung durch das Werkzeug. Unterschiedliche Sichten auf das Abbild der Anlage stellen eine praxisbewährte Lösung dar. Für jede dieser Sichten gibt es in PLANEDS ein eigenes Modul.

Zur Strukturierung der Daten innerhalb der Module werden Objektmanager verwendet. Diese bilden eine funktionale (Anlagen-)Hierarchie oder gerätetechnische (Orts-)Hierarchie ab und ermöglichen den schnellen und zielgerichteten Zugriff auch in sehr großen Anlagen, wie sie z.B. Raffinerien mit zum Teil mehreren 10 000 Messstellen darstellen (siehe Bild 7.34).

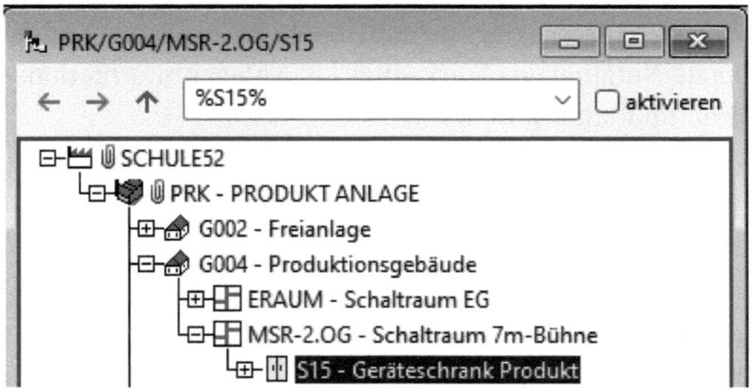

Bild 7.34 Objektmanager der Ortswelt

Anlagenwelt

Zentrales Zeichnungsdokument der Anlagenwelt ist das R&I-Fließbild. Darüber hinaus werden anlagen- und prozessspezifische Informationen erfasst. Dazu gehören Behälter-, Apparate- und Rohrleitungsdaten sowie Stoff- und Betriebsdaten – aber auch eine Beschreibung der Einbausituation von Geräten mit Angaben zu den Umgebungsbedingungen. Bei der Darstellung von PLT-Stellen im Fließbild finden die Vorgaben der aktuellen IEC 62424 Anwendung.

Funktionswelt

Zentrale Zeichnungsdokumente der Funktionswelt sind der PLT-Stellenplan und der Stromlaufplan, in denen die zu realisierende Funktion durch die Verschaltung der abgebildeten Elemente definiert wird. Weiterhin werden Anforderungen an die PLT-Stellen und Spezifikationsdaten der einzusetzenden Instrumentierung erfasst.

Zuweisungen zwischen Funktions- und Anlagenwelt verleihen der Mess- oder Stellfunktion des PLT-Stellenplans einen Einbauort im Fließbild, wodurch die zugehörigen Informationen mit der PLT-Stelle verknüpft und dort weiterverwendet werden können (siehe Bild 7.35).

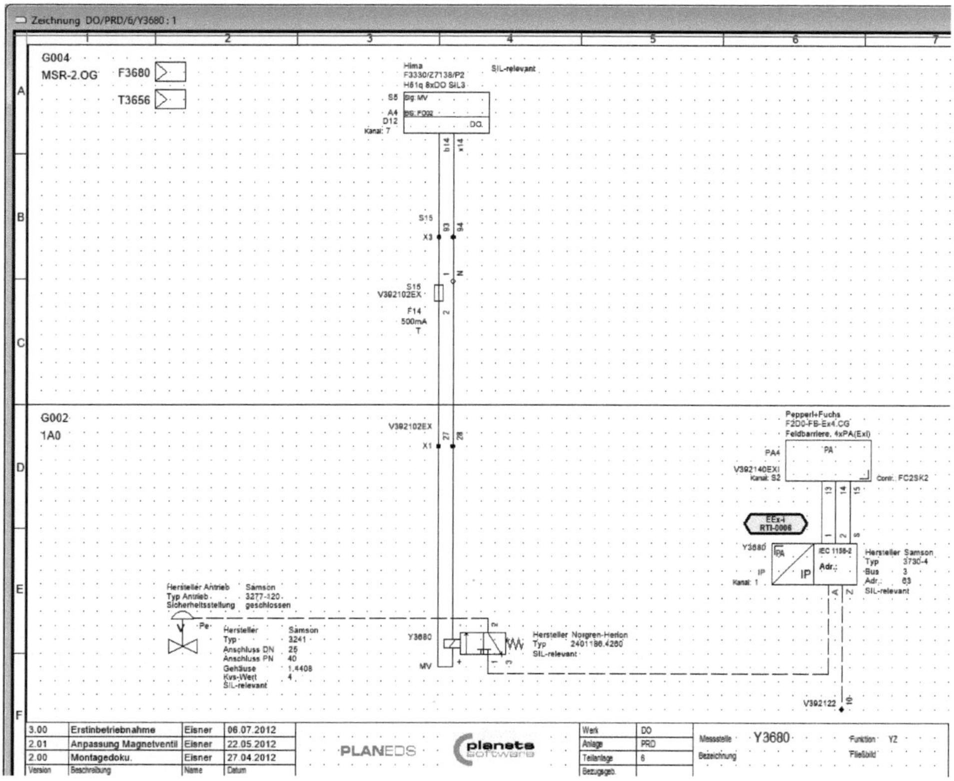

Bild 7.35 PLT-Stellenplan

Ortswelt

Zentrales Zeichnungsdokument der Ortswelt ist der Anordnungsplan zur Abbildung von Räumen, Schränken, Einschüben, Kästen, Geräten und Klemmenleisten. In der Ortswelt wird alles Physische, also die Infrastruktur erfasst. Dazu gehören auch Kabel (elektrische, optische und pneumatische), die als eigenständige Objekte zwischen einem Start- und einem Zielort dokumentiert werden. Zulässigkeitsprüfungen helfen bei der Vermeidung von Planungsfehlern. So können z. B. I/O-Baugruppen eines Herstellers nur in die entsprechenden Baugruppenträger dieses Herstellers eingebaut und eigensichere Kabel nur zwischen eigensicheren Klemmen aufgelegt werden.

Zuweisungen zwischen der Orts- und Funktionswelt führen zur Belegung von Gerätekanälen und Klemmen in der Ortswelt, während an dem zugeordneten Element auf dem Stromlauf- oder PLT-Stellenplan die Geräteinformation erscheint. Sind Kabel an zugewiesenen Klemmen angeschlossen, so werden auch die Gegenziele erkannt und zugeordnet. Diese Informationen sind sofort systemweit verfügbar, wodurch eine Mehrfachverwendung (Doppelbelegung) unmöglich und ein jederzeit konsistentes Datenmodell sichergestellt wird (siehe Bild 7.36).

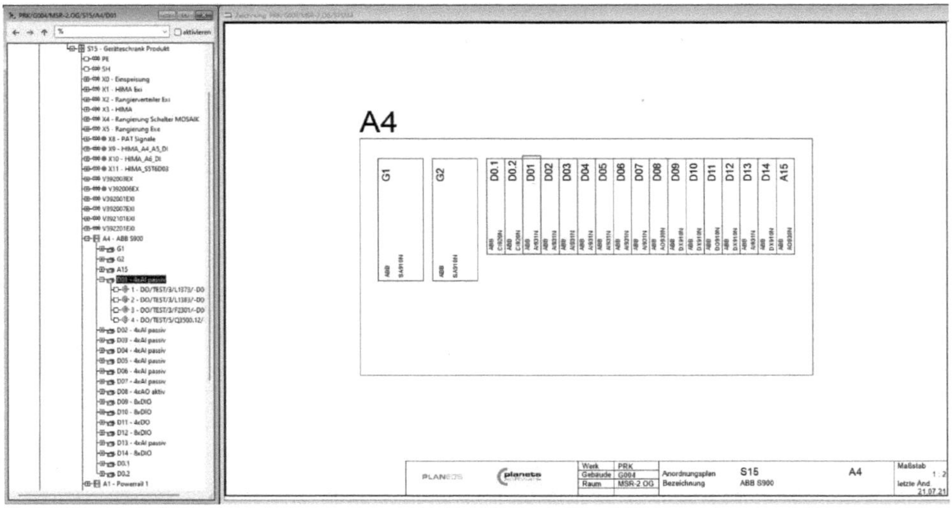

Bild 7.36 Anordnungsplan Baugruppenträger

Weitere Module

Neben diesen Planungsmodulen stehen weitere Module für folgende Aufgaben zur Verfügung:

- Handhabung von Massendaten zur Effizienzsteigerung
- Zugriff auf Planungsdaten per Internet Explorer
- Projekt- und Druckverwaltung sowie Pflege der Bibliotheken

Mit dem Modul Import und Export können Massendaten in Form leicht verständlicher Listen aus bereits vorliegenden Planungsergebnissen übernommen oder an nachgeordnete Systeme übergeben werden. So erlaubt z. B. die Datenweitergabe an das Prozessleitsystem SIMATIC PCS7 den Aufbau der Hardware-Config, der Symboltabelle und der Anlagenhierarchie im Zielsystem (siehe Bild 7.37).

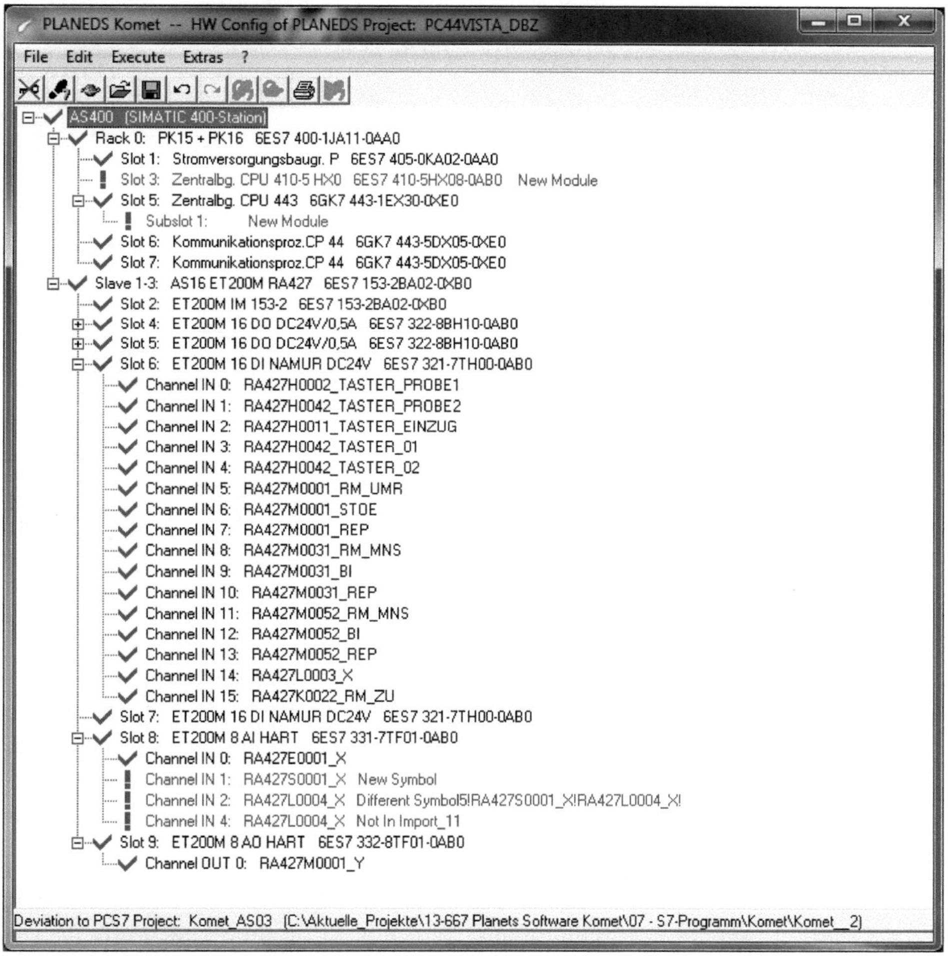

Bild 7.37 Vergleich PLANEDS – PCS7

Recherchen in den Planungsmodulen ermöglichen die Filterung des gesamten Datenbestands anhand frei wählbarer Suchkriterien.

Mit dem PLANEDS-Explorer steht ein internetfähiger Reader zur Verfügung, über den auf die Anlagendokumentation mittels der bekannten Objektmanager zugegriffen werden kann (siehe Bild 7.38).

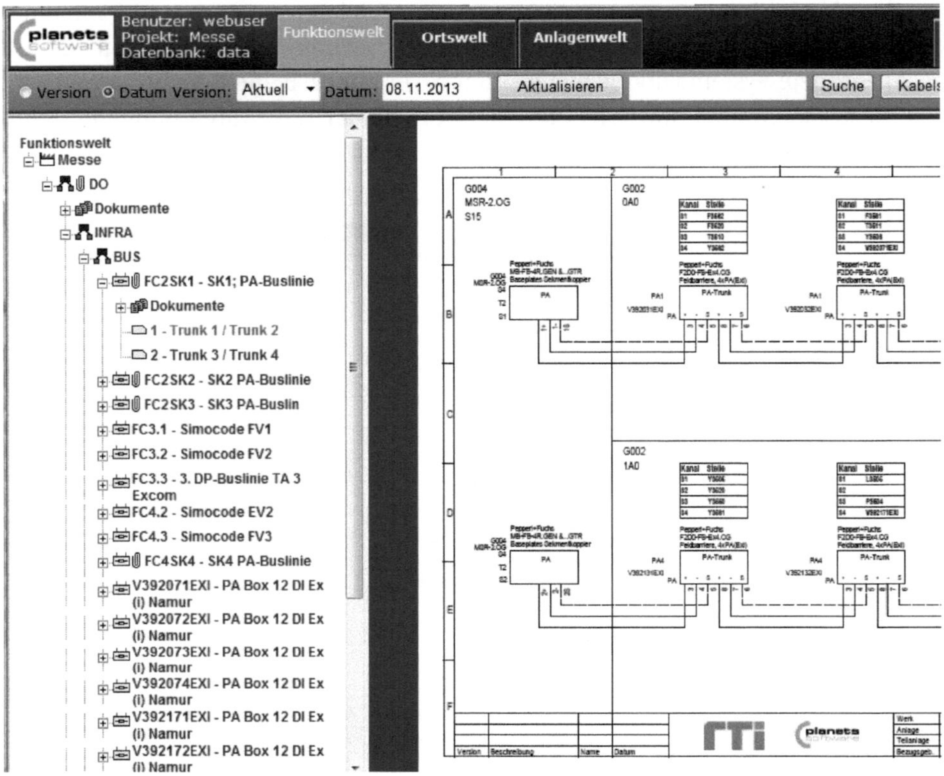

Bild 7.38 Darstellung einer PROFIBUS-PA-Topologie im Explorer

In der Projektadministration werden Projekte angelegt und gesichert sowie Benutzer zugelassen und mit individuellen Zugriffsrechten ausgestattet. Die Druckverwaltung dient der Ausgabe von Planungsergebnissen vornehmlich in Listenform und der Erfassung kompletter Druckaufträge. Die Verknüpfung von Druckfavoriten mit entsprechenden Objekttypen erlaubt zudem die direkte Druckausgabe aus den Planungsmodulen.

Die Pflege der Bibliotheken erfolgt in den beiden Modulen Stammdaten und Symbolbearbeitung. Neben der alphanumerischen und grafischen Beschreibung von Gerätetypen werden hier auch zugehörige Auswahlmanager und Spezifikationsmuster erfasst. Darüber hinaus können in den Stammdaten umfangreiche kundenspezifische Programmeinstellungen vorgenommen werden.

Workflow

Zum ausgereiften CAE-System gehört neben einer umfassenden Grundfunktionalität eine wirksame Unterstützung des Planungsprozesses. Besondere Bedeutung haben dabei:

- Arbeitsorganisation
- Redlining
- Versionsmanagement

Als Hilfsmittel für die Arbeitsorganisation bietet PLANEDS Sammelmappen, denen beliebige Objekte zugeordnet werden können. Deren Auswahl kann über Recherchen erfolgen, in denen z. B. alle PLT-Stellen mit einem speziellen Gerätetyp ermittelt werden, der im Zuge einer Änderung auszutauschen ist. Die Sammelmappen werden einem Bearbeiter zugeordnet und die betroffenen Objekte werden in den Objektmanagern von Anlagen-, Funktions- oder Ortswelt entsprechend gekennzeichnet (siehe Bild 7.39).

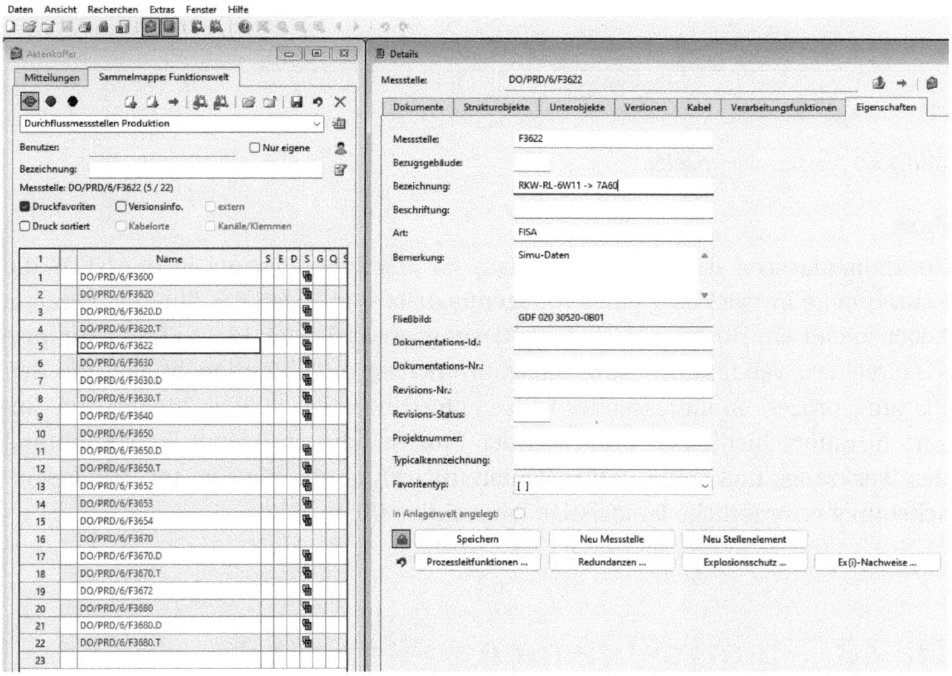

Bild 7.39 Sammelmappe Durchflussmessstellen

Der oben bereits erwähnte PLANEDS-Explorer ist ein weiteres starkes Glied im Workflow des Planungsprozesses. Seine Verwendung auf der Baustelle hält nicht nur den aktuellen Planungsstand bereit, sondern ermöglicht mit seinem integrierten Redlining auch den unmittelbaren Rückfluss von vor Ort notwendig gewordenen Anpassungen.

Die zur Minimierung der Projektlaufzeit heute übliche parallele Bearbeitung durch mehrere Gewerke führt zwangsläufig zu einer hohen Änderungshäufigkeit. Um trotzdem die Übersicht zu behalten, ist eine konsequente Verfolgung von Planungsänderungen unverzichtbar, wobei sich die Verwendung von Versionen bewährt hat. In PLANEDS steht ein Versionsmanagement zur Verfügung, das stets den aktuellen Planungsstand bereithält und eine beliebige Rückverfolgung zulässt (siehe Bild 7.40).

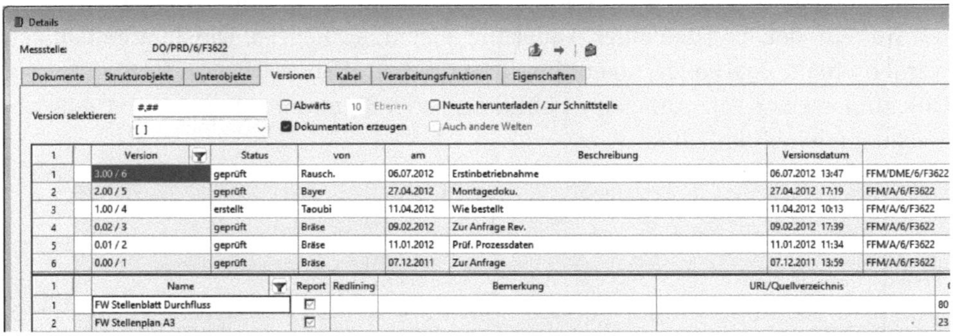

Bild 7.40 Versionsinformation

Fazit

Zusammenfassend ist festzustellen, dass mit der Projektierung in PLANEDS die konsequente Entwicklung eines Anlagenmodells stattfindet, das über die gesamte Lebensdauer ein Höchstmaß an Orientierung gewährleistet. PLANEDS ist ein praxisgerechtes, verständlich aufgebautes Werkzeug mit Funktionalitäten, die den Planungsprozess in umfassender Weise unterstützen. Nach über 20-jährigem Einsatz in unterschiedlichen Branchen der Prozessindustrie bietet die Verbreitung des Werkzeugs und seine stetige Weiterentwicklung die für eine Investitionsentscheidung erforderliche langfristige Perspektive [PLA_13].

■ 7.8 Übungsaufgaben zu Kapitel 7

Wiederholungsfragen

- Nennen Sie die verschiedenen Schritte zur Planung und Errichtung von Automatisierungsanlagen.
- Erläutern Sie anhand einer Skizze Aufbau und Inhalt von PLT-Stellen.
- Benennen Sie die Vorteile von CAE-Systemen.

Übung 7.1

In Bild 7.41 ist eine Tankanlage mit Zu- und Ablauf dargestellt. Das R&I-Fließbild ist um die nachfolgenden PLT-Stellen zu ergänzen (Tabelle 7.5).

Tabelle 7.5 Automatisierungsaufgaben Übung 4.1

PLT-Stelle	Automatisierungsaufgabe	Ort für Umsetzung	Verarbeitung durch
001	Füllstandsanzeige an der Tankanlage Alarmierung oberer Grenzwert	Feld	Instrument
002	Füllstandsregelung mit Anzeige Alarmierung oberer Grenzwert	Prozessleitwarte	PLS
003	Durchflussmessung mit Anzeige am Zulauf	Prozessleitwarte	Instrument

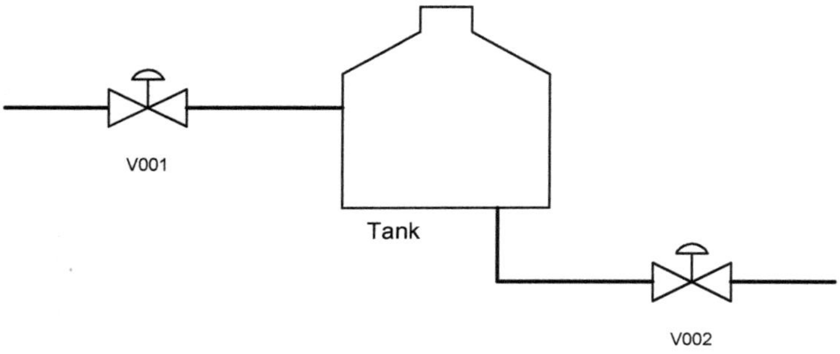

Bild 7.41 Tankanlage

Übung 7.2

Mit dem unten dargestellten Rohrleitungssystem sollen zwei Produktströme (Gase) gemischt und zur weiteren Verarbeitung einer nachgeschalteten Anlage bereitgestellt werden. Für das geplante Projekt sind die folgenden Automatisierungsaufgaben (Tabelle 7.6) durch entsprechende PLT-Stellen im technologischen Schema darzustellen.

Tabelle 7.6 Automatisierungsaufgaben Übung 7.2

PLT-Stelle	Automatisierungsaufgabe	Ort für Umsetzung	Verarbeitung durch
001	Regelung des Durchflussverhältnisses V1/V2 mit Registrierung und Zählung der Durchflüsse in der Warte	Prozessleitwarte	PLS
002	Temperaturmessung und Anzeige (Zulauf 1)	Feld	Instrument
003	Temperaturmessung und Anzeige (Zulauf 2)	Feld	Instrument
004	Druckmessung und Anzeige (Zulauf 1)	Feld	Instrument
005	Druckmessung und Anzeige (Zulauf 2)	Feld	Instrument

Bild 7.42 zeigt ein Rohrleitungssystem.

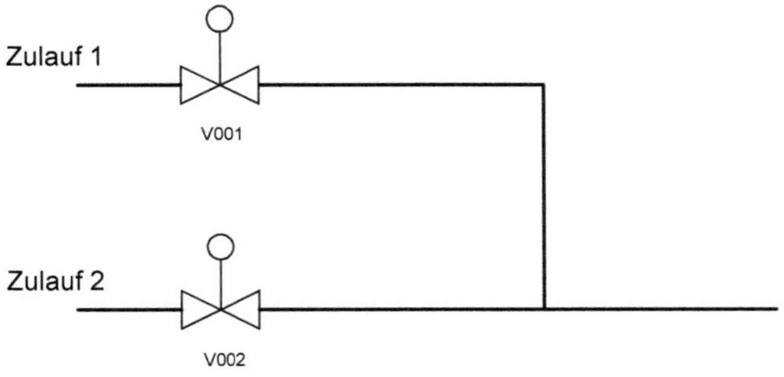

Bild 7.42 Rohrleitungssystem

Übung 7.3

In Bild 7.43 ist ein klassischer Heizkreislauf abgebildet. Mit einem Wärmeübertrager wird der Nutzwasserkreislauf durch die Wärmeenergie des Heizkreislaufes erhitzt. Beschreiben Sie die geforderte Automatisierungsaufgabe und erstellen Sie mit den zugrunde liegenden Informationen einen PLT-Stellenplan.

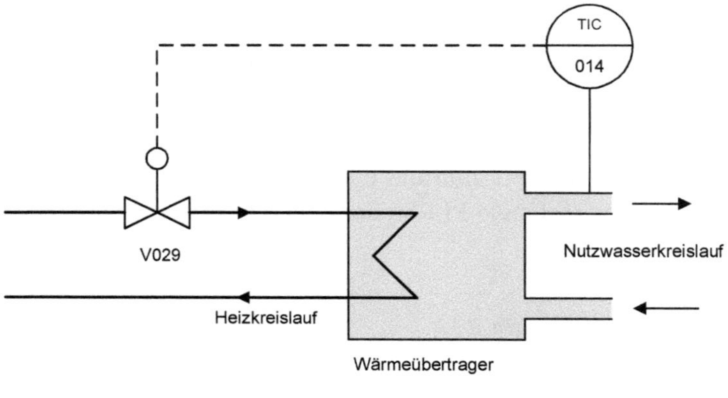

Bild 7.43 Heizkreislauf

Übung 7.4

In Bild 7.44 ist eine Pumpenanlage dargestellt. Beschreiben Sie die geforderten Automatisierungsaufgaben und erstellen Sie mit den zugrunde liegenden Informationen einen PLT-Stellenplan für die PLT-Stellen 003 und 012. Es wird davon ausgegangen, dass sich immer ausreichend Wasser im Saugbehälter befindet.

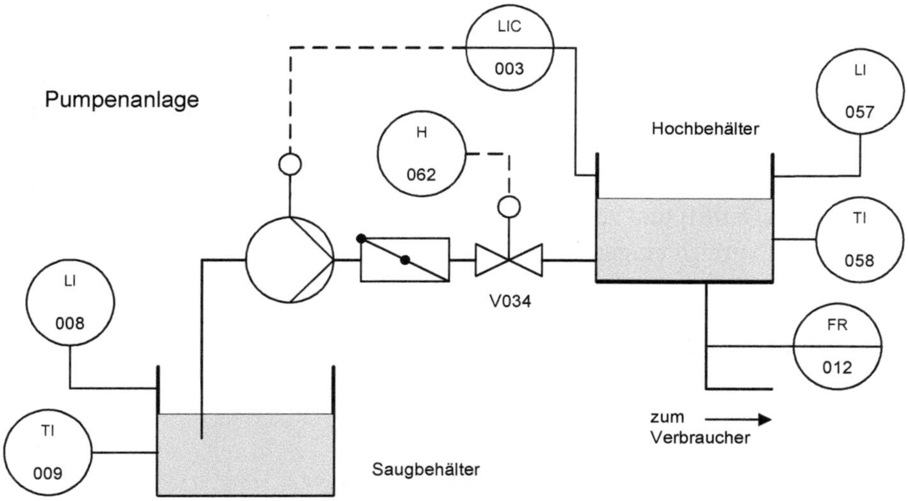

Bild 7.44 Pumpenanlage

■ 7.9 Zusammenfassung

Der Verfasser hofft, mit diesem Buch Einsteigern das Gebiet der Automatisierungstechnik ein wenig nähergebracht und ihr Interesse geweckt zu haben. Es soll einen Überblick zu den Aufgaben und Funktionen von Automatisierungssystemen geben. Wichtige Komponenten, grundlegende Begriffe und Strukturen werden behandelt. Die Projektierung und Planung stellt dabei einen Schwerpunkt dar und zeigt den Weg von der Automatisierungsaufgabe bis hin zu den notwendigen Planungsunterlagen zur Errichtung einer Anlage – alles durch Beispiele unterlegt.

Für weiterführende und tiefgehendere Beschreibungen existiert zu fast jeder Problemstellung entsprechende Spezialliteratur, welche es dem Interessierten erlaubt, tiefer in die jeweilige Themengebiete einzudringen.

Die Automatisierungstechnik wird sich kontinuierlich weiterentwickeln. Viele spannende Themen sind in der Zukunft zu erwarten. Der Bedarf an Automatisierungslösungen – und damit verbunden Automatisierungsgeräten – steigt weltweit an, und der Datenaustausch zwischen den einzelnen Geräten wird immer intensiver. Zum einen erhöht sich die Leistungsfähigkeit der Gerätetechnik (u. a. Datenvolumen, Geschwindigkeit) und zum anderen können immer mehr Geräte miteinander kommunizieren. Letztendlich wird dies auch durch die fortschreitende Entwicklung des Internets vorangetrieben. Weiterhin eröffnen sich so auch völlig neue Wege für Bereiche wie die Fernwartung. Feldgeräte werden mit immer mehr Intelligenz ausgestattet und dringen als Smart Device verstärkt in die unterste

Automatisierungsebene ein. Dadurch stehen auch weitere Diagnosemöglichkeiten zur Verfügung und das Condition Monitoring kann noch präziser durchgeführt werden. In den Bereichen der Visualisierung findet man immer mehr Anwendungen für Tablet und Smartphone (Bild 7.45). Diese sind aber nicht nur auf das Bedienen und Beobachten beschränkt. Es werden Apps für spezielle Dienste (Kataloge, Bedienhilfen, Wartung, Fehlersuche) bis hin zu Anwendungen wie Simulation (Pepperl+Fuchs GmbH) und zur funktionalen Sicherheit (PHOENIX CONTACT) angeboten und erfolgreich eingesetzt.

Bild 7.45 Weitere Anwendungen

Im Anwendungsbereich der Robotik finden Mensch und Technik immer weiter zusammen. Stichwort ist hier die MRK (Mensch-Roboter-Kooperation). Die Arbeitsbereiche der Roboter sind nicht mehr komplett abgegrenzt, sondern für die Zusammenarbeit mit dem Menschen geöffnet. Ein Arbeiten Hand in Hand von Technik und Mensch wird ermöglicht. Dies öffnet neue Wege, um u. a. die Tätigkeiten zu erleichtern und ggf. auch zu beschleunigen. Fordert aber auch weitere Maßnahmen hinsichtlich der Sicherheit bei der engen Kooperation von Mensch und Robotik.

Auch findet die Weiterentwicklung der KI (Künstliche Intelligenz) breiten Einzug in die Automatisierungstechnik. Diese Technologie ermöglicht völlig neue Herangehensweisen und Anwendungen u. a. für die Programmierung, Diagnose, Projektierung und Planung von technischen Systemen.

Es bleibt in jedem Fall spannend!

Abkürzungen, Symbole und Formelzeichen

AA	Analog-Ausgang
ABK	Anzeige- und Bedienkomponente
AC	Alternating Current
AE	Analog-Eingang
AFP	Alternierendes Flankenpulsverfahren
AKS	Anlagenkennzeichnungssystem
AMA	Arbeitsgemeinschaft Messwertaufnehmer e. V.
ANSI	American National Standards Institute
APM	Alternierende Puls Modulation
AS	Ablaufsprache
ASCII	American Standard Code for Information Interchange
AS-i	Aktuator-Sensor-Interface
ASK	Amplitude Shift Keying
AWL	Anweisungsliste
BA	Binärer Ausgang
BE	Binärer Eingang
BK	Buskoppler
CAD	Computer Aided Design
CAE	Computer Aided Engineering
CAEX	Computer Aided Engineering eXchange
CAN	Controller Area Network
CAPE	Computer Aided Process Engineering
CENELEC	Comité Européen de Normalisation Electrique
CFC	Continuous Function Chart
CFD	Computational Fluid Dynamics
CIM	Computer Integrated Manufacturing
CNC	Computerized Numerical Control
COM	Kommunikationsbaugruppe
CPU	Central Processing Unit
CSMA/CA	Carrier Sense Multiple Access/Collision Avoidance

CSMA/CD	Carrier Sense Multiple Access/Collision Detection
d	Durchmesser
DA	Digitaler Ausgang
DAE	Dezentrale Automatisierungseinrichtung
DB	Datenbank
DC	Direct Current
DE	Digitaler Eingang
DECHEMA	Deutsche Gesellschaft für Chemisches Apparatewesen, Chemische Technik und Biotechnologie
DIN	Deutsches Institut für Normung
E	Empfänger
EKR	Einkanalregler
EMV	Elektromagnetische Verträglichkeit
EPROM	Erasable Programmable Read-Only Memory
FBD	Function Block Diagram
FBS	Funktionsbausteinsprache
FEM	Finite-Elemente-Methode
FR	Führungsrechner
FSK	Frequency Shift Keying
FUP	Funktionsplan
GLT	Gebäudeleittechnik
GMA	VDI-VDE-Gesellschaft für Mess- und Automatisierungstechnik
GMP	Good Manufacturing Practice
GPRS	General Packet Radio Service
GSM	Global System for Mobile Communication
HART	Highway Addressable Remote Transducer
HDB	High Density Bipolar Format
HE	Hilfsenergie
HLK	Heizung, Lüftung, Klimatechnik
HMI	Human Machine Interface
I/O	Input/Output
IA	Informationsausgabe
IE	Informationseingabe
IEC	International Electrotechnical Commission
IEEE	Institute of Electrical and Electronics Engineers
IFAC	International Federation of Automatic Control
IMU	Intelligenter Messumformer
INEG	Negative Impulse (AS-Interface)
INTERKAMA	Internationaler Kongress mit Ausstellung für Mess- und Automatisierungstechnik
IPOS	Positive Impulse (AS-Interface)
IR	Infrarot

ISA	Instrument Society of America
IS	Instruction List
ISO	International Standardization Organization/Internationale Organisation für Normung
IV	Informationsverarbeitung
KI	Künstliche Intelligenz
KKS	Kraftwerkkennzeichnungssystem
KOP	Kontaktplan
LAN	Local Area Network
LCD	Liquid Crystal Display
LD	Ladder Diagram
LED	Licht emittierende Diode
M II	Manchester II Code
MAN	Manchester Code
MAP	Manufacturing Automation Protocol
M-Bus	Meter-Bus
MIT	Massachussetts Institute of Technology
MKS	Mehrkörpersimulation
MMI	Man Maschine Interface
MMK	Mensch-Maschine-Kommunikation
MMS	Manufacturing Message Service
MOST	Media Oriented Systems Transport
MRK	Mensch-Roboter-Kooperation
N. A.	Nicht anwendbar
NAMUR	Normenarbeitsgemeinschaft für Mess- und Regeltechnik in der chemischen Industrie
NC	Numeric control
NR	Nebenrechner
NRZ	Non Return to Zero
NRZI	Non Return to Zero Insert
NTC	Negativ Temperature Coefficient Thermistor
OFDM	Orthogonal Frequency-Division Multiplexing
OPC-UA	Open Platform Communications Unified Architecture
OSI	Open Systems Interconnection
P	Druck (pressure)
P	Elektrische Leistung
PAA	Prozessabbild der Ausgänge
PAE	Prozessabbild der Eingänge
PCE	Process Control Engineering
PG	Programmiergerät
PID	Proportional-Integral-Differential
PKW	Personenkraftwagen

PL	Performance Level
PLC	Programmable Logic Controller
PLS	Prozessleitsystem
PLT	Prozessleittechnik
PM	Power Modul
PNK	Prozessnahe Komponente
PNO	PROFIBUS Nutzerorganisation e.V.
POS	Positionierbaugruppe
PPM	Parts per Million
PROFIBUS	Process Field Bus
PS	Power Supply
PSK	Phase Shift Keying
Pt 100	Platin 100
PTC	Positive Temperature Coefficient
PWM	Pulsweitenmodulation
QMS	Qualitätsmanagementsystem
RAM	Random Access Memory
RDS-PP	Reference Designation System for Power Plants
RFID	Radio Frequency Identification
RZ	Return to Zero
R&I	Rohrleitungs- und Instrumentenfließbild
S	Sender
SCADA	Supervisory Control and Data Acquisition
SERCOS	Serial Realtime Communication System
SFC	Sequential Function Chart
SIL	Sicherheits-Integritätslevel
SPS	Speicherprogrammierbare Steuerung
ST	Strukturierter Text (Structured Text)
TIA Portal	Totally Integrated Automation Portal
TMR	Triple Modular Redundancy
UART	Universal Asynchronous Receiver Transmitter
UMTS	Universal Mobile Telecommunications System
USB	Universal Serial Bus
USV	Unterbrechungsfreie Stromversorgung
VDE	Verband der Elektrotechnik Elektronik Informationstechnik e. V.
VDI	Verein Deutscher Ingenieure e. V.
WLAN	Wireless Local Area Network
XML	Extensible Markup Language
ZAE	Zentrale Automatisierungseinrichtung
ZVEI	Zentralverband der Elektrotechnik- und Elektronikindustrie e. V.

ANHANG

A – Kennbuchstaben zur Kennzeichnung einer PLT-Stelle nach DIN 19227

B – Normen – Übersicht (Auswahl)

C – Nutzerorganisationen/Gremien

D – Übersicht Feldbussysteme

E – Häufig verwendete Symbole

F – Kennbuchstaben zur Kennzeichnung nach DIN EN 62424

A Kennbuchstaben zur Kennzeichnung einer PLT-Stelle nach DIN 19227

Kennbuchstabe	Aufgabengröße	Spezifizierung der Aufgabengröße	Aufgabe, Funktion
A	Analyse		Störungsmeldung, Alarm
B	Flammenüberwachung		Beschränkung, Eingrenzung
C			Regelung
D	Dichte	Differenz	
E	elektrische Größen		Aufnahme
F	Durchfluss, Durchsatz	Verhältnis	
G	Abstand, Länge, Stellung		
H	Handeingriff, Handeingabe		obere Grenzwerte
I	elektrischer Strom		Anzeige
J	elektrische Leistung	Messstellenabfrage	
K	zeitbasierte Funktion		frei verfügbar
L	Stand		unterer Grenzwert
M	Feuchte		frei verfügbar
N	Motor		
O	frei verfügbar		Sichtzeichen (ja/nein)
P	Druck		
Q	Qualität (außer D, M, V)		Integral, Summe
R	Strahlung		Registrierung
S	Geschwindigkeit, Drehzahl		Schaltung, Steuerung
T	Temperatur		Messumformung
U	zusammengefasste Größen		zusammengefasste Funktionen
V	Viskosität, Schwingung		Stellfunktionen
W	Gewichtskraft, Masse		
X	sonstige Größen		
Y	Stellventil		Rechenfunktion

Kennbuchstabe	Aufgabengröße	Spezifizierung der Aufgabengröße	Aufgabe, Funktion
Z			Noteingriff
+			oberer Grenzwert
–			unterer Grenzwert
/			Zwischenwert

B Normen – Übersicht (Auswahl)

DIN 6779-1

Kennzeichnungssystematik für technische Produkte und technische Produktdokumentation; Grundlagen und Regeln

DIN 6779-2

Kennzeichnungssystematik für technische Produkte und technische Produktdokumentation – Teil 2: Kennbuchstaben – Hauptklassen und Unterklassen für Zweck oder Aufgabe von Objekten

DIN 19222

Leittechnik – Begriffe (zurzeit Vornorm)

DIN 19227-1

Leittechnik; grafische Symbole und Kennbuchstaben für die Prozessleittechnik; Darstellung von Aufgaben

DIN 19227-2

Leittechnik; grafische Symbole und Kennbuchstaben für die Prozessleittechnik; Darstellung von Einzelheiten

DIN 28004-1

Fließbilder verfahrenstechnischer Anlagen; Fließbilderarten, Informationsgehalt

DIN 28004-2

Fließbilder verfahrenstechnischer Anlagen; zeichnerische Ausführung

DIN 31051

Grundlagen der Instandhaltung

DIN 40 042

Zuverlässigkeit elektrischer Geräte, Anlagen und Systeme; Begriffe

DIN IEC 60050-351

Internationales Elektrotechnisches Wörterbuch – Teil 351: Leittechnik

DIN 66201-1

Prozessrechner; Begriffe

DIN EN 13306

Begriffe der Instandhaltung

DIN EN 61346-1

Industrielle Systeme, Anlagen und Ausrüstungen und Industrieprodukte – Strukturierungsprinzipien und Referenzkennzeichnung – Teil 1: Allgemeine Regeln (IEC 61346-1:1996)

DIN EN 61346-2

Industrielle Systeme, Anlagen und Ausrüstungen und Industrieprodukte – Strukturierungsprinzipien und Referenzkennzeichnung – Teil 2: Klassifizierung von Objekten und Codierung von Klassen (IEC 61346-2:2000)

DIN EN 61508

Funktionale Sicherheit sicherheitsbezogener elektrischer/elektronischer/programmierbarer elektronischer Systeme

DIN EN 62424

Darstellung von Aufgaben der Prozessleittechnik – Fließbilder und Datenaustausch zwischen EDV-Werkzeugen zur Fließbilderstellung und CAE-Systemen

DIN EN ISO 10628

Fließbildschemata für verfahrenstechnische Anlagen

EN 50325

Industrielles Kommunikationssubsystem basierend auf ISO 11898 (CAN)

IEC 61511

Funktionale Sicherheit – Sicherheitstechnische Systeme in der Prozessindustrie

IEC 61158

Digital data communication for measurement and control - Fieldbus for use in industrial control systems

IEC 61784-2

Industrielle Kommunikationsnetze - Profile - Teil 2: Zusätzliche Feldbusprofile für Echtzeitnetzwerke basierend auf ISO/IEC 8802-3 (IEC 61784-2:2010)

E DIN EN 62026

Niederspannungsschaltgeräte - Steuerung-Geräte-Netzwerke

C Nutzerorganisationen/Gremien

AMA Verband für Sensorik und Messtechnik e. V.	www.ama-sensorik.de
AS-INTERNATIONAL ASSOCIATION e. V.	www.as-interface.net
BACnet	www.bacnet.org
CENELEC (Europäisches Komitee für elektrische Normung)	www.cenelec.eu
CiA CAN in Automation	www.can-cia.org
CLPA CC-Link Partner Association	www.cc-link.org
DACHEMA (Gesellschaft für Chemische Technik und Biotechnologie e. V.)	www.dechema.de
DIN Deutsches Institut für Normung	www.din.de
DIN Media (Normen und technische Regeln)	www.dinmedia.de
DKE (Deutsche Kommission Elektrotechnik Elektronik Informationstechnik)	www.dke.de
EFAC (The European Factory Automation Committee)	www.efac.org
EtherCAT Technology Group	www.ethercat.org
EHTERNET POWERLINK Standardization Group	www.ethernet-powerlink.org
EIB-Home	www.eib-home.de
FDT Group	www.fdtgroup.org
Fieldbus Foundation (FieldCOMM Group)	www.fieldbus.org
GMA (VDI/VDE-Gesellschaft Mess- und Automatisierungstechnik)	www.vdi.de/gma
HART Communication Foundation (FieldCOMM Group)	www.hartcomm.org
IAENG International Association of Engineers	www.iaeng.org
IEC Internationale Elektrotechnische Kommission	www.iec.ch
IFAC International Federation of Automation Control	www.ifac-control.org
INTERBUS Club (integriert in PNO)	www.interbus.de
ISO International Organization of Standardization	www.iso.org
KNX Deutschland	www.knx.de
Modbus Organization	www.modbus.org
NAMUR (Interessengemeinschaft Automatisierungstechnik und Prozessindustrie)	www.namur.de
ODVA (Open DeviceNet Vendors Association)	www.odva.org
OPC Foundation	www.opcfoundation.org

PLCopen	www.plcopen.org
PNO PROFIBUS Nutzerorganisation	www.profibus.com
SERCOS Interface e. V.	www.sercos.de
VDE (Verband der Elektrotechnik Elektronik Informationstechnik e. V.)	www.vde.com
VDI (Verein Deutscher Ingenieure)	www.vdi.de
VDMA (Verband Deutscher Maschinen- und Anlagenbau)	www.vdma.org
ZVEI (Zentralverband Elektrotechnik- und Elektronikindustrie e. V.)	www.zvei.org

D Übersicht Feldbussysteme

Name Nutzerorganisation	Bezeichnung Homepage
AS-INTERFACE AS-INTERNATIONAL ASSOCIATION e. V.	Aktuator-Sensor-Interface www.as-interface.net
BACnet BACnet Interest Groupe Europe BACnet Organization	Data Communication Protocol for Building Automation and Control Networks www.big-eu.org www.bacnet.org
BITBUS Bitbus European Users Group e. V. (BEUG)	www.bitbus.org
CAN, CAN open, DeviceNet CAN in Automation (CiA)	Controller Area Network www.can-cia.org
CC-Link CC-Link Partner Association (CLPA)	Control and Communications Link www.cc-link.org
DIN-Messbus „DIN-Messbus“ e. V. (ADM)	www.measurement-bus.de
CIP (CompoNet, ControlNet, DeviceNet, EtherNet/IP) Open DeviceNet Vendors Association (ODVA)	Common Industrial Protocol www.odva.org
EIB EIB-Home	Europäischer Installationsbus www.eib-home.de
EtherCat EtherCAT Technology Group	Ethernet for Control Automation Technology www.ethercat.org
Ethernet POWERLINK B&R	www.ethernet-powerlink.org
Foundation Fieldbus FieldCOMM Group	www.fieldbus.org
HART FieldCOMM Group	Highway Addressable Remote Transducer www.hartcomm.org
INTERBUS INTERBUS Club (in PNO integriert)	www.interbus.de
KNX KNX Deutschland	www.knx.de

Name Nutzerorganisation	Bezeichnung Homepage
LON LonMark International	Local Operating Network www.lonmark.org
Modbus Modbus Organization	www.modbus.org
P-NET International P-NET User Organization (IPUO)	www.p-net.dk
PROFIBUS, PROFINET PROFIBUS Nutzerorganisation (PNO)	Process Field Bus, Process Field Network www.profibus.com
SERCOS SERCOS Interface e. V.	Serial Realtime Communication System www.sercos.de

E Häufig verwendete Symbole

	Sichtzeichen/Meldelampe
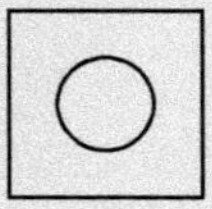	Eingabeelement/Taster
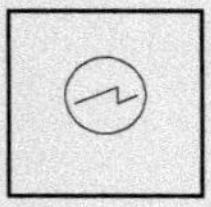	Schreiber/Datenlogger
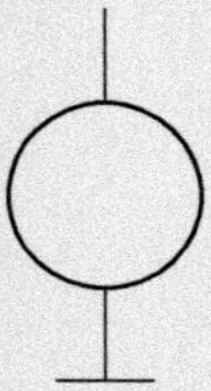	Sensor
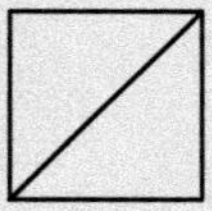	Signalwandler
	Ventil
	Anzeige/Messgerät
	Steuergerät

F Kennbuchstaben zur Kennzeichnung nach DIN EN 62424

PCE-Kategorien

Erstbuchstabe	Kategorie
A	Analyse
B	Flammenüberwachung
C	durch Anwender definierbar
D	Dichte
E	elektrische Spannung
F	Durchfluss
G	Abstand, Länge, Stellung
H	Handeingriff, Handeingabe
I	elektrischer Strom
J	elektrische Leistung
K	zeitbasierte Funktion
L	Füllstand
M	Feuchte
N	Motor
O	durch Anwender definierbar
P	Druck
Q	Menge oder Anzahl
R	Strahlungsgrößen
S	Geschwindigkeit, Drehzahl, Frequenz
T	Temperatur
U	siehe Abschnitt 7.3
V	Schwingung
W	Gewicht, Masse, Kraft
X	nicht vergeben, für nicht vergebene Bedeutungen vorgesehen
Y	Stellventil
Z	durch Anwender definierbar

PCE-Verarbeitungsfunktionen

Folgebuchstabe	Verarbeitungsfunktion
A	Alarm, Meldung
B	Beschränkung, Eingrenzung
C	Regelung
D	Differenz
E	N. A.
F	Verhältnis
G	N. A.
H	oberer Grenzwert, an, offen
I	Analoganzeige
J	N. A.
K	N. A.
L	unterer Grenzwert
M	N. A.
N	N. A.
O	lokale oder PCS-Statusanzeige von Binärsignalen
P	N. A.
Q	Integral oder Summe
R	aufgezeichneter Wert
S	binäre Steuerungsfunktion oder Schaltfunktion (nicht sicherheitsrelevant)
T	N. A.
U	N. A.
V	N. A.
W	N. A.
X	nicht vergeben, für nicht vergebene Bedeutungen vorgesehen
Y	Rechenfunktion
Z	binäre Steuerungsfunktion oder Schaltfunktion (sicherheitsrelevant)

Literatur

[AlPr_07] Alder, J.; Pretschner, A.: Prozess-Steuerungen. *Projektierung und Inbetriebnahme mit dem Softwaretool SPaS*. Springer Verlag, Berlin 2007

[AS_04] AS-International (Hrsg.): AS-Interface. *Safety at Work*. AS-International Association, 2004

[Bay_08] Bayer, M.: Komplexpraktikum „Planung und Inbetriebnahme prozessleittechnischer Anlagen“. *Diplomarbeit*, HTWK Leipzig, 2008

[Beck_02] Becker, R. (Hrsg.): AS-Interface. *The Automation Solution. A compilation of technology, functionality and applications*. AS-International Association, 2002

[Beck_08] Becker, R. (Hrsg.): Automatisieren ist einfach – mit AS-INTERFACE. AS-International Association, 2008

[Beck_21] Becker, R. (Hrsg.): AS-INTERFACE. DAS KOMPENDIUM. *Technik und Funktion ASi-5*. AS-International Association, 2021

[Berg_99] Bergmann, J.: Lehr- und Übungsbuch Automatisierungs- und Prozessleittechnik. *Eine Einführung für Ingenieure und Betriebswirtschaftler*. Fachbuchverlag Leipzig im Carl Hanser Verlag, München 1999

[Berg_00] Bergmann, J.: Rechnergestützte Projektierung von Prozessautomatisierungssystemen mit dem CAE-System PLANEDS. Shaker Verlag, Aachen 2000

[Beu_94] Beuschel, J.: Prozeßsteuerungssysteme. *Einführung in die Informationsverarbeitung in Automatisierungsanlagen*. Oldenbourg Verlag, München 1994

[Biro_97] Birolini, A.: Zuverlässigkeit von Geräten und Systemen. Springer-Verlag, Berlin/Heidelberg/New York 1997

[Bol_91] Bolch, G.; Vollath, M.-M.: Prozeßautomatisierung. *Aufgabenstellung, Realisierung und Anwendungsbeispiele*. Teubner Verlag, Stuttgart 1991

[Eng_94] Engel, H. O.: Stellgeräte für die Prozessautomatisierung. *Berechnung – Spezifikation – Auswahl*. VDI Verlag, Berlin 1994

[Fes_94] Die Geschichte der Automatisierung in Bild- und Texterzeugnissen, FESTO AG 1994

[Fes_99] Heinemann, Th.; Vargas, A.: Handbuch für die Prozesstechnik. *Theorie & Praxis*. Festo AG & Co. 1999

[Fi_13] Fischer, R.: Elektrische Maschinen. Carl Hanser Verlag, München 2013

[FTZ_25] www.ftz-leipzig.de

[HeMo_09] Herwig, H.; Moschallski, A.: Wärmeübertragung: Physikalische Grundlagen – Illustrierte Beispiele – Übungsaufgaben mit Musterlösungen. Vieweg+Teubner Verlag, 9, Auflage Stuttgart 2009

[Her_13] Hering, E. (Hrsg.): Taschenbuch für Wirtschaftsingenieure. Fachbuchverlag Leipzig im Carl Hanser Verlag, München 2013

[Kla_10] Klasen, F.; Oestreich, V.; Volz, M. (Hrsg.): Industrielle Kommunikation mit Feldbus und Ethernet. VDE Verlag, Berlin/Offenbach 2010

[KoWa_77] Kopacek, P.; Washietl, W.: Einführung in die Steuerungs- und Regelungstechnik. Oldenbourg Verlag, Wien 1977

[Kri_95] Kriesel, W.; Rohr, H.; Koch, A.: Geschichte und Zukunft der Mess- und Automatisierungstechnik. VDI-Verlag, Düsseldorf 1995

[Kri_00] Kriesel, W.; Heimbold, T.; Telschow, D.: Bustechnologien für die Automation. *Vernetzung, Auswahl und Anwendung von Kommunikationssystemen*, Hüthig Verlag, Heidelberg 2000

[Kri_09] Kriesel, W.; Sokollik, F.; Helm, P.: KNX/EIB für die Gebäudesystemtechnik in Wohn- und Zweckbau. Hüthig Verlag, Heidelberg 2009

[KrMa_96] Kriesel, W.; Madelung, O. W. (Hrsg.): ASI – Das Aktuator-Sensor-Interface für die Automation. München, C. Hanser Verlag, 1996

[Lang_10] Langmann, R.: Taschenbuch der Automatisierung. Fachbuchverlag Leipzig im Carl Hanser Verlag, München 2004, 2. Auflage 2010

[Lau_99] Lauber, R.; Göhner, P.: Prozessautomatisierung 1 + 2. Springer-Verlag, Berlin/Heidelberg/New York 1999

[Li_08] Lindner, H. (Hsrg.): Taschenbuch der Elektrotechnik und Elektronik. Fachbuchverlag Leipzig im Carl Hanser Verlag, München 2008

[MüBe_95] Müller, R.; Bettenhäuser, W.: Stelltechnik für die Anlagenautomatisierung. Oldenbourg Verlag, München Wien 1995

[NA_03] NAMUR Empfehlung 35. NAMUR Interessengemeinschaft Automatisierungstechnik der Prozeßindustrie

[PLA_13] PLANEDS Handbuch. Planets Software GmbH, Dortmund 2013

[Pol_92] Polke, M.: Prozeßleittechnik. Oldenburg Verlag, München Wien 1992

[RAMI_40] Plattform Industrie 4.0: www.plattform-i40.de

[Ri_85] Richter, W.: Grundlagen der Meßtechnik. Verlag Technik, Berlin 1985

[ScBl_00] Schleicher, M.; Blasinger, F.: Regelungstechnik – Ein Leitfaden für Einsteiger. Juchheim GmbH & Co., Fulda 2000

[Schm_18] Schmertosch, Th.; Krabbes, M.: Automatisierung 4.0. *Objektorientierte Entwicklung modularer Maschinen für die digitale Produktion.* Carl Hanser Verlag, München 2018

[Schm_21] Schmertosch, Th.: Strukturierte Automatisierungssysteme. *Die richtige Komponentenauswahl für modulare Maschinen und Anlagen.* Vogel Verlag, Würzburg 2021

[Schn_12] Schnell, G.; Wiedemann, B. (Hrsg.): Bussysteme in der Automatisierungstechnik. Vieweg-Verlag, Braunschweig/Wiesbaden 2012

[Sei_12] Seitz, M.: Speicherprogrammierbare Steuerungen. *System- und Programmentwurf für die Fabrik- und Prozessautomatisierung, vertikale Integration.* Fachbuchverlag Leipzig im Carl Hanser Verlag, München 2012

[Spei_18] Speidel, J.: Introduction to Digital Communications. *Signals and Communication Technology.* Springer Verlag, Berlin 2018

[Stei_93] Stein, G.: Automatisierungstechnik in der Maschinentechnik. *Messen – Steuern – Regeln – Stellen.* Carl Hanser Verlag, München/Wien 1993

[Ta_05] Tannenbau, A. S.: Verteilte Systeme. *Grundlagen und Paradigmen.* Verlag Pearson Studium, Hallbergmoos 2005

[Tel_22] Telschow, D.; Heimbold, T.; Lippik, D.: Ein Meilenstein der Automatik/Informatik: Industrielle Kommunikation auf der Sensor-Aktuator-Ebene. Leibnitz-Sozietät der Wissenschaften zu Berlin, Band 153, Jahrgang 2022

[Tö_96] Töpfer, H.: Automatisierungstechnik aus Herstellersicht. *Rückblick - Stand - Trends.* Firma Bürkert Steuer-Regelungstechnik 1996

[TöBe_89] Töpfer, H.; Besch, P.: Grundlagen der Automatisierungstechnik. Verlag Technik, Berlin 1989

[Vog_24] Vogel Communications Group, www.vogel.de

[Wie_10] Wienzek, P.; Uffelmann, J. R.: IO-Link. *Intelligente Geräte brauchen einfache Schnittstellen.* Oldenbourg Industrieverlag, München 2010

[ZVEI_11] Funklösungen in der Automation. *Überblick und Entscheidungshilfen.* Zentralverband Elektrotechnik- und Elektronikindustrie, Frankfurt/Main 2011

Index

PI1 388 1057
9879266